"互联网+"新形态立体化教材
高等职业教育"十三五"规划教材

建筑工程施工组织编制与实施

主　编　李红立
副主编　李晋旭　韩永光

天津大学出版社
TIANJIN UNIVERSITY PRESS

内容提要

为本书是为了满足土建大类专业最新人才培养目标和教学改革要求，作者依据党的二十大报告有关精神和新版《中华人民共和国职业教育法》的相关规定，坚持立德树人、德技兼修的育人理念和课程思政入教材、入课堂、入头脑的总思路，由模范教师、师德先进个人牵头，在征求行业相关学科专业领域专家和技术骨干意见的基础上，采用情境化、任务式的方式组织团队编写的一部"互联网+"新形态信息化教材。

本教材除学习领域导入外，共分为3个学习情境：学习情境1为资料的收集与分析；学习情境2为单位工程施工组织编制；学习情境3为建筑工程施工组织实施。在学习情境中的每一个任务后，编排了部分习题和综合实训。

本教材可作为高职高专院校建筑工程技术、工程造价、工程项目管理、给排水等专业的教材，也可供其他类型学校（如职工大学、函授大学、电视大学等）的相关专业选用，同时可供有关的工程技术人员参考。

图书在版编目(CIP)数据

建筑工程施工组织编制与实施 / 李红立主编. — 天津：天津大学出版社，2021.3(2024.2 重印)

高等职业教育"十三五"规划教材　"互联网+"新形态立体化教材

ISBN 978-7-5618-6882-9

Ⅰ.①建…　Ⅱ.①李…　Ⅲ.①建筑工程－施工组织－高等职业教育－教材　Ⅳ.①TU721

中国版本图书馆 CIP 数据核字(2021)第 043374 号

出版发行　天津大学出版社
地　　址　天津市卫津路92号天津大学内(邮编:300072)
电　　话　发行部:022－27403647
网　　址　www.tjupress.com.cn
印　　刷　天津泰宇印务有限公司
经　　销　全国各地新华书店
开　　本　787mm×1092mm　1/16
印　　张　17.25
字　　数　425千
版　　次　2024年2月第2版
印　　次　2024年2月第4次
定　　价　50.00元

编审委员会

本书编委会

再版前言

《中华人民共和国职业教育法》的新修订，首次以法律形式确定了职业教育是与普通教育具有同等重要地位的教育类型，进一步加快构建面向全体人民、贯穿全生命周期、服务全产业链的职业教育体系，加快建设国家重视技能、社会崇尚技能、人人学习技能、人人拥有技能的技能型社会。

党的二十大报告提出，建设现代化产业体系、全面推进乡村振兴、加快发展方式绿色转型、积极稳妥推进碳达峰碳中和，深入实施科教兴国战略、人才强国战略、创新驱动发展战略，并且再次强调“坚持教育优先发展”，这为推动职业教育高质量发展提供了强大动力。高等职业教育肩负着培养更多高技能人才、大国工匠的国家战略使命，既要着重培养一线的生产、经营、管理、服务人员，又要培养促进中国制造和服务迈向中高端，适应高端化、智能化，绿色化发展所需人才，为以中国式现代化全面推进中华民族伟大复兴贡献力量。

近年来，随着我国建筑业改革发展的不断深入，建筑工程施工组织必须适应改革发展的需要，因此，无论是编制方式还是编制内容都发生了显著的变化，其教学内容、教学方法、教学手段不断推陈出新。本书基于工作过程系统化建设课程的理念，根据高职高专人才培养目标和工学结合人才培养模式以及专业教学改革的要求，汇集编者多年的教学实践编写而成，编者编写时本着“边学、边做、边互动”的原则，使学生实现所学即所用。

本教材遵循《建设工程项目管理规范》（GB/T 50326—2017）、《建设工程文件归档规范》（GB/T 50328—2014）、《混凝土结构工程施工质量验收规范》（GB 50204—2015）、《砌体结构工程施工质量验收规范》（GB 50203—2011）等国家规范。

由于高职高专院校专业设置和课程内容的选择要充分考虑企业和毕业生就业岗位的需求，建筑工程技术专业的毕业生主要在施工员、安全员、质检员、档案员、监理员等岗位工作，其核心岗位为施工员，所以本教材增加了建筑工程技术、质量、安全管理等内容，在每一学习情境内容的编排和选取上亦有所侧重。

本教材除学习领域导入外，共分为 3 个学习情境。学习情境 1 为资料的收集与分析，主要内容包括基本建设和建筑施工程序、建筑施工组织简介、建筑施工准备。学习情境 2 为单位工程施工组织编制，主要内容包括工程概况的描述、施工部署与施工方案的确定、施工进度计划编制、施工现场平面布置、技术组织措施以及技术经济分析、单位工程施工组织编制实例。学习情境 3 为建筑工程施工组织实施，主要内容包括建筑工程技术管理、建筑工程质量管理、施工进度控制方法的选择和运用、施工进度调整等。

在学习情境中的每一个任务后,编排了部分习题(用于检测学生对知识点的掌握情况)和综合实训(可在课内外实训中完成)。此外,每一个学习情境后还有“教学评估表”,用于收集学生对本学习情境的学习反馈,便于教师进行教学反思。

为了使学生对建筑工程施工组织有较全面的把握,提高在实践中综合应用知识的能力,书中增加了建筑工程施工组织实例,而且专门组织了一批具有丰富实践经验的高校教师和企业专家编写了本教材的配套用书《建筑工程施工组织实务》,供学生阅读和拓展学习使用,各个学校可根据需要和课时自行安排。

本教材是集体智慧的结晶,由“‘互联网 + ’新形态立体化教材”编写委员会及重庆建工集团、重庆建筑业协会和相关兄弟院校的行业专家编写教学大纲并审定教材,同时参与教材编写过程中的研讨工作。本教材由李红立统稿、定稿并担任主编,李晋旭、韩永光担任副主编。参与本教材编写的老师有李红立、李晋旭、韩永光、江科文、刘春波、邵乘胜、肖能立、侯军伟、唐洁、陈明、周钏、鲍卫东、李春雷、谭兴斌等。编写分工如下:学习领域导入、学习情境 1 由李红立编写;学习情境 2 中的任务 1 和任务 6 由江科文、李晋旭编写,任务 2 由鲍卫东、谭兴斌编写,任务 3 中的 2. 3. 1 由周钏编写,2. 3. 2 由陈明编写,2. 3. 3 和 2. 3. 4 由唐洁编写,2. 3. 5 由李春雷编写,2. 3. 6 和 2. 3. 7 由韩永光编写,任务 4 由刘春波编写,任务 5 由邵乘胜编写;学习情境 3 中的任务 1 由邵乘胜编写,任务 2 由侯军伟编写,任务 3 和任务 4 由肖能立编写。教材中的微课、PPT、视频等资源由重庆工程职业技术学院李红立、李晋旭、侯军伟、邵乘胜、肖能立共同完成。

本教材在学习目标描述中所涉及的程度用语主要有“熟练”“正确”“基本”。“熟练”指能在规定的较短时间内无错误地完成任务;“正确”指在规定的时间内,能无错误地完成任务;“基本”指在没有时间要求的情况下,不经过旁人提示,能无错误地完成任务。

教材中采用的部分图纸等相关资料由重庆城建集团陈洪正提供;承蒙重庆建工集团的龚文璞副总工、三建的黄钢琪总工、茅苏穗部长审定和指导了教材编写大纲及编写内容,在此一并表示感谢!

编者在编写本教材的过程中,参阅了大量文献,引用了同类图书及影像中的一些资料,在此谨向有关作者表示感谢!同时,对天津大学出版社为本教材出版付出辛勤劳动的编辑表示衷心感谢!

本教材基于移动互联网技术,通过智能识别技术(如二维码、AR、VR 等)将网上的数字化教学资源嵌入纸质教材中,从而为读者提供全方位的教学资源增值服务,既方便读者阅读学习,又丰富了教材和教学内容。学习者可以通过手机扫描二维码,将线上、线下资源结合使用。使用本书前,请先扫描封面右上方的二维码查看本书的数字化资源使用说明。如有其他疑问,请联系 273926790@ qq. com。

由于编者水平有限,加之编写时间仓促,书中存在不妥之处在所难免,恳请专家和广大读者不吝赐教、批评指正(请发至邮箱 wsqyqh@ 163. com),以便我们在今后的工作中改进和完善。

编　者

2024 年 2 月

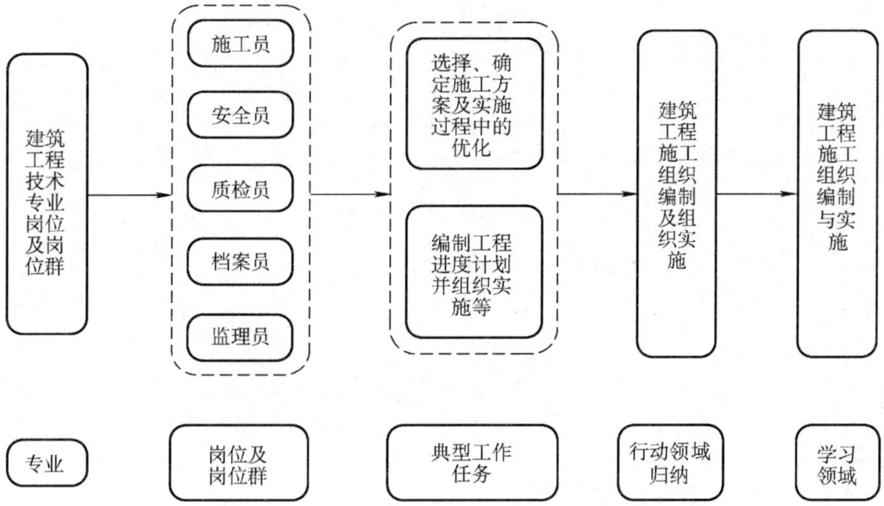

《建筑工程施工组织编制与实施》课程设计框图

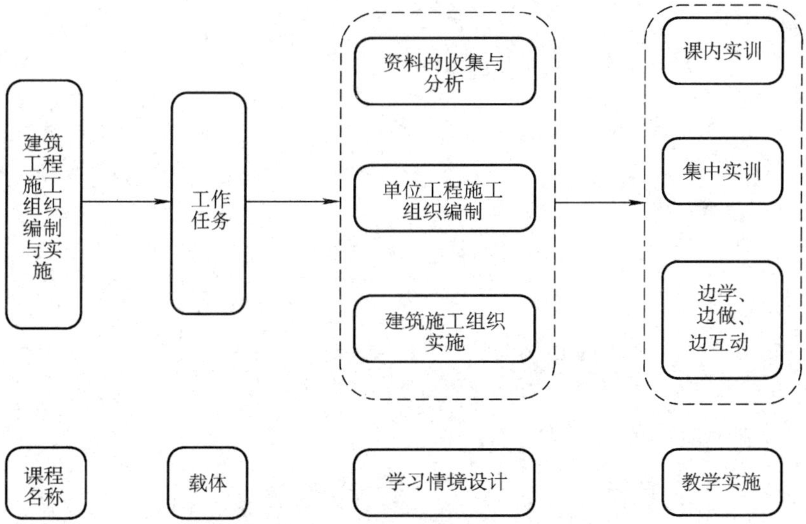

《建筑工程施工组织编制与实施》课程内容框图

目　录

0　学习领域导入

【学习目标】

知识目标	能力目标	权重
能正确表述本学习领域的定位	能正确领悟本学习领域的性质、功能及其与其他学习领域的关系	0.20
能正确表述本学习领域的作用	能正确领悟本学习领域与工程建设的关系	0.15
能正确表述本学习领域的内容	能正确领悟本学习领域的学习内容	0.20
能熟练表述本学习领域的目标	能正确领悟本学习领域各部分内容的目标	0.15
能熟练表述本学习领域的教学方法和学习方法	能正确领悟本学习领域的教学方法和学习方法	0.10
能正确表述本学习领域的发展状况	能正确认识本学习领域的发展	0.10
能正确表述本学习领域的考核方法	能正确理解并适应本学习领域的考核办法	0.10
合　计		1.00

【教学准备】

准备 10～20 min 的教学录像，其内容主要是介绍建筑工程施工组织与工程建设的关系、建筑工程施工组织设计的发展。

【教学建议】

集中讲授、小组讨论、观看录像、案例分析。

【建议学时】

2 学时。

项目建设是一项复杂的系统工程，从前期准备到竣工验收，需要消耗大量的人力、物力和财力，而且工程建设具有不可逆性，如果对各个环节不加以有效组织，项目建设很难取得成功。因此，作为建筑行业的未来工程技术人员，既要树立为社会主义现代化建设服务的道德观念，又要懂技术、善管理，在建设中采用技术、经济、组织等措施对建设项目进行组织管理，使工程建设做到优质、用户满意。

0.1 学习领域的定位

建筑工程施工组织编制与实施是建筑工程技术人员必须具备的能力，其正确性与建设目标的实现密切相关。“建筑工程施工组织编制与实施”是建筑工程建设项目的一个行动领域，转换为学习领域后，是建筑工程技术专业框架教学计划中必要而且核心的专业学习领域之一。其学习领域定位见表0.1.1。

表0.1.1 学习领域定位

学习领域性质	专业学习领域、核心学习领域	备注
学习领域功能	使学生具备建筑工程施工组织编制和实施的基本知识，能对建筑工程施工组织编制与实施中的常见问题进行分析、处理，具备从事施工项目管理的能力，同时兼顾后续专业学习领域的需要	
前导学习领域	建筑工程图识读与绘制、建筑工程材料的检测与选择、建筑功能及建筑构造分析、建筑工程测量、土石方工程施工、基础工程施工、施工机具设备选型、钢筋混凝土主体结构施工、砌体结构工程施工、特殊工程施工、装饰装修工程施工	
平行学习领域	钢结构工程施工、建筑结构构造及计算	
后续学习领域	工程质量通病分析及预防、工程竣工验收及交付、工程承发包及合同管理	

观看PPT：建筑工程技术专业课程体系的构建过程（岗位及岗位群的确定→典型工作任务总结→行动领域归纳→课程转换→学习情境设计）。

0.2 学习领域的作用

建筑工程施工组织设计是由承建单位根据自身的实际情况和工程项目的特点，施工前在设计和施工、技术和经济、前方和后方、人力和物力、时间和空间等方面所作的一个导向，是工程开工后施工活动能有序、高效、科学、合理地进行的保证。它是施工技术与施工项目管理有机结合的产物，是对拟建工程施工全过程的合理安排，是实行科学管理的重要手段和措施。

从建筑工程施工组织编制的特点看，建筑工程施工组织往往以单位工程为对象进行编制，有很强的技术性和综合性，需要编制人员有足够的建筑工程理论基础和一定的实践经验；施工组织设计的内容必须适应工程项目和业主、设计、监理各方的特殊要求，同时也必须符合国家有关法律、法规、标准及地方规范的要求。编制施工组织必须全面考虑拟建工程的各种施工条件，扬长避短，制订合理的施工计划（包括确保工程实施的准备工作计划），提供最优的临时设施以及材料和机具在施工场地上的布置方案，以确保施工顺利进行，满足对施工过程起指导和控制作用的最终要求，在一定的资源条件下实现工程项目的技术经济效益，达到施工效益与经济效益双赢的目的。因此,它在整个建筑施工管理过程中起着核心作用。

小组讨论:为什么说建筑工程施工组织在整个建筑施工管理过程中起着核心作用?

0.3　学习领域的内容

根据建筑工程施工组织编制与实施典型工作任务对知识和技能的需要,本书编委会立足于职业岗位能力的培养,对该学习领域的内容构成进行了改革,打破以知识传授为主要特征的传统学科课程模式,转变为以工作过程为导向来组织学习领域内容和教学,以建筑工程施工组织编制与实施工作任务为载体来设计教学情境,让学生在完成具体任务的过程中构建相关理论知识,并培养职业能力。在教学情境选择中,考虑以下几个方面来重构知识和技能:

①突出对学生职业能力的训练,紧紧围绕其培养目标进行知识的选取;

②根据工作任务的先后顺序,由易到难排列;

③充分考虑高等教育对理论知识的需要和学生可持续发展的需要;

④融合施工员、质检员、资料员、安全员、监理员等岗位对知识、技能和态度的要求。

本学习领域设计了3个学习情境(见表0.3.1),学习情境体现真实的工作任务。其中,“资料的收集与分析”包含3个学习任务;“单位工程施工组织编制”包含6个学习任务;“建筑工程施工组织实施”包含4个学习任务。

表0.3.1　学习情境的划分

情境	情境1	情境2	情境3
情境名称	资料的收集与分析	单位工程施工组织编制	建筑工程施工组织实施
学时	8	44(11)	8

注:括号中的数字表示课内实训学时。

“资料的收集与分析”介绍建筑工程施工组织编制与实施的基础知识和基本规定;“单位工程施工组织编制”重点培养学生编制单位工程施工组织的操作技能、分析和解决建筑工程施工组织编制中常见的实际问题的能力;“建筑工程施工组织实施”重点培养学生指导建筑工程施工组织实施的操作技能、分析和解决建筑工程施工组织实施中常见的实际问题的能力。

0.4　学习领域目标

学习领域目标如下:

①能够完整收集相关资料并进行正确分析;

②能够正确确定施工方案、人机料计划、施工现场平面布置等;

③能够正确编制单位工程施工组织并组织实施;

④能够正确选用相关软件绘制单位工程施工组织进度计划;

⑤能够正确分析和解决建筑工程施工组织编制与实施中常遇到的实际问题；

⑥具有认真细致的工作作风、较好的团队协作精神和诚实、守信的优秀品质。

阅读理解：通过企业真实案例阅读，体会本学习领域的设计及学习领域目标。

0.5 本学习领域的教学方法和学习方法

0.5.1 本学习领域的教学方法

本课程特点：运用多种教学方法，强调现代教学技术的应用，注重讲学结合、理论联系实际；以学生为本，注重“教”与“学”的互动，结合施工现场或实训场的实物进行对照教学；通过编制施工准备工作计划、确定施工方案、编制流水施工进度计划及网络进度计划等实践项目活动，由教师提出要求并示范，组织学生进行活动，让学生在活动中训练分析和解决建筑工程施工组织编制与实施中常见的实际问题的能力，从而掌握本课程特有的专业能力；为学生提供自主发展的时间和空间，积极引领学生提升职业素养，努力提高学生的创新能力。推荐如下教学法。

1.“立体化”教学法

基础理论知识以课堂讲述为主，配以企业案例、施工图纸，以使学生做到“重实用”；难以理解的施工技术、工艺等内容采用多媒体课件或动画等生动活泼的表现手法，以帮助学生理解；对于实践性较强的内容，则运用视频，使学生在课堂上犹如进入工地；对于新技术发展及其他信息量较大而仅要求学生了解的内容，则通过多种媒体给学生作简要介绍，使学生既能理解并掌握基本的知识，又可得到大量信息、拓宽知识面，同时也提高了学生学习的兴趣。该方法见图 0.5.1。

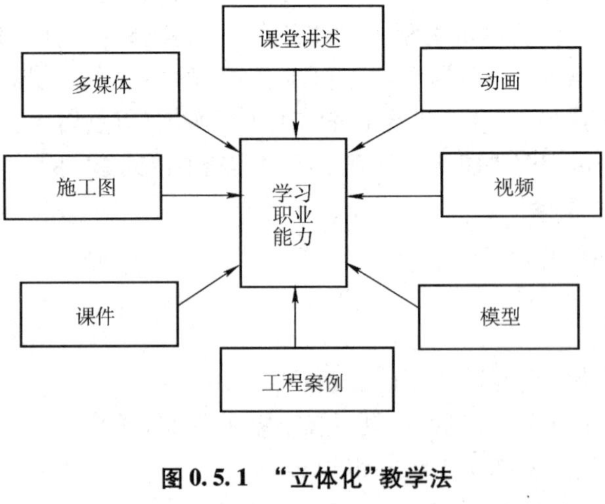

图 0.5.1 “立体化”教学法

2. 案例分析法

该方法将真实企业案例引入课堂，通过师生互动、小组讨论等进行案例分析、学习，完成对本学习领域相关知识的传授，使学生较好地理解所学知识。

3. 项目任务驱动教学法

将实际工程项目引入教学，整个教学围绕工作任务的解决展开，突出知识的应用性，引导学生自主思考、自主作业。

4. 设计方案讲练结合教学法

要求学生完成对应课程模块的实训任务，以学生练习为主体，教师加以适当的引导，精讲多练，积极引导学生自主学习，并将所学知识和技能应用于实践，提高学生分析问题、解决问题的能力，提高学生的实践技能。

5. 多层次设计实训教学法

根据岗位工作过程，有层次、由浅入深地完成各阶段的单项能力实训，再进行全方位的综合能力实训，建成完全开放式的、锻炼学生综合素质及能力的实践环境。

6. 现场教学法

在校内，把"工地"搬进教室，模拟施工场景，使学生未进工地就能感受到工程的技术氛围；在校外，把"教室"建在工地，聘请有能力的工程技术人员作为现场指导教师，使教、学、做融为一体，形成学校培养人才与企业使用人才的良性互动。"用得着，留得住，干得好"，最大限度地满足建筑企业对人才的需求。

0.5.2 本学习领域的学习方法

本学习领域与《建筑结构构造及计算》《建筑工程图识读与绘制》《钢筋混凝土主体工程施工》等核心学习领域共同构成专业学习领域体系，前导学习领域多，综合性强，学习领域前后知识性的关联程度较大。在学习时应根据实际情况对关联知识进行必要的复习，注意多练、多想、多总结。做好建筑工程施工组织编制并指导其实施，既要有较丰富的实践经验，具备建筑、结构、施工等建筑技术知识，又要熟悉现代化管理手段和方法。在学习时应结合工程案例，注重理论联系实际，分析和解决实际工程中的一些问题，做到学以致用。同时，在学习过程中要主动学习，注意看、听、说、记、做、复习等学习过程，通过整体、连续的行动过程来学习，锻炼自学能力，培养认真负责的工作态度和严谨的工作作风。

集体观摩：到实训场集体观摩，体会本学习领域的教学方法和学习方法。

0.6 本学习领域的发展状况

为适应我国建筑业改革发展的需要，建筑工程施工组织的发展呈现以下特点：为适应今后多方面和多层次的管理要求,在编制方式上趋于组合化;规范化的技术和规范化的管理是企业成熟的重要标志,是企业资信度的基石,因此,在编制内容上趋于竞争特色的规范化;近年来,网络计划计算机软件不断出现,为网络计划技术在建筑施工中的应用开辟了广阔的前景,在很大程度上改进了传统编制手段,提高了编制质量和效率,降低了劳动强度,使编制手段趋于快速化。

0.7 本学习领域的考核方法

1. 形成性评价

形成性评价是在教学过程中对学生的学习态度和各类作业、任务完成情况进行的评价。

2. 总结性评价

总结性评价是在教学活动结束后,对学生整体技能情况的评价。

在每个学习情境中,建议平时的学习态度占 10% 、书面作业占 15% 、任务完成情况占 15% 、实作占 30% 、总结性评价占 30% 。

具体的评价内容及方式见表 0. 7. 1。

表 0. 7. 1 评价内容及方式

序号	学习情境	评价内容	评价方式	评价分值
1	学习领域导入	评价学生对建筑工程施工组织编制与实施所需技能的感性认识	形成性评价 总结性评价	5
2	资料的收集与分析	评价学生查阅资料、提出问题的能力,评价对相关知识的理解能力,评价学生施工准备计划的编制能力	形成性评价 总结性评价	10
3	单位工程施工组织编制	评价学生查阅资料、提出问题的能力;评价学生对工程项目、工程概况的描述能力;评价学生的组织管理能力;评价学生施工部署与施工方案的编制能力;评价学生对流水施工和网络计划基础知识的理解能力;评价学生施工进度各项计划的编制能力;评价学生确定施工现场平面布置各项指标并对施工现场进行平面布置的能力;评价学生技术组织措施、技术经济分析指标体系的确定以及计算分析能力;评价学生编制单位工程施工组织的能力;评价学生对知识的综合理解能力	形成性评价 总结性评价	65
4	建筑工程施工组织实施	评价学生对建筑工程施工组织的实施能力、综合应用知识的能力	形成性评价 总结性评价	20
合 计				100

注:本学习领域按百分制考评,60 分为合格。

0.8 教参资料

详见书后参考文献。

学习情境1　资料的收集与分析

【学习目标】

知识目标	能力目标	权重
能正确表述建设项目的组成、建筑产品的含义及特点	能正确区分建设项目的组成	0.1
能正确表述建设程序及施工程序	能正确遵循基本建设程序和建筑施工程序	0.1
能正确表述建筑施工组织设计的作用、分类、组成以及组织施工的原则	能较正确地区分建筑工程施工组织设计类别，正确拟订建筑工程施工组织设计的组成内容	0.3
能正确表述信息收集、技术资料准备、施工现场准备、劳动组织及物资准备等施工准备工作内容	能根据施工准备工作的具体内容，正确编制施工准备工作计划	0.4
能正确表述施工准备工作的实施要点	能正确组织施工准备工作计划的实施	0.1
合　计		1.0

【教学准备】

建设项目资料、建筑工程施工组织实例、企业案例等。

【教学建议】

在建筑技能实训基地或施工现场，采用资料展示、实物对照、分组学习、案例分析、课堂讨论、多媒体演示、讲授等方法教学。

【建议学时】

8学时。

任务1　基本建设和建筑施工程序

建设项目从开始到建成，必须遵循一定的建设程序和建筑施工程序，进行精心的组织与科学的管理，否则项目很难取得成功。那么，建设项目具有什么特点？建设中应遵循怎样的建设程序和施工程序？

1.1.1　基本建设及其程序

基本建设在国民经济中具有十分重要的作用。它是发展社会生产力、推动国民经济现代化、满足人民日益增长的物质文化需求以及增强综合国力的重要手段。同时，通过基本建设还可以调整社会的产业结构，合理地配置社会生产力，保证国民经济有计划、按比例地健康发展。

1.1.1.1　基本建设

基本建设是指国民经济各部门为了扩大再生产而进行的增加固定资产的建设工作，也就是指建造、购置和安装固定资产的活动以及与此有关的其他工作。

基本建设按其内容构成来说，包括固定资产的建造和安装，即建筑物、构筑物的建造和机械设备的安装两部分工作；固定资产的购置，即设备、工具和器具等的购置。其他基本建设工作，主要是指勘察设计、科研实验、土地征购、拆迁补偿、试运转、生产职工培训和建设单位管理工作等。

扫一扫看课件　扫一扫听微课

基本建设　基本建设

基本建设的范围包括新建、扩建、改建、恢复和迁建各种固定资产的建设工作。新建项目是指新建造的、从无到有的建设项目；扩建和改建项目是指在原有企业、事业、行政单位的基础上扩大产品的生产能力或增加新的产品生产能力以及对原有设备和工程进行全面技术改造的项目；恢复项目是指对由于自然、战争或其他人为灾害等原因而遭到毁坏的固定资产进行重建的项目；迁建项目是指原有企业、事业单位，由于各种原因，经有关部门批准搬迁到另地建设的项目。

1.1.1.2　基本建设程序

基本建设程序是拟建建设项目在整个建设过程中必须遵循的客观规律，它是几十年来我国基本建设工作实践经验的科学总结，反映了建设项目在整个建设过程中各项工作必须遵循的先后顺序。

基本建设程序可用三个阶段、八个步骤来概括。

1. 基本建设程序的三个阶段：决策、准备、实施

1）决策阶段　基本建设的决策阶段是指根据国民经济长、中期发展规划，进行建设项目的可行性研究，编制建设项目的计划任务书（又叫设计任务书）。其内容包括调查研究，经济论证，选择与确定建设项目的地址和规模、时间要求等。

2）准备阶段　基本建设的准备阶段是指根据批准的计划任务书，进行勘察设计，做好建设准备，安排建设计划。其内容主要包括工程地质勘察，进行初步设计、技术设计和施工图设计，编制设计概算，设备订货、征地拆迁，编制分年度的投资及项目建设计划等。

3）实施阶段　基本建设的实施阶段是指根据设计图纸，进行建筑安装施工，做好生产或

使用准备，进行竣工验收，交付生产或使用。

2. 基本建设程序的八个步骤

基本建设程序分为以下八个步骤：

①建设项目可行性研究；

②编制建设项目计划任务书(或设计任务书)；

③勘察设计工作；

④项目建设的准备工作；

⑤拟订建设项目的建设计划安排；

⑥建筑、安装施工；

⑦生产前的各项准备工作；

⑧竣工验收、交付使用。

以上程序既不能违反，也不能颠倒，但在具体工作中有互相交叉的情况。其相互关系和具体内容如图1.1.1所示。

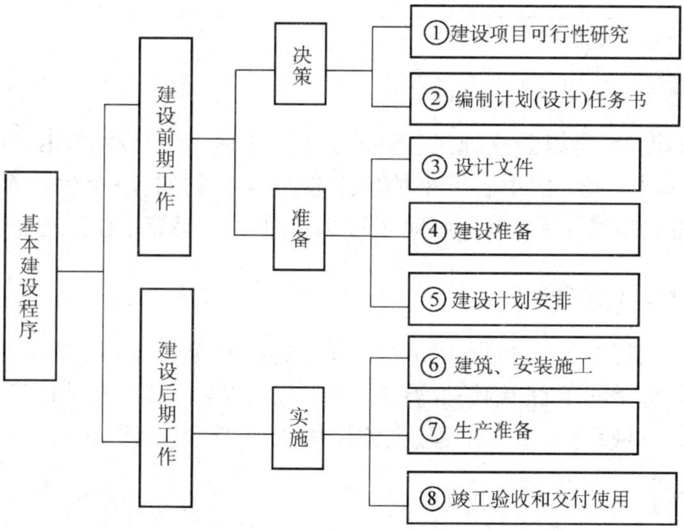

图1.1.1　基本建设程序简图

小组讨论：为什么要遵循基本建设和建筑施工程序？

1.1.2　基本建设项目及其组成

建设项目一般是指在一个总体设计范围内，由一个或几个工程项目组成，经济上实行独立核算，行政上实行独立管理，并且具有法人资格的建设单位。大型分期建设的工程，如果分为几个总设计,就有几个建设项目。建设项目是促进一个国家和地区经济和社会发展的关键因素,建设项目的大规模建设为经济和社会的发展奠定了坚实的物质基础。

基本建设项目可以从不同的角度进行划分。一个建设项目,按其复杂程度,由以下工程内容组成。

扫一扫看课件

建筑产品及建设项目的组成

扫一扫听微课

建筑产品及建设项目的组成

1.1.2.1 单项工程(又称工程项目)

凡是具有独立的设计文件,竣工后可以独立发挥生产能力或效益的工程,称为单项工程。如工业建设项目中各独立的生产车间、实验楼、各种仓库等,公用建设项目中学校的教学楼、实验室、图书馆、学生宿舍等,这些都可以称为单项工程,其内容包括建筑工程、设备安装工程以及设备、仪器的购置等。

注意:一个建设项目,可以由一个单项工程组成,也可由若干个单项工程组成。

1.1.2.2 单位工程

凡是具有单独的设计、可以独立施工,但完工后不能独立发挥生产能力或效益的工程,称为单位工程。一个单项工程一般由若干个单位工程组成。例如,一个生产车间一般由土建工程、工业管道工程、设备安装工程、电气照明工程和给排水工程等单位工程组成。

1.1.2.3 分部工程

分部工程是单位工程的组成部分。如一幢房屋的土建单位工程,按其工种工程可分为土石方工程、砌筑工程、脚手架工程、钢筋混凝土工程、金属结构工程、木结构工程等分部工程;按结构或构造部位划分,可以分为基础工程、主体结构工程、屋面工程、装修工程等分部工程。

1.1.2.4 分项工程

一个分部工程可以划分为若干个分项工程。例如,砖混结构混凝土基础可以划分为挖地基、混凝土垫层、砌砖基础、填土等分项工程;现浇混凝土框架结构的主体可以划分为安装模板、绑扎钢筋、浇筑混凝土等分项工程。

实习实作:教师给出一个建设项目,学生按照建设项目组成对该项目进行划分。

1.1.3 建筑产品及其生产特点

建筑产品是指各种类型和规模的工业、民用和公共建筑物。与其他工业生产的产品相比,建筑产品及其生产主要有以下特点。

1.1.3.1　建筑产品位置的固定性和生产的流动性

建筑物选择好建造地点，建成后一般都无法移动。由于建筑产品的固定性，使得施工人员、材料和设备等要随着建筑物所在地点的变更或其施工部位的改变进行流动。并且，每变更一次施工地点，施工单位都要对当地的环境和施工现场进行重新调查，根据工程对象的不同特点重新布置施工力量，进行施工现场准备工作。随着工程施工的完成，为施工配置的各项服务设施还需要转移。

1.1.3.2　建筑产品的多样性及其生产的单件性

由于建筑物使用功能及用途的不同，建筑规模、建筑设计、结构类型等也各不相同。即使同一使用要求的建筑物，也会因所在地区、环境条件、城市规划要求、外部形体和材料选用等而彼此有所不同。由于建筑产品的多样性，不同建筑的施工准备工作、施工工艺、施工方法和设备设施的选用等也不尽相同，这就要求建筑产品单件生产，在生产时，需要根据具体情况搞好建筑施工。

1.1.3.3　建筑产品的庞体性、工期长及施工的综合性

与一般工业产品相比，建筑物体积庞大，建造时需要消耗巨大的人力、物力、财力等资源。同时，建筑产品的施工是在建筑物实体上按施工顺序进行流动的露天作业，受季节、气候与不良劳动条件的制约，因而形成了建筑产品施工周期长的特点。建筑产品的固定性、庞体性和多样性的特点，决定了建筑施工具有流动性、单件性和工期长等特点，因此，建筑产品的生产比一般工业产品的生产复杂得多，这就要求在建筑产品生产中采取有效的措施，搞好施工组织工作，保质保量地完成建筑施工任务。

集体观摩：到施工现场集体观摩，体会建筑产品及其生产特点。

1.1.4　建筑施工程序

1.1.4.1　建筑施工程序的概念

建筑施工程序是指工程建设项目在整个建设过程中各项工作必须遵循的先后顺序。它是多年来施工实践经验的总结，也反映了施工过程中必须遵循的客观规律。

1.1.4.2　建筑施工的具体程序

从承接施工任务开始到竣工验收为止，施工程序可分为以下五个步骤。

1. 承揽施工任务，签订施工合同

施工单位承揽施工任务一般通过投标方式取得。不论采用哪种方式承接施工任务，建设

单位与施工单位应根据国家有关规定及要求签订施工合同,明确各自的经济技术责任。合同一经签订,即具有法律效力。

2. 统筹安排,做好施工准备

签订施工合同后,施工单位应全面了解工程性质、规模、特点、工期等,并进行各种技术、经济、社会调查,收集有关资料,进行现场勘察、熟悉图纸、编制施工组织总设计,与建设单位密切配合,共同做好开工前的准备工作,为顺利开工创造条件。

3. 落实施工准备工作,提出书面报告

根据批准后的施工组织总设计规划,施工单位应与建设单位密切配合,及时抓紧落实资金、劳动力、材料、构件、施工机具设备及现场“三通一平”等。施工准备工作做好后,即可正式开工。

4. 组织施工,加强管理

根据拟订的施工组织设计要求,精心组织施工,加强各项管理。一方面,应从施工现场全局出发,加强各个单位、各个部门的配合与协作,及时解决各方面的问题,使施工活动顺利开展;另一方面,应加强施工现场技术、材料、质量、安全、进度等各项管理工作。

5. 竣工验收,交付使用

在竣工验收前,施工单位内部应先进行预验收,检查各分项工程的施工质量,整理各项交工验收资料。在此基础上,由建设单位或委托监理单位组织竣工验收,经有关部门验收合格后,办理工程移交证书,并交付生产使用。

【任务1小结】

任务1介绍了基本建设和建筑施工程序的相关知识,包括基本建设及其程序、基本建设项目及其组成、建筑产品及其生产特点、建筑施工程序等。这些是建筑工程施工组织编制与实施的基础,也是精心组织与科学管理、取得项目建设成功的保障,是必须掌握的知识。

习　题

一、名词解释

1. 基本建设
2. 建设项目
3. 建筑产品

二、填空题

1. 基本建设程序一般可划分为________、________和________三个阶段。
2. 一个建设项目,按其复杂程度可分为________、________、________、________。
3. 单位工程是指具有________、________,但完工后不能________或________的工程。

三、简答题

1. 建筑产品及其生产特点有哪些?

2. 试述基本建设程序的主要内容。
3. 什么叫建筑施工程序？

综合实训

某教学大楼由土建工程，水、电、气管线的安装，设备安装等组成。其中土建工程分为基础、主体、屋面、装饰等；基础分为挖土、混凝土垫层、砌基础、回填土等。学生按照建设项目组成将上述内容归类，进行建设项目组成划分的强化练习。

任务2　建筑施工组织简介

建筑产品生产是由诸多施工过程构成的，每一施工过程又可以由多种不同的施工方案、方法和机械设备来完成；即使同一种工程，由于施工速度、气候条件及其他许多因素的影响，所采用的方法也不尽相同。建筑施工组织就是针对建筑产品生产过程的复杂性，用系统的思想并遵循技术经济规律，对拟建工程的各阶段、各环节以及所需的各种资源进行统筹安排的计划管理行为。那么，建筑施工组织设计的具体内容包括哪些？其分别有什么类型及作用？

1.2.1　建筑施工组织的研究对象

扫一扫看课件
施工组织设计概论

扫一扫听微课
施工组织设计概论

建筑施工组织的研究对象是整个建筑产品。它是研究建筑产品在生产过程中生产诸要素的合理组织的学科。

建筑产品的生产过程就是建筑施工。建筑施工由土石方工程、砌筑工程、钢筋混凝土工程、结构安装工程、装饰工程等分部工程组成，其施工的全过程是指对投入的劳动力、材料、机械设备等诸要素进行合理组织，生产出满足要求的建筑产品。建筑施工组织根据施工特点和施工生产规律的要求，结合施工对象和施工工艺，通过科学、经济、合理的规划努力使复杂的生产过程能够连续、均衡、协调地进行，满足建设项目对工期、成本、质量等方面的要求，力求实现优质、高效、低消耗、文明安全施工的全面效益。

注意：由于建筑产品的单件性，施工对象千差万别，没有固定不变的施工组织设计适用于任何建设项目。因此，不同条件下对不同的施工对象，应因地制宜地采用最有效的组织管理方法。

1.2.2 建筑施工组织设计及其作用

建筑施工组织设计是规划和指导拟建项目从施工准备到竣工验收全过程的一个综合性的技术经济文件。它是对拟建项目在人力和物力、时间和空间、技术和组织等方面所作的科学合理的统筹安排，具有重要的规划、组织和指导作用，具体表现在如下几个方面。

①施工组织设计是投标文件和合同文件的重要组成内容，可用于指导工程投标与工程承包合同的签订。

②施工组织设计既是施工准备工作的重要内容，又是指导各项施工准备工作的依据。

③施工组织设计在工程设计与施工之间起纽带作用，既要体现建设项目的设计和使用要求，又要符合建筑施工的客观规律，衡量设计方案施工的可能性和经济合理性。

④施工组织设计所确定的施工方案、施工顺序、施工进度等，是指导施工活动的重要技术依据；所提出的各项资源需用量计划，是物资供应工作的基础；对现场所作的规划和布置，为现场平面管理、文明施工提供了重要依据。

⑤通过施工组织设计的编制，分析影响工程进度的关键施工过程，充分考虑施工中可能遇到的问题，及时调整施工中的薄弱环节，提高施工的预见性，减少盲目性，实现工期、质量、安全、成本和文明施工等各项生产要素管理的目标，落实技术组织保证措施，提高建筑企业的综合效益。

⑥施工组织设计是统筹安排施工企业生产的投入与产出过程的关键和依据，可以协调各施工单位、各工程、各种资源、资金、时间等在施工流程、施工现场布置和施工工艺等方面的合理关系。

集体观摩：到施工现场集体观摩，体会建筑工程施工组织研究对象的特点以及建筑施工组织对工程建设取得成功的意义。

1.2.3 建筑施工组织设计分类

1.2.3.1 根据施工组织的设计阶段划分

根据阶段的不同，施工组织设计可分为两类：一类是投标前编制的施工组织设计（简称标前设计），另一类是签订工程承包合同后编制的施工组织设计（简称标后设计）。

1. 标前设计

标前设计是在工程项目投标前由施工单位经营管理层编制的用于指导工程投标和合同签订的规划性、控制性的技术经济文件，以确保中标和实现经济效益为主要追求目标。

2. 标后设计

标后设计是在工程项目签订施工合同后由项目管理层编制的用于指导施工全过程的实施

性的指导性文件，目标是实现质量、工期、成本三大目标，追求施工效率和效益，使企业经济效益最大化。

1.2.3.2　根据编制对象划分

根据编制对象的不同，施工组织设计可分为三类，即施工组织总设计、单位工程施工组织设计和分部分项工程施工组织设计。

1. 施工组织总设计

施工组织总设计以一个建设项目或建筑群为编制对象，是整个建设项目或建筑群施工准备和施工的全局性、指导性文件，一般是在初步设计或技术设计批准后，由总承包单位会同建设、设计和各分包单位共同编制，是施工单位编制年度施工计划和单位工程施工组织设计、进行施工准备的依据。

2. 单位工程施工组织设计

单位工程施工组织设计以一个单位工程为编制对象，是指导其施工全过程的综合性技术经济文件。它是将施工单位的施工组织总设计和年度施工计划进一步具体化，一般在施工图设计完成后，拟建工程开工前，由工程部的技术负责人主持编制，是单位工程编制季度计划、月计划和分部分项工程施工组织设计的依据。

3. 分部分项工程施工组织设计

分部分项工程施工组织设计又称为分部分项工程作业设计。对于一些技术复杂或施工难度大的大型厂房或公共建筑物，在编制单位工程施工组织设计之后，常常需要编制某些分部分项工程施工组织设计，如土建工程中比较复杂的基础工程、钢结构工程、钢筋混凝土框架工程、大型构件的吊装工程、高级装修工程等。它一般由项目专业技术负责人编制，是指导分部分项工程施工过程中各项活动和编制月、旬作业计划的依据。

注意：施工组织总设计、单位工程施工组织设计和分部分项工程施工组织设计，是同一建设项目不同广度、深度和作用的三个层次，三者之间的关系如图1.2.1所示。

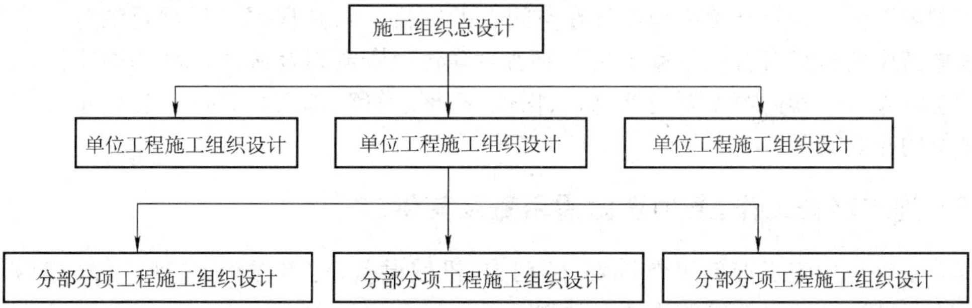

图1.2.1　三种施工组织之间的关系

1.2.4 建筑施工组织设计内容组成

建筑施工组织设计的任务和作用决定了其内容。根据建设项目情况和使用目的的不同，建筑施工组织设计的内容有多与少、深与浅、难与易之分；建筑企业的经验和组织管理水平也会对其内容有所影响。因此，应根据实际情况确定每一个建筑施工组织设计的具体内容，使其能够根据不同工程项目的特点、要求和施工条件，决定各种生产要素的基本结合方式，决定所需工人、材料、机具等的种类、数量及其取得的时间和方式等。一般来说，施工组织设计应包括以下基本内容。

1.2.4.1 工程概况

工程概况主要包括建设项目的性质、规模、地点、特点、工期、施工条件、自然环境、水文地质等内容。

1.2.4.2 施工方案

施工方案是编制施工组织设计首先要确定的问题，是建筑生产诸要素的有效结合方式。施工方案的制订和选择要切实可行，满足国家的工期要求，确保建设项目质量和生产安全，满足方案的经济合理性。其内容主要包括各分部分项工程施工方法的确定，施工机具的选择，施工顺序的安排，流水施工的组织，新工艺、新方法的运用，质量安全保证措施等。

1.2.4.3 施工进度计划

施工进度计划是施工组织设计的关键内容，是组织和控制项目建设进展的依据，是施工组织设计在时间上的体现。其内容主要包括划分施工过程，计算工程量、劳动量，确定工作天数、劳动力数量或机械台班数，编制进度计划表，在资源和施工条件等约束下，通过调整进度计划来实现工期最优、利润最大化的目标等工作。此外，为保证进度计划的实现，还要编制各项资源需用量计划等进度计划的支持性计划。

1.2.4.4 施工现场平面布置

施工现场平面布置是施工组织设计在空间上的安排。它是根据建设项目的分布情况，对生产过程中需要的材料、构件、运输工具和劳动力等各项资源以及施工现场临时生活、生产场地所作的统筹安排。其内容主要包括材料、构件、机械、道路、加工厂、临时设施、水源、电源等在施工现场的布置情况。

1.2.4.5 施工准备工作，各项资源需用量及其供应

该部分主要包括施工准备工作计划，劳动力、机械设备、建筑材料、主要构件以及施工用水、电、动力、运输、仓储设施等的需用量计划。

1.2.4.6 主要技术经济指标

技术经济指标是用来评价建筑施工组织的合理性和技术水平的重要依据，主要包括质量指标、工期指标、安全文明指标、实物消耗指标、降低成本指标等。

阅读理解：通过阅读建筑工程施工组织案例，分析其内容组成。

1.2.5 建筑施工组织原则

根据我国工程建设长期积累的经验，结合工程项目生产的特点，在编制施工组织设计和组织工程项目生产的过程中，一般应遵守以下基本原则。

1.2.5.1 严格遵守国家关于基本建设的各项规定

认真执行国家关于基本建设项目的审批制度，按照规定办理报批手续，严格控制固定资产的投资规模，保证国家重点建设项目。认真执行基本建设程序，基本建设程序主要分为计划、设计、施工等阶段，是由基本建设的客观规律决定的，是建筑安装工程顺利进行的重要保障。严格执行建筑施工程序及国家颁布的技术标准、操作规程。

1.2.5.2 遵循建筑施工工艺和技术规律，合理安排施工程序和施工顺序，科学组织施工

建筑施工工艺和技术规律是建筑工程施工固有的客观规律，在建筑施工中必须严格遵守。建筑施工程序和施工顺序反映了分部（分项）工程之间先后顺序和制约关系的客观规律和要求。建筑产品生产必须合理地安排施工程序和顺序，做到：先准备工作，后正式施工；先进行全场性工程施工，后进行分项工程施工；先地下后地上；先土建后安装；先主体后围护；先结构后装饰；管线工程先场外后场内等。

1.2.5.3 采用先进的施工、管理方法，科学确定施工方案

先进的施工、管理方法是提高劳动生产率、保证工程质量、加快施工进度、降低工程成本的重要途径。在确定施工方案时，要注重新材料、新设备、新工艺和新技术的应用。

1.2.5.4 组织流水施工，保证施工的连续性、均衡性和节奏性

实践经验证明，采用流水施工方法组织施工，不仅可以使建筑施工连续、均衡和有节奏地进行，还会带来显著的技术经济效益。因此，应从实际出发组织流水施工，采用网络技术编制施工计划，做好人力、物力的综合平衡，提高施工的连续性和均衡性。

1.2.5.5 科学地安排冬、雨季施工项目，保证全年生产的连续性和均衡性

建筑产品露天生产的特点决定了其容易受气候的影响，这就要求根据施工项目的具体情

况,结合天气状况,合理安排施工计划。科学地安排冬、雨季施工项目,就是在安排施工进度计划时,将适合在冬、雨季施工而且不会过多增加施工费用的工程安排在冬、雨季进行施工,这样可增加全年的施工天数,保证全年生产的连续性和均衡性。

1.2.5.6 贯彻工厂外预制和现场预制结合的方针,提高建筑工业化程度

建筑产品工业化是建筑技术进步的重要标志之一,而建筑生产中广泛采用预制构件是建筑产品工业化的前提。在确定预制构件加工方法时,应根据地区条件,结合构件种类、加工、运输、安装水平等因素,通过技术经济比较,合理选用预制方案,以取得最佳的效果。

1.2.5.7 充分利用现有机械设备,提高机械化程度

在建筑施工过程中,广泛采用机械化施工代替手工操作,是建筑技术进步的另一重要标志。目前,我国建筑企业的技术装备现代化程度还不高。因此在组织建筑施工时,应恰当选择自有装备、租赁机械、机械化分包等方式,尽量扩大机械化施工范围,提高劳动生产率,降低劳动强度。

1.2.5.8 尽量降低工程成本,提高工程经济效益

充分使用机械设备,尽量减少机械设备的闲置;减少暂设工程和临时性设施,尽量利用正式的、原有或就近的已有设施,严格控制暂设工程的建造;制订节约能源和材料的措施;尽量利用当地资源,减少物资运输量,避免二次搬运;合理布置施工平面,最大限度地节约施工用地;合理安排人力、物力,使投资控制在批准的限额以内。

1.2.5.9 安全施工,保证质量

贯彻安全生产的方针,建立健全各项安全管理制度,保证安全施工。尽量采用先进的科学技术和管理方法,提高工程质量,严格执行施工验收规范和质量检验评定标准。

【任务2小结】

任务2介绍了建筑施工组织的相关知识,包括建筑施工组织的研究对象,建筑施工组织的作用、分类、内容组成等。这些是建筑施工组织编制的基础知识,应予以重视。

习　题

一、填空题

1. 建筑施工组织的研究对象是________。

2. ________是对拟建项目在人力和物力、时间和空间、技术和组织等方面所作的科学合理

的统筹安排。

3. 施工组织设计根据阶段的不同,可分为________、________两类。

4. 施工组织设计根据编制对象的不同,可分为________、________、________三类。

二、判断题

1. 没有固定不变的适用于任何建设项目的施工组织设计。　(　　)

2. 施工组织总设计、单位工程施工组织设计和分部分项工程施工组织设计,是同一建设项目不同广度、深度和作用的三个层次。　(　　)

三、简答题

1. 试述建筑施工组织设计的概念及任务。

2. 试述建筑施工组织设计的作用与分类。

3. 试述建筑施工组织设计的基本内容。

综合实训

结合某建设项目施工组织案例,由学生指出其研究对象、类别并分析其基本内容。

任务3　建筑施工准备

施工准备工作是指为了保证建筑工程施工能够顺利进行,在组织、技术、经济、劳动力、物资等方面事先应做好的各项工作。那么,施工准备工作包括哪些内容?在组织建筑施工之前,需要做哪些准备工作?如何开展施工准备?如何编制施工准备工作计划?

1.3.1　施工准备工作简介

扫一扫看课件　施工准备工作简介

扫一扫听微课　施工准备工作简介

1.3.1.1　施工准备工作的意义

施工准备工作是为了保证工程顺利开工和施工活动正常进行而必须事先做好的各项准备工作,是对拟建工程目标、资金供应和施工方案的选择及其空间布置和时间排列等进行的施工决策,是施工程序中的重要环节,它不仅存在于开工之前,而且贯穿整个施工过程。认真做好施工准备工作,对于保证拟建工程能够连续、均衡、有节奏地安全施工,在保证工程质量和按期完成的条件下做到提高劳动生产率和降低工程成本等,有着极其重要的意义。

1. 施工准备是建筑施工程序的重要阶段

施工准备是建筑施工程序的一个重要阶段，是连接设计与建设实施的纽带，是建设构思与开始形成工程实体的过渡阶段。只有认真做好施工准备工作，为建筑工程提供必要的技术和物质条件，统筹安排，才能使建筑工程达到预期的经济效果。

2. 施工准备是实现质量、工期、成本、安全四大目标，控制、降低施工风险的有效措施

建筑施工具有复杂、生产周期长、露天作业等特点，受外界干扰及自然因素的影响较大，不可预见的风险较多。只有充分做好施工准备，采取预防措施，提高应变能力，才能有效地规避风险，降低风险可能造成的损失，实现四大目标的控制。

3. 施工准备能够创造工程开工和施工的良好条件

工程施工是一项十分复杂的生产活动，它不仅需要耗用大量的材料、使用许多机具设备、组织安排各种人力进行生产劳动，而且还要处理各种复杂的技术问题、协调各种协作配合关系，可以说涉及面广、情况复杂、千头万绪，因此只有经过统筹安排和周密准备才能保证工程顺利开工，开工后顺利地施工。

4. 施工准备是提高企业综合经济效益的途径之一

做好施工准备工作，有利于调动各方面的积极性，合理分配资源和劳动力，协调各方面的关系，加快施工进度，提高工程质量，降低成本，从而提高企业的经济效益和社会效益。

注意：施工准备工作是施工程序中的重要环节，不仅开工前需要做好施工准备工作，而且在整个施工过程中都贯穿着施工准备。

1.3.1.2　施工准备工作的任务

施工准备工作的基本任务就是通过对工程施工法律依据、工程特点和关键因素的掌握，对施工中的风险和可能发生的变化进行预测、调查并创造各种施工条件，为工程开工和连续施工创造一切必备条件。

1.3.1.3　施工准备工作的内容

一般工程的施工准备工作内容可归纳为以下几个部分，即建筑施工信息收集、技术资料准备、施工现场准备、劳动组织及物资准备，详见图 1.3.1。每项工程施工准备工作的内容，因工程本身及其具备的条件而异，有的比较简单，有的十分复杂。

1.3.1.4　施工准备工作的分类

1. 按规模和范围分

施工准备工作按其规模和范围可分为基础性工作准备、施工总准备、单位工程施工条件准备和分部(分项)工程作业条件准备。

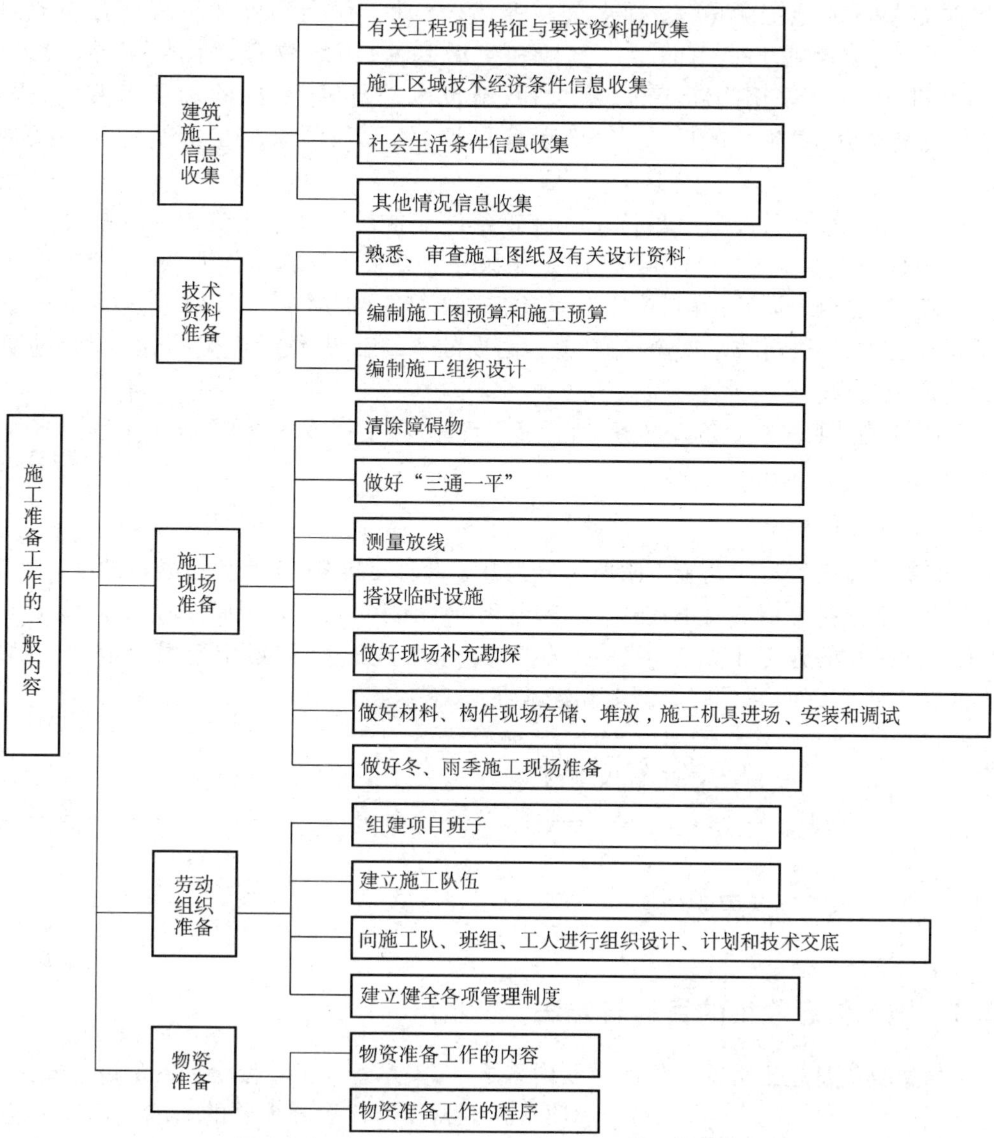

图1.3.1　施工准备工作内容

1)基础性工作准备　基础性工作准备是在施工单位与业主签订承包合同,承接工程任务后,需要做好的一系列基础工作,比如:研究项目组织管理模式、筹建项目经理部;落实分包单位,签订分包合同;分析工程主要矛盾、关键问题,制订相应对策、措施;调查分析施工地区的自然、技术经济和社会生活条件,为施工服务;办理相关申请手续,取得有关部门批准的法律依据;建立健全质量保证体系和各项管理制度,完善技术检测设施;合理规划施工力量与任务安排,组织材料、设备的加工订货;办理施工许可证,提交开工申请报告等。

2)施工总准备　即全场性施工准备,是以一个建筑工地为对象而进行的各项施工准备,目的是为全场性施工服务,也是兼顾单位工程施工条件的准备。比如:编制施工组织总设计；进行场区的施工测量，设置永久性经纬坐标桩、水准基桩和工程测量控制网；搞好“三通一平”；建设施工使用的生产基地和生活基地；组织物资、材料、机械、设备的采购、储备及进场；对所采用的新工艺、新材料、新技术进行试验、检验和技术鉴定；强化安全管理和安全教育；对施工的防火安全、环境保护、冬季和雨季施工等制订相应的对策、措施等。

3）单位工程施工条件准备　单位工程施工条件准备是以一个建筑物为对象而进行的施工准备，目的是为该单位工程施工服务，也是兼顾分部分项工程施工作业条件的准备。比如：编制单位工程施工组织设计；编制单位工程施工预算和主要物资供需计划；熟悉和会审图纸并交底；论证施工方案，进行技术安全交底；修建必要的暂设工程；组织机械、设备、材料进场和检验；建筑物定位、放线、引入水准控制点等。

4）分部（分项）工程作业条件准备　它是以分部分项工程或冬、雨季施工工程内容为对象而进行的作业条件准备。

2. 按所处施工阶段分

施工准备工作按工程所处施工阶段可分为开工前施工准备、工程作业条件的施工准备。

开工前施工准备是指工程正式开工前的各项准备工作，它具有全局性和总体性。

工程作业条件的施工准备是为某一单位工程、某个施工阶段或环节、某个分部（分项）工程所做的施工准备工作，它具有局部性和经常性。

集体观摩：到施工现场集体观摩，体会施工准备工作的内容、分类。

1.3.2　建筑施工信息收集

1.3.2.1　施工信息收集的目的与方法

施工信息收集是施工准备工作的重要内容之一，关系着施工单位全局的部署与安排，对工程项目施工成败具有十分重要的影响。为了使施工准备工作迅速展开、施工任务顺利进行，必须首先通过实地勘察与调查研究，掌握相关信息资料，并对这些资料进行细致认真的分析研究，以便为解决各项施工组织问题提供正确的依据，编制出一个切合实际的、高质量的、效果好的施工组织设计。

扫一扫看课件
建筑施工信息收集

扫一扫听微课
建筑施工信息收集

在相关信息收集工作开始之前，应拟订调查提纲，使信息收集工作有目的、有计划地进行，还要根据拟建工程的规模、复杂性和对当地情况的熟悉程度确定调查范围。调查时，可以采用社会调查法、汇报法、资料查阅法等，从勘测设计单位获得有关设计计划任务书、工程地址选择报告、工程水文地质勘测报告、地形测量图、工程设计文件及概预算等的资料，从当地气象部门索取气象资料，从当地有关部门收集现行规定及涉及该项工程的指示、协议和类似工程的实践经验资料等。对于缺少的资料应予以补充，对于某些有疑点的资料必须搞清真实情况。

1.3.2.2　工程建设信息收集

可以向建设单位和勘察设计单位调查工程建设及有关设计资料。工程建设和有关设计资料的调查内容和目的见表1.3.1。

表1.3.1　工程建设信息调查表

序号	调查单位	调 查 内 容	调 查 目 的
1	建设单位	①建设项目设计任务书及有关文件 ②建设项目的性质、规模、生产能力 ③生产工艺流程、主要工艺设备名称及来源、供应时间、分批和全部到货时间 ④建设期限、开工时间、交工先后顺序、竣工投产时间 ⑤总概算投资、年度建设计划 ⑥施工准备工作内容、安排和工作进度	①作为施工依据 ②项目建设部署 ③主要工程施工方案 ④规划施工总进度 ⑤安排年度施工计划 ⑥规划施工总平面 ⑦确定占地范围
2	勘察设计单位	①建设项目总平面规划 ②工程地形、地质勘察资料 ③水文地质勘察资料 ④项目建筑规模，建筑、结构、装修概况，总建筑面积，占地面积 ⑤单项(单位)工程个数 ⑥设计进度安排 ⑦生产工艺设计及特点 ⑧地形测量图	①施工总平面图规划 ②生产施工区、生活区规划 ③大型暂设工程安排 ④概算劳动力、主要材料用量，选择主要施工机械 ⑤规划施工总进度 ⑥计算平整场地土石方量 ⑦确定地基、基础施工方案

1.3.2.3　工程所在地自然条件信息收集

工程所在地自然条件信息收集就是对工程所在地区的自然条件进行的调查工作，如对当地的气象、河流、地下水等条件的调查。工程所在地自然条件信息收集的主要内容如下。

1. 气象调查

气温调查包括年平均最高与最低温度，最冷、最热月的逐月平均温度，冬、夏室外计量温度低于 -3 ℃、0 ℃、5 ℃的天数及起止日期等；雨情调查包括全年降雨量、一日最大降雨量、雨期起止日期、年雷暴日数等；风情调查包括全年主导风向及频率(风玫瑰图)，大于八级风的天数、日期等。

2. 河流、地下水调查

河流、地下水调查包括河流位置与现场的距离；洪水、平水、枯水时期及其水位；水的流速、流向、流量、航道深度、水质；最大、最小冻深及结冻时间；地下水的最高与最低水位及其时期、水量、水质等。

注意：工程所在地的自然条件信息资料可作为确定冬、雨季施工方法，选择基础施工方案、降低地下水方法等的依据。

1.3.2.4 工程所在地技术经济条件信息收集

工程所在地技术经济信息收集，就是对工程所在地的有关资源、经济、运输、供应、生活等方面的技术经济条件进行全面的了解，以便在施工组织中，尽可能利用这些技术经济条件为工程建设服务。其主要内容有以下几个方面。

1. 主要材料信息收集

主要材料信息收集包括“三材”信息、特殊材料和主要设备。“三材”即钢材、木材和水泥。一般情况下应摸清“三材”的市场行情，如供应能力、质量、价格、运费情况，当地构件制作、木材加工、金属结构、钢木门窗、商品混凝土、建筑机械供应与维修、运输等情况；了解特殊材料的品种、规格、数量以及加工和供应情况等；了解主要设备的名称、规格、数量和供货单位以及分批和全部到货时间等信息。

提示：主要材料信息资料一般向当地相关部门进行调查，可用作确定材料供应、储存和设备订货、租赁的依据。

2. 建设地区的能源信息收集

能源一般指水源、电源、供热、供气以及地方材料资源等，主要用于选择施工临时供水、供电、供热、供气方式，了解地方材料资源是否满足建筑施工的要求，为经济分析比较提供依据。

1)给水排水条件　调查工地用水与当地现有水源连接的可能性、供水能力、接管距离、地点、管径、材料、埋深、水压、水质及水费等资料。若当地现有水源不能满足施工用水要求，则要调查附近可作为施工生产、生活、消防用水的地面或地下水源的水质、水量、取水方式、至工地距离、沿途地形、地物状况等条件。还要调查利用当地排水设施排水的可能性、排水距离、去向和坡度等资料。这些资料是确定施工及生活给水方案、工地排水方案和防洪设施，拟订给排水设施的施工进度计划的重要依据。

2)供电条件　调查收集当地的电源位置、引入的可能性、引入方向、接线地点及其至工地距离、沿途地形和地物状况以及可以满足的容量、电源、导线截面和电费等资料；还要了解建设单位、施工单位自有的发变电设备、供电能力等情况。这些资料可以用来确定施工供电方案、拟订供电设施的施工进度计划等。

3)供热、供气情况　调查收集冬季施工时附近蒸汽来源、可供蒸汽量、接管地点、管径、埋深、至工地距离、沿途地形和地物状况及价格；建设单位、施工单位自有的供热能力以及当地或建设单位可以提供煤气、压缩空气、氧气的能力和它们至工地的距离等资料。这是确定施工供热、供气的依据。

4)地方资源情况 了解当地石灰石、块石、河沙、矿渣、粉煤灰等地方材料资源的可利用情况,能否满足建筑施工的要求,其开采、运输和利用的可能性及经济合理性等。

3. 建设地区的交通运输条件信息收集

交通运输一般包括铁路、公路、水路、航空等多种运输方式。收集交通运输资料是指调查主要材料及构件运输通道情况,主要用作组织施工运输业务、选择运输方式、提供经济分析比较的依据等。

4. 社会生活条件信息收集

社会生活条件信息收集主要是了解当地能提供的劳动力人数、年龄、文化程度、技术水平、居住条件及生活习惯;可供施工人员作为餐饮、办公、住宿、生产等用途的房屋情况;当地主副食品供应、日用品供应、文化教育、消防治安、医疗单位的基本情况以及能为施工提供的支援能力和便利条件。这些资料是制订劳动力安排计划、建立职工生活基地、确定临时设施的依据。

5. 施工企业信息收集

施工企业信息收集是指了解施工企业的资质等级、技术装备、管理水平、施工经验、社会信誉等有关情况。对同一工程,若是多个施工单位共同参与施工的,应了解参加施工的各单位的能力,以便做到心中有数。

1.3.2.5 参考资料的收集

在编制建筑施工组织时,还需要借助一些相关的参考资料作为编制依据。比如向当地气象部门了解气象、雨季及冬季参考资料,作为确定冬、雨季施工的依据;了解常见的土方机械、钢筋混凝土机械、起重机械及装修机械等机械台班产量参考指标;收集建筑工程施工工期参考指标,施工工期指标一般用来作为确定工期、编制施工计划的依据。这些参考资料可利用现有的施工定额、施工手册、相关施工组织设计实例或通过平时的施工实践活动来取得。

1.3.2.6 编写施工信息收集报告

根据收集的施工信息和所作的各项施工准备,编写介绍工程项目施工情况的报告,主要内容包括工程概况、施工条件和施工建议方案等。施工信息报告应力求简洁、图文并茂、突出重点。

1. 工程概况

工程概况内容主要包括建设项目地址、建筑面积、建筑特征和高度,项目周围环境、工程水文地质情况,基础的结构形式和埋深、主体结构形式,装修、内部设备要求,工程的工期、成本、质量要求,建设单位和设计单位情况以及其他应说明的内容等。

2. 施工条件

施工条件主要介绍工程特点、施工现场和施工单位情况等,其内容主要包括现场的地质地貌、“三通一平”情况,材料和预制构件、施工机械和机具、劳动力的供应情况以及现场临时设施的解决方案等。

3. 施工建议方案

确定施工方案是编制建筑施工组织的核心内容。确定施工方案需要从工程项目施工的全局出发,做到工艺先进、技术可行、经济合理、设备可取。方案选择的合理与否,将直接影响工程施工的质量、进度和成本。

施工方案的确定是一个综合的、全面的分析和对比决策过程,要考虑施工技术组织措施。确定施工方案之前,应考虑现场的水电供应条件,主导施工机械的型号、数量及供应情况,材料、构件及半成品的供应情况,劳动力供应情况等,这些是编制施工方案的初始依据。确定施工方案一般包括:施工段的划分,确定主要分部分项工程施工方法,安排施工顺序,选择施工机械,组织各项劳动力资源等。施工方案拟订的侧重点因工程结构的不同而有所不同,比如:砖混结构房屋施工,以主体工程施工为主,重点在基础工程的施工方案;单层工业厂房,以基础工程、预制工程和吊装工程的施工方案为重点;多层框架则以基础工程和主体框架的施工方案为主。此外,施工技术复杂、难度大或者采用新技术、新工艺、新材料的分部分项工程以及专业性强的特殊工程,也应作为施工方案的重点内容。

阅读理解:通过工程项目施工组织案例阅读,分析其建筑施工信息收集的内容。

实习实作:教师指定一工程项目,学生完成该项目建筑施工信息的收集,并编制施工信息收集报告。

1.3.3 技术资料准备

技术资料的准备即通常所说的内业技术工作。它是施工准备的核心,是保证施工质量,使施工连续、均衡地达到质量、工期、成本目标的必备条件,技术资料准备不足,可能导致差错和隐患,引起人身安全和质量事故,造成生命和财产的巨大损失,因此,必须做好技术资料的准备工作。其主要内容包括:熟悉和会审施工图纸、编制施工组织设计、编制施工图预算和施工预算及成本计划。

扫一扫看课件

施工技术准备

扫一扫听微课

施工技术准备

1.3.3.1 熟悉与会审施工图纸

1. 熟悉与会审施工图纸的依据和目的

(1)熟悉与会审施工图纸的依据

熟悉与会审施工图纸的依据如下:

①建设单位和设计单位提供的初步设计或技术设计、施工图、建筑总平面图、地基及基础处理的施工图纸及相关技术资料、挖填土方及场地平整等资料文件;

②调查和收集的原始资料；

③国家、地区的设计、施工验收规范和有关技术规定。

(2)熟悉与会审施工图纸的目的

通过熟悉与会审图纸，保证能够按设计图纸的要求顺利进行施工；使从事施工、预算管理的工程技术人员充分了解和掌握设计图纸的设计意图、结构与构造特点和技术要求；发现图纸中存在的问题和错误，为拟建工程的施工提供一份准确、齐全的设计图纸。

2. 熟悉与会审施工图纸的要点

(1)熟悉施工图纸的要点

1)基础部分　核对建筑、结构、设备施工图中关于基础留洞的位置及标高，排水及地下水的去向，变形缝及人防出口的做法，防水体系的包圈及收头要求，特殊基础的做法等。

2)主体结构部分　弄清建筑物墙体轴线的布置，各层所用的砂浆、混凝土强度等级，梁、柱的配筋及节点做法，钢筋的锚固要求，阳台、雨篷、挑檐的细部做法，楼梯间的构造，设备施工图和土建施工图上洞口尺寸及位置的关系等。

3)屋面及装修部分　弄清屋面防水节点做法，结构施工时应为装修施工提供的预埋件和预留洞，内、外墙和地面等的材料、做法，变形缝的做法及防水处理的特殊要求，防水、保温、隔热、防尘等的技术要求。

对于熟悉图纸的过程中发现的问题，应做好标记和记录，以便在图纸会审时提出。

(2)会审施工图纸的要点

会审施工图纸的要点如下。

①有无越级设计或无证设计的现象，图纸是否需要进行补充勘探。

②设计图纸是否符合国家有关的技术规范要求，是否符合城市规划等的要求，在技术上和经济上是否可行，特别是新技术的应用是否可能和必要。

③核对图纸说明是否齐全，规范是否明确，图纸有无遗漏、有无矛盾或不清楚的地方，如建筑、结构图中的标高、尺寸、轴线、坐标、预留孔洞、钢筋、预埋件、混凝土强度等级、构件数量等有无“错、漏、碰、缺”等现象。

④核对主要轴线、尺寸、位置、标高有无错误和遗漏。

⑤总图的建筑物坐标位置与单位工程建筑平面是否一致，基础设计与地质是否相符，建筑物与地下构筑物管线之间有无矛盾。

⑥设计图本身的建筑构造与结构构造之间，结构与构件、配件之间的联系是否清楚；某些结构在施工过程中有无足够的强度和稳定性，如钢筋混凝土构件吊装时的强度和稳定性。

⑦建筑安装与建筑施工的配合上存在哪些技术问题，能否合理解决。

⑧设计中所采用的各种材料、配件、构件等能否满足设计要求，设计图纸中所选用的材料在市场上能否采购到。

⑨设计是否考虑了施工技术的条件，能否按图施工，保证工程质量；设计是否考虑了安全施工的需要，能否保证施工的安全；设计图纸的要求和施工单位的能力是否吻合。

⑩对设计有什么合理的建议及其他问题。

图纸会审由建设单位或监理单位组织，设计、施工单位参加。图纸会审后，应将会审中各方提出的问题、修改意见等用会审纪要的形式加以明确，由建设单位正式行文，经参加会议各单位加盖公章后，作为设计图纸的修改文件。对施工过程中提出的一般问题，经设计单位同意，即可办理手续进行修改。涉及较大的技术和经济问题时，则必须经建设单位、监理单位、设计单位和施工单位共同协商，由设计单位修改，向施工单位签发设计变更单，方才有效。会审纪要与施工图纸具有同等效力，是组织施工、编制施工图预算的重要依据。

图纸会审和设计交底记录如表 1.3.2 所示。

表 1.3.2　图纸会审和设计交底记录

渝建竣

工程名称		工程地点	
建设单位		设计单位	
施工单位		监理单位	
交底会审 图　　号		交底会审日期	

交底及会审内容： 注：具体内容记录和处理意见见附件。
参加交底会审人员：

建设单位	设计单位	施工单位
项目负责人签字： （盖章）	项目负责人签字： （盖章）	项目负责人签字： （盖章）
监理单位	（　　　　）单位	（　　　　）单位
项目负责人签字： （盖章）	项目负责人签字： （盖章）	项目负责人签字： （盖章）

会审主持单位：	会审主持人： 年　月　日
设计交底单位：	设计交底人： 年　月　日

3. 学习和熟悉技术规范、规程及有关技术规定

技术规范、规程是由国家有关部门制定的实践经验的总结，具有法令性、政策性和严肃性。施工各部门必须按规范与规程施工。建筑施工中常用的技术规范、规程主要有以下几种：

①建筑施工及验收规范；

②建筑安装工程质量检验评定标准；

③施工操作规程；

④设备维护及检修规程；

⑤安全技术规程；

⑥上级部门颁发的其他技术规范与规定。

各级工程技术人员在接受任务后，要结合工程实际，认真学习和熟悉有关技术规范、规程，为保证优质、安全、按时完成工程任务打下坚实的技术基础。

实习实作：教师给出建设项目设计图纸，学生识读设计图，指出该图纸会审要点，并填写图纸会审记录表。

1.3.3.2　编制建筑施工组织设计

建筑施工组织设计是指导拟建工程从施工准备到竣工验收整个过程的一个综合性技术文件。它对施工的全过程起指导作用，既要体现基本建设计划和设计的要求，又要符合施工活动的客观规律，对建设项目、单项及单位工程的施工全过程起部署和安排的重要作用。

对于应用“四新”技术、技术复杂或本单位不熟悉的分部工程，还需要编制分部工程施工作业设计。

由于建筑施工的技术经济特点，建筑施工方法、顺序、方案等因素的不同，每个工程项目都需要分别编制建筑施工组织设计，作为组织和指导施工的重要依据。

提示：建筑“四新”技术包括新技术、新工艺、新材料、新设备。

1.3.3.3　编制施工图预算和施工预算及成本计划

在签订施工合同并进行了图纸会审的基础上，施工单位就应结合建筑施工组织设计和施工合同编制施工图预算，经建设单位和建设银行审核后作为确定工程造价、进行拨款和结算的依据。为了加强施工项目的工料成本管理、控制与核算，应另编制施工预算。此外还应编制施工项目的成本计划，作为项目经理部进行工程施工和成本控制的依据。

提示：施工图预算主要是施工企业向建设单位申请支付工程价款的依据。施工预算是施工企业内部使用的成本计划，是企业内部进行经济核算的依据。

1.3.4　施工现场准备

施工现场准备即通常所说的室外作业准备，它是为工程创造有利施工条件的保证。其工作应按建筑施工组织的要求进行，主要内容包括清除障碍物，“三通一平”，测量放线、搭设临时设施等。

1.3.4.1 建立施工现场测量控制网

为了使建筑物的平面位置和高程严格符合设计要求，施工前应按总平面图的要求，测出占地范围，并按一定的距离布点，组成测量控制网，以利于施工时按总平面图准确地定出各建筑物的位置。如果土方工程需要，还应测绘地形图。通常，这一工作由专业测量队完成，但施工单位还需根据施工的具体需要设一些加密网点，进行建筑物的测量放线工作。在测量放线前，应做好以下几项准备工作。

①对测量仪器进行检验和校正。

②了解设计意图，熟悉并校正施工图纸。

③校核红线桩与水准点。建筑红线由城市规划部门给定，在法律上起着建筑边界用地的作用，是建筑物定位的依据。在使用红线桩前应进行校核并采取一定的保护措施。水准点也同样要校测和保护。红线和水准点经校测发现问题，应及时提请建设单位处理。

④制订测量、放线方案。根据设计图纸的要求和施工方案，制订切实可行的测量、放线方案，主要包括平面控制、标高控制、±0.00以下施测、±0.00以上施测、沉降观测和竣工测量等项目。

工程定位（放线）测量记录如表1.3.3所示。

表1.3.3　工程定位（放线）测量记录

渝建竣

<table>
<tr><td>工程名称</td><td colspan="3"></td><td colspan="2">施工单位</td><td colspan="2"></td></tr>
<tr><td>测量依据</td><td colspan="3"></td><td colspan="2">依据提供单位</td><td colspan="2"></td></tr>
<tr><td rowspan="2">使用仪器及编号</td><td rowspan="2"></td><td rowspan="2">水准点标高（m）</td><td>相对</td><td></td><td rowspan="2">场地标高（m）</td><td>相对</td><td></td></tr>
<tr><td>绝对</td><td></td><td>绝对</td><td></td></tr>
<tr><td colspan="8">定位（放线）记录及示意图
测量人：
年　月　日</td></tr>
<tr><td colspan="8">复测情况及结论：
监理工程师：
年　月　日</td></tr>
<tr><td>施工单位</td><td colspan="3">项目技术负责人：
年　月　日</td><td>建设单位</td><td colspan="3">建设单位技术代表：
年　月　日</td></tr>
</table>

注：本表附放线办的定位放线记录。

实习实作：在建筑实训基地完成施工现场测量控制网的实训，并填写工程定位（放线）测量记录。

1.3.4.2　拆除障碍物

施工现场的障碍物应在开工前拆除，这一工作通常由建设单位完成，但有时也委托施工单位完成。对于建筑物的拆除，应编制拆除方案。拆除时，一定要摸清情况，尤其是原有障碍物复杂、资料不全时，应采取相应措施，防止发生事故，保证拆除的顺利进行。

架空电线、埋地电缆、自来水管、污水通道、煤气管道等的拆除，都应与有关部门取得联系并办好手续后，方可进行。场内的树木需报请有关部门批准后方可砍伐。房屋只要在水源、电源、气源等截断后即可进行拆除。拆除后的建筑垃圾应清理干净，及时运输到指定堆放地点。运输时应采取措施，防止扬尘污染城市环境。

1.3.4.3　现场"三通一平"

1. 平整施工场地

拆除障碍物后，即可进行平整场地的工作。平整场地就是根据场地地形图、建筑施工总平面图和对设计场地控制标高的要求，通过测量，计算出场地挖填土方量，进行土方调配，确定土方施工方案，进行挖填找平的工作，为后续的施工进场工作创造条件；也包括在建筑物完成后，根据设计室外地坪标高进行场地平整、道路的修建等。

2. 路通

施工现场的道路是建筑材料进场的通道。应根据施工现场平面布置图的要求，修筑永久性和临时性的道路，尽可能使用原有道路以节省工程费用。

3. 水通

施工现场的通水包括给水和排水两方面。施工用水包括生产性用水和生活、消防性用水，应按照施工组织总设计进行安排。施工用水设施，尽量利用永久性给水线路；临时管线的铺设，既要满足生产用水点的需要和使用方便的要求，也要考虑尽量缩短管线。施工现场的排水也十分重要，排水做不好会影响物资运输和施工的顺利进行。因此，要抓好有组织的排水工作。

4. 电通

施工现场用电包括生产和生活用电。应根据施工现场的电源位置铺设管线和安装电气设备，尽量使用已有的国家电力系统的电源，也可自备发电系统满足施工生产的需要。

此外，施工中如需要通热、通气或通电信等，也应按建筑施工组织的要求事先完成。

1.3.4.4　搭设临时设施

施工现场的临时设施是满足施工生产和职工生活所需的临时建筑物，包括现场办公室、职工宿舍、食堂、材料仓库、钢筋棚、木材加工棚等。为了保证顺利开工，应搞好工地临时设施的搭设。

临时设施的搭设，应尽量利用原有的建筑物，或先修建一部分永久性建筑加以利用，不足部分修建临时建筑。尽量减少临时设施的搭设数量，以节约费用。

1.3.4.5 冬、雨季施工准备以及设置消防、保安设施

1. 冬、雨季施工准备

建筑工程施工的大部分工作是露天作业，季节变化对施工影响较大。因此，为保证按期保质地完成施工任务，必须针对建筑工程特点和气温变化，制订科学合理的施工技术保障措施，做好冬、雨季施工准备工作。

(1)冬季施工准备

1)科学合理地安排冬季施工项目　由于冬季温度低、施工条件差、技术要求高，费用可能增加，因此，应尽量安排受自然条件影响小、增加费用少的项目在冬期施工，如吊装工程、打桩工程、室内装饰等项目。而费用增加较多且不易保证质量的项目应避开冬季施工，如土石方工程、基础工程、外粉刷工程、屋面防水工程等。因此，从建筑施工组织安排上要综合研究，明确冬季施工的项目。

2)落实各种热源供应工作　做好各种热源设备和保温材料的储存、供应，对相关工种的人员(如司炉工)应进行必要的培训，以保证冬季施工的顺利进行。

3)做好测温工作　冬季施工昼夜温差大，为保证施工质量，防止砂浆、混凝土在凝结硬化前遭受冻结而破坏，应做好测温工作。

4)做好室内外保温防冻工作　在冬季到来之前，应完成供热系统、门窗安装等工作，以保证室内其他项目能顺利施工。室外各种临时设施要做好保温防冻，如防止给排水管冻裂，防止道路积水结冰，及时清扫道路上的积雪，以保证运输顺利。

5)做好混凝土防冻剂的购置　做好冬季施工混凝土、砂浆及掺外加剂的试配实验工作，算出施工配合比。

6)加强安全教育，防止火灾发生　在冬季应教育职工树立安全意识，要有相应的防火、防滑措施，严防火灾发生，避免发生事故；还要做好职工培训、冬季施工的技术操作及安全施工的教育，确保施工质量，避免发生事故。

(2)雨季施工准备

1)合理安排雨季施工项目　为了避免雨季出现窝工浪费，应将一些受雨季影响大的施工项目(如土方工程、基础工程、室外及屋面工程)尽量抢在雨季到来之前完成，安排受雨季影响小的项目在雨季施工。

2)做好防洪排涝和现场排水工作　应根据施工现场的实际情况，做好防洪排涝的有关准备工作；施工现场应修建各种排水沟渠。准备好抽水设备，及时处理低洼、基坑中的积水。

3)做好物资的储存、道路维护工作　为了节约施工费用，在雨季到来之前，应储备足够数量的材料。雨季到来之前，应检查道路边坡的排水，适当提高路面，防止路面凹陷，保证运输道路的畅通。

4)做好机具设备的保护　对施工现场的各种机具、设备应加强检查，防止脚手架、垂运设备在雨季倒塌、漏电、遭受雷击等事故发生。

5)加强安全教育，树立安全意识　在雨季要教育职工树立安全意识，防止各种事故的发生。

2. 设置消防、保安设施

施工现场的安全是现代化施工重点考虑的问题之一。因此,应注重施工现场的安全防范,积极设置消防和保安设施。在施工现场布置消防栓、灭火器,在施工现场出入口设置保安用房,安排保安人员轮流值班,防止闲杂人员进入,确保现场安全施工。

1.3.5 劳动组织及物资准备

1.3.5.1 劳动组织准备

工程施工人员的劳动组织情况直接关系着工程质量、工期和成本。因此,劳动组织准备是工程开工之前施工准备的一项重要内容。劳动组织准备一般包括建立拟建项目的管理机构,建立精干的施工队伍,向施工班组、工人进行组织设计、计划和技术交底以及建立健全各项管理制度。

1. 建立拟建项目的管理机构

拟建项目的管理机构对工程建设目标的实现起着至关重要的作用。工程项目建设开工前,施工企业须根据工程特点建立项目部管理机构。一般由企业法定代表人委托和授权项目部经理,由项目经理根据工程规模、结构特点和复杂程度,确定项目部机构设置,坚持合理分工与密切协作相结合,因事设职、因职选人的原则。对于规模较小的工程可设一名工地负责人,再配备施工员、质检员、安全员及材料员等;对大型的工程项目或群体项目,则需配备一套班子,包括技术、材料、计划等管理人员。

2. 建立精干的施工队伍

施工队伍是工程项目建设的具体操作者,对工程质量、进度及成本影响非常大。精干的施工队伍必须是一支作风过硬、技术水平高、纪律性强、具有较强战斗力的队伍。施工队伍的建立,应根据工程的特点、现有劳动力组织情况及建筑施工组织劳动力需用量计划来确定;要坚持合理、精干的原则,认真考虑专业、工种的合理配合,技工、普工的比例要满足合理的劳动组织,符合流水施工组织方式的要求。

3. 向施工班组、工人进行组织设计和技术交底

技术交底是施工过程中基础性管理工作的一项重要工作内容。一般在单位工程或分部分项工程开工前及时进行,目的是把拟建工程的设计意图、施工计划和施工技术要求等详尽地向施工队组和工人讲解、交代,以保证工程严格地按照设计图纸、施工组织设计、安全操作规程和施工验收规范等要求进行施工,落实计划和技术责任制。在施工过程中,应本着谁施工谁负责的原则。各工种负责人在安排施工任务时,必须对施工班组进行书面技术质量安全交底,做到交底不明确不上岗,不签证不上岗。技术交底常有书面交底和口头交底两种形式。

4. 建立健全各项管理制度

工程项目施工准备过程中,要建立健全各项管理制度,做到有章可循、制度管人。制度是

各项施工活动顺利开展的保证，因此，必须建立健全工地的各项管理制度。施工中的管理制度有很多，如劳动制度、安全管理制度、文明施工制度、仓库管理制度、物资发放制度、工程质量奖罚制度等。

实习实作：学生设计一个建设项目管理机构，并制定主要管理制度。

1.3.5.2 施工物资准备

建筑工程施工需耗用大量的物资，为保证施工生产的顺利进行，必须根据物资需用量计划及时组织好货源，办理有关订购手续，落实有关运输和储备的事项，及早做好物资的准备工作。施工物资准备是指对施工中必需的施工机械、工具、临时设施等劳动手段和材料、配件、构件等劳动对象的准备，是一项复杂而又细致的工作。

1. 建筑材料的准备

建筑材料的准备主要是根据工料分析，按照施工进度计划的使用要求以及材料名称、规格、使用时间、材料消耗定额进行汇总，编出建筑材料需用量计划。建筑材料的准备包括“三材”、地方材料、装饰材料的准备。各种材料应在初步设计（或扩大初步设计）批准后，根据投资、项目结构类型、概算定额或万元指标定额等结合工程量进行估算，并尽量提出钢材、水泥、木材等主要材料的计划申请。地方材料应组织货源、签订供应合同，有条件时可自行组织地方材料的生产供应，以满足施工需要。由于材料运输量大，要组织好运输条件和运输工具；材料进场后，应组织好验收入库和储存堆放，并建立各项管理制度。

2. 预制构件和商品混凝土的准备

工程施工中需要的各种预制构件，都需要及时提出品种、规格及数量的加工申请，委托有关加工单位或部门进行加工，并及时组织运输，以免影响正常的施工生产。对于采用商品混凝土现浇的工程，则先要到生产单位签订供货合同，注明品种、规格、数量、需要时间及送货地点等。

3. 施工机具的准备

根据施工方案和施工进度计划，确定所需施工机械的类型、数量、供应渠道、进场时间以及进场后储存地点、方式，对于固定的机具要进行就位、搭棚、接电源、保养和调试等工作。对所有施工机具都必须在开工之前进行检查和试运转。

4. 模板和脚手架的准备

模板和脚手架是施工现场使用量大、堆放占地大的周转材料。按照施工方案及企业现有的材料，提出需要的名称、型号，确定分期、分批进场时间和保管方式，编制模板和脚手架需用量计划。模板及配件规格多、数量大、对堆放场地要求比较高，一定要分规格、型号整齐码放，以便于使用及维修。

1.3.6　施工准备工作实施要点

1.3.6.1　编制施工准备工作计划

为落实各项施工准备工作，加强检查和监督，须根据各项施工准备工作的内容、时间和人员，编制出施工准备工作计划，如表1.3.4所示。

表1.3.4　施工准备工作计划表

序号	施工准备项目	工作内容	要求	负责单位及具体落实者	涉及单位	要求完成时间	备注
1							
2							

各项准备工作之间有相互依存关系，单纯用表有时难以表达明白，故可以编制条形计划或网络计划，以明确各项施工准备工作之间的相互依赖、相互制约关系，找出关键的施工准备工作，便于检查和调整，使各项工作有领导、有组织、有计划和分期分批地进行。

实习实作：教师给出建设项目资料，学生编制其施工准备工作计划。

1.3.6.2　建立严格的施工准备工作负责制

由于施工准备工作范围广、项目多，故必须有严格的责任制度。把施工准备工作的责任落实到有关部门甚至个人，以便按计划要求的内容及时间进行工作。现场施工准备工作应由项目经理部全权负责。

1.3.6.3　建立施工准备工作检查制度

在施工准备工作实施的过程中，应定期进行检查，可按周、半月、月度进行检查。检查的目的是观察施工准备工作计划的执行情况，如果没有完成计划，应进行分析，找出原因，协调施工准备工作进度或调整施工准备工作计划。检查的方法：可将实际与计划进行对比；召集相关单位或人员在一起开会，检查施工准备工作情况，当场分析产生误差的原因，提出解决问题的办法。后一种方法见效快，解决问题及时，应多予采用。

1.3.6.4　坚持按建设程序办事，实行开工报告和审批制度

当施工准备工作完成到具备开工条件时，项目经理部应提出开工报告，报企业领导审批方可开工。实行建设监理的工程，企业还应将开工报告报送监理工程师审批，由监理工程师签发开工通知书，在限定时间内开工，不得拖延。

单位工程开工报告如表1.3.5所示。

表 1.3.5　单位(子单位)工程开工报告

渝建竣

工程名称		工程地址	
建设单位		施工单位	
监理单位		结构类型	
预算造价(万元)		计划总投资	

建筑面积(m^2)		开工日期		合同工期	

资料与文件	准备(落实)情况
批准的建设立项文件或年度计划	
征用土地批准文件及红线图	
规划许可证	
设计文件及施工图审查报告	
投标、中标文件	
施工许可证	
施工合同协议书	
资金落实情况的文件资料	
“三通一平”的文件资料	
施工方案及现场平面布置图	
主要材料、设备落实情况	

申请开工意见：

施工单位(公章)
项目经理：
年　　月　　日

监理单位审批意见：

监理单位(公章)
总监理工程师：
年　　月　　日

建设单位审批意见：

建设单位(公章)
项目负责人：
年　　月　　日

1.3.6.5　施工准备工作必须贯穿于施工全过程

工程开工以后，要随时做好作业条件的施工准备工作。施工顺利与否，取决于施工准备工作是否及时和完善。因此，企业各职能部门要面向施工现场，像重视施工活动一样重视施工准备工作，及时解决施工准备工作中的技术、机械设备、材料、人力、资金、管理等各种问题，以提供工程施工的保证条件。项目经理应十分重视施工准备工作，加强施工准备工作的计划性，及时做好协调、平衡工作。

1.3.6.6　争取协作单位的支持

由于施工准备工作涉及面广，因此，除了施工单位自身的努力外，还要取得建设单位、监理单位、设计单位、供应单位、银行及其他协作单位的大力支持，分工负责，统一步调，共同做好施工准备工作。

阅读理解：通过工程项目施工组织案例阅读，分析其建筑施工准备工作的内容。

【任务 3 小结】

任务 3 介绍了施工准备工作的内容和分类、建筑施工信息收集、技术资料准备、施工现场准备、劳动组织及物资准备、施工准备工作实施要点等。

习　　题

一、填空题

1. 施工准备工作按其规模和范围可分为________、________、________和________。

2. 施工准备工作按工程所处施工阶段可分为________、________。

3. “三材”即________、________和________。

4. 技术资料准备的主要内容一般包括：________、________、________和________。

5. “三通一平”是指________、________、________和________；“五通一平”是指________、________、________、________、________和________；“七通一平”是指________、________、________、________、________、________、________和________。

6. 建筑“四新”技术是指________、________、________、________。

二、判断题

1. 施工准备工作在建设项目开工前就已经完成。　(　　)

2. 施工准备工作的基本任务就是为工程开工和连续施工创造一切必备条件。　(　　)

3. 每项工程施工准备工作的内容都相同。 ( )

三、简答题

1. 简述施工准备工作的意义、种类和主要内容。
2. 简述施工信息收集的目的和内容。
3. 原始资料的调查包括哪些方面？各方面的主要内容有哪些？
4. 图纸自审应掌握哪些重点？
5. 施工现场准备包括哪些内容？
6. 为什么要建立健全施工管理制度？
7. 为什么说施工技术准备是施工准备工作的核心？
8. 如何做好冬期施工现场的准备工作？
9. 为什么说施工准备工作要贯穿施工的全过程？

综合实训

调查一个建筑工地，了解其建筑施工信息、技术资料准备的主要内容，施工现场人员的配备情况及其与该工程的规格、复杂程度的适应性；施工现场所用的施工机械、设备和其他器具的规格、数量等。

学习情境1　小结

本学习情境介绍了建筑工程施工组织编制及组织实施相关资料的收集与分析，着重介绍了建筑施工准备中的建筑施工信息收集、技术资料准备、施工现场准备、劳动组织及物资准备、施工准备工作实施要点等。

教学评估表

学习情境名称：____________班级：____________姓名：____________日期：____________

1. 本表主要用于对课程授课情况的调查，可以自愿选择署名或匿名方式填写问卷。根据自己的情况在相应的栏目打“√”。

评估项目	评估等级				
	非常赞成	赞成	不赞成	非常不赞成	无可奉告
(1)我对本学习情境的学习很感兴趣					
(2)教师的教学设计好,有准备并能阐述清楚					
(3)教师因材施教,运用了各种教学方法来帮助我学习					
(4)学习内容能提升我编制建筑施工组织和组织其实施的技能					
(5)有实物、图片、音像等材料,能帮助我更好地理解学习内容					
(6)教师知识丰富,能结合施工现场进行讲解					
(7)教师善于活跃课堂气氛,设计各种学习活动,利于学习					
(8)教师批阅、讲评作业认真、仔细,有利于我的学习					
(9)我能理解并能应用所学知识和技能					
(10)授课方式适合我的学习风格					
(11)我喜欢这门课中的各种学习活动					
(12)学习活动有利于我学习该课程					
(13)我有机会参与学习活动					
(14)每个活动结束都有归纳与总结					
(15)教材编排版式新颖,有利于我学习					
(16)教材使用的文字、语言通俗易懂,有对专业词汇的解释、提示和注意事项,利于我自学					
(17)教材为我完成学习任务提供了足够信息,并提供了可以查找资料的渠道					
(18)教材通过讲练结合使我增强了技能					
(19)教学内容难易程度合适,紧密结合施工现场,符合我的需求					
(20)我对完成今后的典型工作任务所需具有的能力更有信心					

2. 您认为教学活动使用的视听教学设备:

合适□　　太多□　　太少□

3. 教师安排边学、边做、边互动的比例:

讲太多□　　练习太多□　　活动太多□　　恰到好处□

4. 教学进度：

太快□　　　　　　正合适□　　　　　　太慢□

5. 活动安排的时间：

太长□　　　　　　正合适□　　　　　　太短□

6. 我最喜欢本学习情境的教学活动是：

7. 我最不喜欢本学习情境的教学活动是：

8. 本学习情境我最需要的帮助是：

9. 我对本学习情境改进教学活动的建议是：

学习情境 2　单位工程施工组织编制

【学习目标】

知识目标	能力目标	权重
能正确表述工程概况的组成内容	能正确描述建设项目工程概况	0.05
能正确表述工程项目结构分解及项目组织机构设置	能正确设置项目组织机构	0.10
能正确表述施工程序、施工顺序、主要施工方案的确定、施工机械设备的选择	能正确制订主要分部分项工程施工方案及选用主要施工机械设备	0.15
能正确表述流水施工的参数及组织方式	能正确绘制流水进度计划（线条图）	0.10
能正确表述网络图的基本要素及绘制、时间参数的计算、网络计划的优化	能正确绘制网络计划并进行优化	0.20
能正确表述施工进度计划的编制、表示方法及项目管理相关软件的使用方法	能熟练编制单位工程施工进度计划	0.10
能正确表述施工准备工作及各项资源需用量计划的内容	能正确确定施工准备的各项内容及编制各项资源需用量计划	0.05
能正确表述施工现场平面布置以及保证施工质量、安全文明施工、降低成本、环境保护等的主要措施	能正确进行施工现场平面布置以及组织现场管理	0.10
能正确表述建筑施工组织技术经济分析的内容、方法	能正确制订主要技术组织措施并正确进行技术经济分析	0.05
能正确表述单位工程施工组织编制的内容	能正确编制单位工程施工组织	0.10
合　计		1.00

【教学准备】

建筑工程施工图纸、工程施工合同、预算书、建筑施工组织实例等。

【教学建议】

在建筑技能实训基地或施工现场，采用资料展示、现场实物对照、分组学习、案例分析、课堂讨论、多媒体教学、讲授等方法教学。

【建议学时】

44(11)学时。

任务1　工程概况的描述

在编制建筑工程施工组织时,需要描述以下几方面的工程概况。

2.1.1　工程特点

2.1.1.1　工程概况

工程概况主要说明工程类型、使用功能、建设目的、建设工期、质量要求、投资额以及工程建成后的地位和作用。

例如:某工程概况采用列表形式介绍(表2.1.1)。

表2.1.1　某工程概况

项　目	内　容
工程名称	×××大学第二综合教学楼
工程地址	×××市×××大学校内
业主名称	×××大学
建筑功能	教学
建设目的	新建校区
投资额	3 500万元
质量要求	合格
建设工期	180日历天

2.1.1.2　建筑设计

建筑设计主要说明工程平面组成、层数、层高、建筑面积、防火及防水等级,对于复杂的建筑附以平面、立面和剖面图进行详细说明。

例如:某工程建筑设计(表2.1.2)。

表2.1.2　某工程建筑设计

项　目	内　容
建筑面积	34 874 m^2
用地面积	35 217 m^2
建筑基底面积	8 770 m^2
层数	5层
建筑高度	23.85 m
±0.00	相当于绝对标高293.80 m
耐火等级	二级,结构构件耐火等级为一级

2.1.1.3　结构设计

结构设计主要说明地基类型、基础及主体结构形式、复杂程度和抗震要求，并附以主要工种工程量一览表。

例如：某工程结构设计（表2.1.3）。

表2.1.3　某工程结构设计

项　目	内　容	
结构形式	基础结构形式	人工挖孔桩（墩）、柱下独立基础
	主体结构形式	框架结构
建筑物地基	持力层为中风化砂岩或泥岩	承载力标准值不小于2 200 kPa
抗　震	抗震设防烈度	6度
	抗震等级	框架为四级，局部三级
	抗震设防类别	丙类
结构安全等级	二级	
建筑场地类别	Ⅱ类	
设计使用年限	50年	

2.1.1.4　水、暖、电等安装工程设计

水、暖、电等安装工程设计主要说明本工程有哪些安装系统及其专业使用功能，每一系统的使用量及相关设计特点。

例如：某工程给排水工程（表2.1.4）。

表2.1.4　某工程给排水工程

项　目	内　容			
用水量	最大日用水量	667 m^3/d	最大小时用水量	27.79 m^3/h
供水区划分	高压区		八层至屋顶水箱	水源及压力由恒压变流量供水装置提供
	低压区		地下一层至七层	水源及压力由市政自来水给水管网提供
排水系统	室内		采用污废水合流	
	室外		采用雨污水分流	
	污水处理		经无能耗处理池处理后排入市政管道	
消防系统	室外消防用水量			20 L/s
	室内消火栓用水量			30 L/s

2.1.1.5　施工特点

根据工程设计特点，对本工程的施工重点及难点进行分析，对需要采取特殊措施的部位进行重点说明。

2.1.2　建设地点特征

建设地点特征主要说明建造地点及其空间状况、气象条件及其变化状况、工程地形和工程地质条件及其变化状况、水文地质条件及其变化状况、冬季施工起止时间和土壤冻结深度。

2.1.3　施工条件

施工条件主要说明本工程的道路交通情况、“三通一平”情况、施工用水用电情况及其在现场的接驳地点和市政供给量大小,说明其是否满足本工程需要、若不满足如何解决。

例如:某工程施工条件(表2.1.5)。

表2.1.5　某工程施工条件

项　目	内　　容
环境、地貌	场地较平坦
地上、地下物情况	无障碍物、无不良地质情况、无地下水
“三通一平”状况	道路、水、电均已接通,场地已整平
现场水、电源供应点	水源在场地北侧,电源在场地的东北角

实习实作:教师给出某工程项目资料,学生描述该项目工程概况。

【任务1小结】

单位工程施工组织中的工程概况,是对拟建工程的概况所作的简洁、明了、突出重点的文字介绍,一般包括工程特点、建设地点特征、施工条件。学生在正确认识拟建工程的基础上,应能正确描述其工程概况,为建筑施工组织的编制与实施奠定基础。

习　题

一、填空题

1. 建筑工程施工组织工程概况的描述中,工程特点一般包括________、________、________、________和________。

2. 建筑工程施工组织中,工程概况的描述一般包括________、________、________。

二、简答题

1. 建筑工程施工组织编制中,工程概况的描述主要包括哪些方面?

2. 建筑工程施工组织编制中，施工条件的描述主要包括哪些方面？

综合实训

参观一个建筑工地，让学生描述该项目的工程概况。

任务2　施工部署与施工方案的确定

2.2.1　施工部署

施工部署即对整个建设项目的施工作战略性的部署并对主要工程项目做出分期分批施工的战略性安排。它是在充分了解工程情况、施工条件和建设要求的基础上，对整个工程进行全面安排和解决工程施工中重大问题的方案。

2.2.1.1　施工任务划分与组织安排

1. 工程项目结构分解

由于建设项目是一个庞大的体系，由不同功能的部分组成，每部分又在构造、性质上存在差异，而且不同项目的组成内容又不相同，因此，在实施过程中不可能简单化、统一化，必须有针对性地分别对待每一项具体内容，由部分至整体地实现生产，这就产生了如何对工程项目进行具体划分的问题。

(1)工程项目结构分解

工程项目结构分解，即按照系统分析方法将由总目标和总任务所定义的项目分解开来，得到不同层次的项目单元。实施这些项目单元的工作任务与活动就是工程活动。这些活动需要从各方面(质量、技术要求、实施活动的责任人、费用限制、持续时间、前提条件等)作详细的说明和定义，从而形成项目计划、实施、控制、信息管理等工作的最重要的基础。

(2)工程项目结构分解的目的

工程项目结构分解的目的如下。

①将整个项目划分为相对独立的、易于管理的较小的项目单元，这些较小的项目单元有时也称为活动。

②将这些活动与组织机构相联系，将完成每一活动的责任赋予具体的组织或个人。

③对每一活动做出较为详细的时间、成本估计，并进行资源分配。

④可以将项目的每一活动与公司的财务相联系，及时进行财务分析。

⑤确定项目需要完成的工作内容和项目各项活动的顺序。

⑥估计项目全过程的费用。

⑦可与网络计划技术共同使用,以规划网络图的形态。

(3)工程项目结构分解的作用

工程项目结构分解的作用如下。

①工程项目结构分解是项目管理的基础工作。

②工程项目结构分解是制订工程计划的依据。

③工程项目结构分解是实行目标管理落实责任的需要。

④工程项目结构分解是加强成本核算的需要。

⑤工程项目结构分解是实施控制是否有效的重要影响因素。

(4)工程项目结构分解的步骤

工程项目结构分解的步骤如下。

①将项目分解成单个定义的且任务范围明确的子部分(子项目)。

②研究并确定每个子部分的特点、结构规则及其实施结果、完成它所需的活动,以作进一步的分解。

③将各层次的结构单元(直到最底层的工作包)收集于检查表上,评价各层次的分解结果。

④用系统规则将项目单元分组,构成系统结构图(包括子结构图)。

⑤分析并讨论分解的完整性。

⑥由决策者决定结构图,并形成相应的文件。

⑦建立项目的编码规则,对分解结果进行编码。

(5)工程项目结构分解的方法

工程项目结构分解的方法如下。

①按功能区间分解,如一个宾馆工程可划分为客房部、娱乐部、餐饮部等。

②按照专业要素分解,如土建工程可分为基础、主体、墙体、楼地面、屋面等;水电工程可分为水、电、卫生设施;设备可分为电梯、控制系统、通信系统、生产设备等。

③按实施过程分解,一般可将工程项目分解为实施准备(现场准备、技术准备、采购订货、制造、供应等)、施工、试生产/验收等。

在上述分解的基础上可以进行专业工程活动的进一步分解。

提示:不同规模、性质或工程范围的项目结构分解结果差异较大,没有统一的分解方法,应灵活选用分解方法。

(6)工程项目结构分解原则

工程项目结构分解原则如下。

①确保各项目单元内容的完整性,不能遗漏任何必要的组成部分。

②项目结构分解是线性的,一个项目单元只能从属于上层项目单元,不能有交叉。

③同一项目单元所分解出的各子单元应具备相同的性质。

④每一个项目单元应能区分不同的责任人和不同的工作内容,应有较高的整体性和独立性。

⑤项目结构分解是工程项目计划和控制的主要对象,应为项目计划的编制和工程实施控

制服务。

⑥项目结构分解应有一定的弹性，当项目实施中作设计变更与计划修改时，能方便地扩展项目的范围、内容和变更项目的结构。

⑦项目结构分解应详细、得当。

实习实作：由教师给出工程项目资料，学生进行该工程施工项目结构分解练习。

2. 工程项目组织机构设置

在明确施工项目目标的条件下，合理安排工程项目管理组织，其目的是安排、划分各参与方的工作任务，建立施工现场统一的组织领导机构及职能部门，明确各单位之间分工与协作的关系，按任务或职位制定一套合适的职位结构，以使项目人员能为实现项目目标而有效地工作。作为组织，要建立起适当的职位体系，就应定出切实的目标，明确权责范围，对各职位的主要任务、职责应有清楚的规定，还应明确与其他部门人员的工作关系，以便相互协调。

①施工项目经理部的结构和人员安排。施工项目经理部的组织结构可采用职能式、项目式、矩阵式等组织形式。组织结构形式和部门的设置与如下因素有关：承包人的规模，同时承接施工项目的数量；承包人的项目管理总指导方针；本工程施工的规模，例如具有相对独立体系的子项目的数量；施工合同所规定的承包人的工程范围与管理责任。项目经理部的人员安排主要由施工项目的规模决定。

②施工项目管理总体工作流程和制度设置。

③施工项目经理部各部门的责任矩阵。列责任矩阵表，横向栏目为施工项目经理部的各个职能部门，竖向栏目为施工项目管理的工作分解。施工项目管理的工作可以按照施工项目的阶段分解或按照施工管理的职能工作分解。在责任矩阵中应标明该工作的完成人、决策（批准）人、协调人等。

④施工项目过程中的控制、协调、总体分析与考核工作过程的规定。

实习实作：学生设计一工程建设组织机构。

2.2.1.2 熟悉图纸，确定施工程序

施工程序是指单位工程中各分部工程或施工阶段的先后顺序及其制约关系，主要是解决时间搭接的问题。一般应注意以下几点。

1. 遵守“先地下后地上、先土建后设备、先主体后围护、先结构后装修”的原则

①“先地下后地上”是指地上工程开始之前，尽量先把管线、线路等地下设施、土方工程和基础工程完成或基本完成，以免对地上部分施工产生干扰；否则，既给施工带来不便，又会造成浪费，影响工程质量和进度。

②“先土建后设备”是指土建施工一般应先于水、电、暖、通信等建筑设备的安装。它们之间更多是穿插配合的关系，一般在土建施工的同时要配合进行有关建筑设备安装的预埋工作。尤其在装修阶段，要从保质量、讲成本的角度，处理好相互之间的关系。

③“先主体后围护”是指框架结构房屋的主体结构与围护结构要有合理的搭接。一般来

说，多层建筑以少搭接为宜，而高层建筑则应尽量搭接施工，以有效缩短工期。

④"先结构后装修"是指先完成主体结构的施工，再进行装饰工程的施工。这是就一般情况而言的，有时为了压缩工期，也可以部分搭接施工。

提示：上述程序是就一般情况而言的，在特殊情况下，上述程序不能一成不变。如在冬季施工之前，应尽可能完成主体结构和围护结构，以利于施工中的防寒和室内作业的开展。

2. 做好土建施工与设备安装施工的程序安排

工业性建设项目除了土建施工及水、电、暖、通信等建筑设备外，还有工业管道和工艺设备及生产设备的安装，此时应十分重视合理安排土建施工与设备安装之间的施工程序。一般有封闭式施工、敞开式施工和同时施工等程序。

1) 封闭式施工　即土建主体结构完成之后，再进行设备安装。它适用于一般轻型工业厂房（如精密仪器厂房）。

2) 敞开式施工　即设备基础先施工、安装工艺设备，然后建造厂房。它适用于重型工业厂房（如冶金工业厂房中的高炉间）。

3) 同时施工　即安装设备与土建施工同时进行。这样，土建施工可以为设备安装创造必要的条件，同时应采取防止设备被砂浆、垃圾等污染的保护措施。当厂房土质不佳，而设备基础与柱基础又连成一片时，在设备基础基坑开挖过程中易造成柱基础地基不稳定的情况下，可采取该方法。

2.2.1.3　划分施工阶段

在组织流水施工时，通常把施工对象在平面上划分为劳动量大致相等的若干段，这些段就叫施工段，又称为流水段。每一个施工段在某一段时间内只供一个施工过程的工作队使用。

划分施工段是为了使不同的专业队在不同的工作面上进行作业，以充分利用空间，使其按流水施工的原理，集中人力、物力，迅速、依次、连续地完成各段任务，为相邻专业工作队尽早地提供工作面，达到缩短工期的目的。

施工段划分的数目要适当，数目过多势必减少工人数而延长工期，数目过少又会造成资源供应过分集中，不利于组织流水施工。划分施工段应考虑以下因素。

①以主导施工过程为依据。

②有利于结构的整体性。

③各施工段的劳动量应尽可能相等，其相差幅度不宜超过 15%。

④各专业班组有足够的工作面及布置施工机械的可能性。

⑤施工段不宜过多，以适当为度。

⑥当房屋有层高关系，组织分段、分层施工时，应使各施工过程能够连续施工。即各施工过程的工作队做完第一段后，能立即转入第二段；做完第一层的最后一段后，能立即转入第二层的第一段施工。因此，每层的最小施工段数 m_{min} 与施工过程数 n 应满足 $m_{min} \geqslant n$，以保证各专业队连续施工。当施工段数 $m < n$ 时，施工过程不连续，施工段无空闲，出现窝工现象；当 $m = n$ 时，施工过程可连续，施工段无空闲，是最理想的组织形式；当 $m > n$ 时，施工过程可连续，施工段

有空闲。

2.2.1.4　确定施工起点与流程

施工起点和流程是指单位工程在平面上或空间中开始施工的部位及其流动方向。一般来说，对单层建筑物，只要按其施工段确定平面上的施工起点和流程即可；对多层建筑物，除了确定每层平面上的施工起点和流程外，还要确定其层间或单元空间中的施工流程。

扫一扫看课件

确定施工起点、流程、顺序

扫一扫听微课

确定施工起点、流程、顺序

1. 单位工程施工起点和流程

确定单位工程施工起点和流程，一般应考虑以下因素。

1）施工方法是确定施工起点和流程的关键因素　如一幢高层建筑的地下两层结构采用“逆作法”施工，其施工起点和流程可作如下表述：定位放线→地下连续墙施工→中间支承桩施工→地下室顶板挖土、顶板钢筋混凝土结构施工→地下室一层挖土、地下一层板钢筋混凝土结构施工，接着进行地下室二层挖土、底板钢筋混凝土结构施工，同时进行地上结构施工。若采用“顺作法”施工，其施工流程为：定位放线→边坡支护→开挖基坑→地下结构施工→回填土→上部结构施工。

2）生产工艺或使用要求　从生产工艺上考虑，影响其他工程投产的工段应该先施工；从业主对生产和使用的需要考虑，一般对生产或使用要求急的工段或部位应先施工。

3）单位工程各部分的施工繁简程度　一般对技术复杂、施工进度慢、工期较长的工段或部位应先施工。

4）当有高低层或高低跨并列时，应从高低层或高低跨并列处开始施工　例如：在高低跨并列的单层工业厂房结构安装工程中，应先从高低跨并列处开始吊装柱。屋面防水层应按先高后低的方向施工，同一屋面则由檐口到屋脊背方向施工；基础有深浅时，应按先深后浅的顺序施工。

5）工程现场条件和施工机械　例如：土方工程施工中，边开挖边余土外运时，施工起点应确定在远离道路的部位，由远及近地展开施工；同样，土方开挖采用反铲挖土机时，应后退挖土；采用正铲挖土机时，则应前进挖土。

6）施工组织的分层分段　划分施工层、施工段的部位，如伸缩缝、沉降缝、施工缝等，也是决定施工流程应考虑的因素。

7）分部工程或施工阶段的特点及其相互关系　基础工程平面的施工流程取决于施工机械和施工方法。主体工程从平面上看，任意一边先开始都可以；从竖向看，一般应自下而上施工（逆作法地下室施工除外）。

2. 装饰装修工程竖向施工流程

室外装饰装修可以采用“自上而下”的流程，室内装饰装修则可以采用“自上而下”“自下而上”和“自中而下再自上而中”三种流程。

①“自上而下”是指主体结构封顶、屋面防水层完成后，装饰装修工程开始逐层向下的施工流程，一般有水平向下和垂直向下两种形式，如图2.2.1所示。其优点是：等主体结构完成沉降后进行，能保证装饰装修工程的质量；做好屋面防水层后，可防止在雨季施工时因雨水渗漏而影响装饰装修工程质量；主体施工和装饰装修施工分别进行，使各施工过程之间交叉作业

较少,便于组织施工。该流程的缺点是不能与主体结构施工搭接,工期较长。

②“自下而上”是指主体结构施工到三层以上时(有二层楼板,确保底层施工安全),装饰装修工程从底层开始逐层向上的施工流程,一般有水平向上和垂直向上两种形式,如图 2. 2. 2 所示。为了防止雨水或施工用水从上层板缝内渗漏而影响装饰装修质量,应先做好上层楼板面层抹灰,再进行本层墙面、天棚、地面的抹灰施工。这种流程的优点是可以与主体结构平行搭接施工,能相应缩短工期,当工期紧张时,可以考虑采用这种流程。其缺点是:交叉施工多,现场施工组织管理比较复杂。

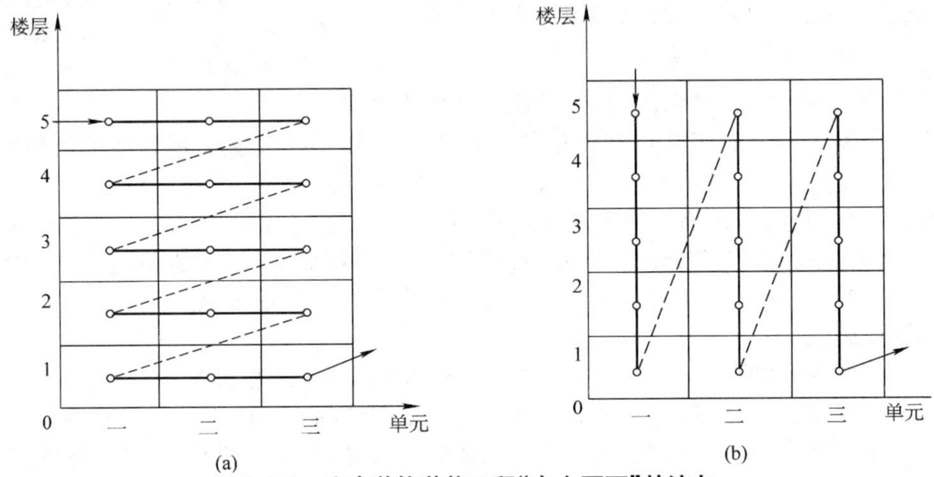

图 2. 2. 1　室内装饰装修工程“自上而下”的流向

(a)水平向下　(b)垂直向下

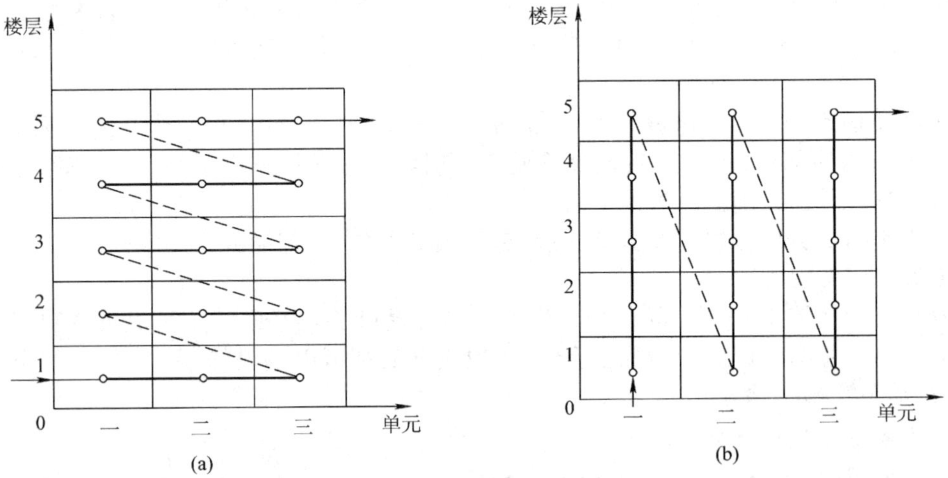

图 2. 2. 2　室内装饰装修工程“自下而上”的流向

(a)水平向上　(b)垂直向上

③“自中而下再自上而中”的施工流程综合了前两种流程的优缺点,一般适用于高层建筑的装饰装修施工,即当裙房主体工程完工后,便可自中而下进行装修。当主楼的主体工程结束后,再自上而中进行装修,如图 2. 2. 3 所示。

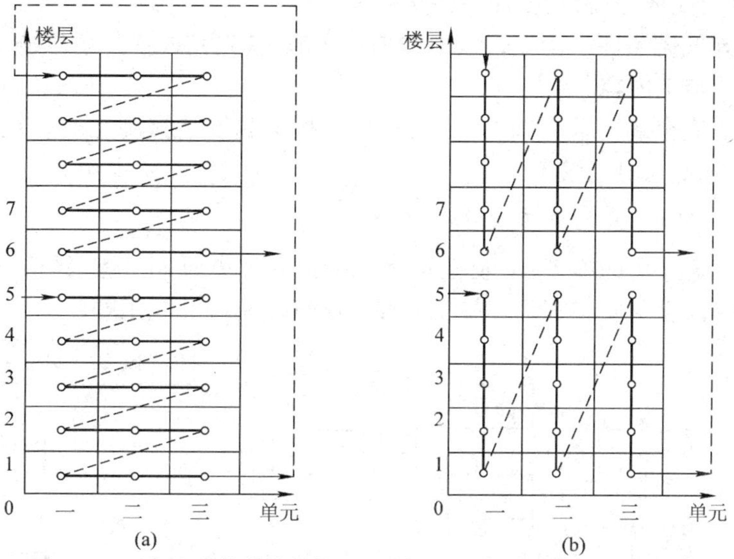

图 2.2.3　高层建筑装饰装修工程"自中而下再自上而中"的流向

(a)水平自中而下再自上而中　(b)垂直自中而下再自上而中

小组讨论：确定单位工程施工起点和流程的影响因素有哪些？

2.2.1.5　确定施工顺序

施工顺序是指单项（位）工程内部各个分部（项）工程之间的先后施工次序。施工顺序合理与否，将直接影响工种间的配合、工程质量、施工安全、工程成本和施工速度，必须科学合理地确定单项工程的施工顺序。

1. 确定原则

1）遵守施工程序　施工程序确定了大的施工阶段之间的先后次序。在组织具体施工时，必须遵守施工程序，如先地下后地上的程序。

2）符合施工工艺的要求　这种要求反映出施工工艺上存在的客观规律和相互间的制约关系，如现浇钢筋混凝土柱的施工顺序为绑钢筋→支模板→浇筑混凝土→养护→拆模。

3）施工方法协调一致　同一施工方案，采用不同的施工方法，则施工顺序不同。如单层工业厂房结构吊装工程，当采用分件吊装法时，其施工顺序为：吊柱→吊梁→吊屋盖系统；当采用综合吊装法时，其施工顺序为：第一节间吊柱、梁和屋盖系统→第二节间吊柱、梁和屋盖系统。

4）考虑施工组织的要求　例如，安排室内外装饰工程施工顺序时，一般情况下，可按施工组织设计规定的顺序。

5）必须考虑施工质量的要求　例如，多层结构房屋的内墙面及天棚抹灰，应在上一层楼地面完成后进行，否则，抹灰面易受上层施工用水或雨水渗漏的影响。楼梯抹面应在全部墙面、地面和天棚抹灰完成之后，自上而下一次完成。

6）应考虑当地气候条件　例如，冬、雨季来临之前，应先完成室外各项施工内容，在冬、雨季时进行室内各项施工内容。

7）应考虑施工安全的要求　例如，多层房屋结构与装饰搭接施工时，只有完成两个楼板的铺放后，才允许在底层进行装饰施工。

2. 装配式单层工业厂房的施工顺序

装配式单层工业厂房的施工，一般可分为基础工程、构件预制工程、结构吊装工程、围护工程、屋面及装饰工程、设备安装工程等施工阶段。前五个阶段的施工顺序如图 2.2.4 所示。

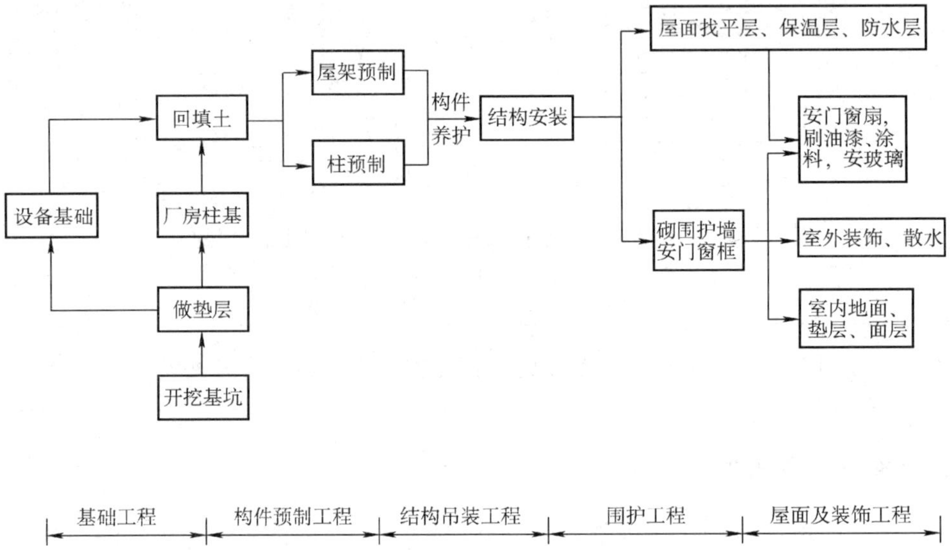

图 2.2.4　装配式钢筋混凝土单层工业厂房施工顺序示意图

中、小型工业厂房的施工内容及施工顺序如下。

1）基础工程的施工顺序　基础工程的施工顺序是：挖土→垫层→基础→回填土。如采用桩基础，则应在挖土之前施工。

工业厂房内的基础有厂房柱基础和设备基础两类。根据两种基础埋深的相对关系，可采用封闭式或敞开式施工。当厂房柱基础的埋置深度大于设备基础的埋置深度时，采用封闭式施工，厂房柱基础先施工，设备基础后施工。当设备基础的埋置深度大于厂房柱基础的埋置深度，且两类基础之间距离过近时，为防止设备基础的基坑开挖影响已施工完毕的厂房柱基础的持力层，应采取敞开式施工，即设备基础与厂房柱基础同时施工。

2）构件预制工程的施工顺序　单层厂房结构构件通常采用现场预制和加工厂预制相结合的方法。对于尺寸大、自重大的构件（如屋架、排架柱、抗风柱等），因运输困难而带来较多问题，所以多采用在拟建厂房内部现场预制；对于数量较多的中小型构件（如吊车梁、连系梁、屋面板），可以在加工厂预制，按照厂房结构安装工程的进度陆续运往现场堆放或安装。

单层工业厂房钢筋混凝土预制构件现场预制的施工顺序为：场地平整夯实→支模板→钢

筋绑扎→浇筑混凝土(对于后张法预应力构件应同时预留孔道)→混凝土养护→支模板→张拉预应力钢筋并锚固→孔道灌浆。

3)结构吊装工程的施工顺序　安装阶段的施工顺序取决于施工方案。采用分件吊装法时,其施工顺序一般是:第一次开行吊装柱,并进行校正和固定;第二次开行吊装吊车梁、连系梁、基础梁等,使柱和梁形成空间结构,共同工作;第三次开行吊装屋架、屋面板和屋盖支撑系统。采用综合吊装法时,其施工顺序一般是:先吊装第一、二节间的4~6根柱,再吊装该节间内的吊车梁、连系梁、基础梁,最后吊装该节间内的屋架、屋面板、屋盖支撑系统,如此逐间依次进行,直至全部厂房吊装完毕。

厂房两端抗风柱的吊装顺序也有两种:一种是在安装排架柱的同时,先安装该跨一端抗风柱,待厂房屋盖系统全部吊装完毕后,再吊装另一端的抗风柱;另一种是待厂房屋盖系统全部吊装完后,最后吊装抗风柱。

4)围护工程、屋面及装饰工程的施工顺序　一般来说,这一阶段的施工顺序是:围护工程→屋面工程→装饰工程。围护工程和屋面工程的施工顺序基本相同。装饰工程包括室内装饰(楼地面、门窗扇、玻璃安装、刷油漆、刷白等)和室外装饰(勾缝、抹灰、勒脚、散水等),两者可平行施工,也可依次施工。室内抹灰一般自上而下进行,刷白应在墙面干燥和大型屋面板灌缝完毕、雨水不再渗漏后进行。

5)设备安装阶段的施工顺序　这一阶段的施工顺序除满足自身工艺要求外,还要重视与土建施工相互配合,特别是大中型生产设备的安装更是如此。

提示:有的单层工业厂房,面积、规模较大,生产工艺要求复杂,厂房按生产工艺分区分工段划分为多跨。这种工业厂房施工顺序的确定,不仅要考虑土建施工及组织的要求,而且要研究生产工艺的要求,一般先生产的工段先施工,从而先交付使用,能尽早发挥投资的经济效益,这是施工要遵循的基本原则之一。所以规模大、生产工艺复杂的工业厂房建筑的施工,要分期分批进行,分期分批交付试生产,这是确定其施工顺序的总要求。

3. 多层混合结构房屋的施工顺序

多层混合结构的施工,一般可划分为基础(包括地下室结构)、主体、屋面、装饰、水电暖卫气及房屋设备安装等施工阶段。若按施工阶段划分,一般可以分为基础(地下室)、主体结构、屋面及装饰与房屋设备安装三个阶段。基础、主体、屋面及装饰工程的施工顺序如图2.2.5所示。

1)基础工程的施工顺序　这个阶段的施工顺序一般是:挖土→垫层→基础→防潮层→回填土。这一阶段挖土和垫层在施工安排上要紧凑,时间间隔不能太长,也可将挖土与垫层作为一个施工过程,避免槽(坑)灌水或受冻,影响地基土承载力,造成质量事故或人工材料浪费。

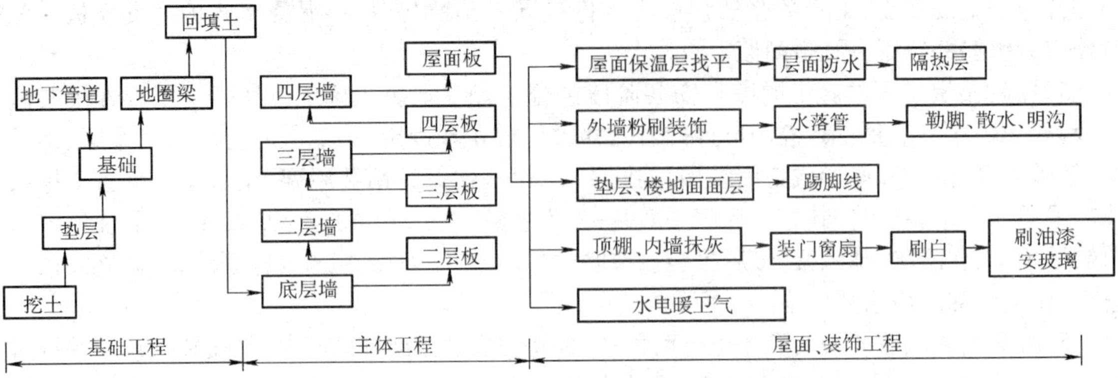

图 2.2.5　多层混合结构房屋施工顺序示意图

提示：基础工程若有桩基，则应另列桩基工程施工；若有地下室，则在垫层完成后进行地下室底板、墙身施工，再做防水层、安装地下室顶板，最后回填土。各种管沟挖土、管道铺设等应尽可能与基础施工配合，平行搭接进行。

回填土一般在基础完工后一次分层夯填完毕，以便为后道工序施工创造条件。室内房间地面回填土，如果施工工期较紧，可安排在内装修前进行回填。

2）主体结构工程的施工顺序　目前，多层混合结构房屋大多数设构造柱、圈梁、现浇楼梯、预应力空心楼板（卫生间、厨房处为现浇板）。其施工顺序为：绑扎构造柱钢筋→砌墙→安装构造柱模板→浇筑构造柱混凝土→安装圈梁、楼板、楼梯模板→绑扎圈梁、楼板、楼梯钢筋→浇筑圈梁、楼板、楼梯混凝土→安装预应力空心楼板。注意脚手架搭设应与墙体砌筑密切结合，保证墙体砌筑连续施工。

3）屋面工程的施工顺序　屋面工程一般按设计构造层次依次施工，施工顺序为：找平层（用于隔气层）→隔气层→保温层→找平层（用于结合层）→结合层→防水层→隔热层。防水层应在保温层和找平层干燥后才能施工。结合层施工完毕后应尽快施工防水层，防止结合层表面积灰，以保证防水层与结合层之间的黏结度；防水层应在主体结构完成后尽快开始，以便为室内装饰创造条件。一般情况下，屋面工程可以与室外装饰工程平行施工。

4）装饰工程的施工顺序　装饰工程可分为室内装饰工程和室外装饰工程两类。装饰工程的施工顺序通常有先内后外、先外后内、内外同时进行三种顺序，具体采用哪种顺序应视施工条件和气候条件而定。通常室外装饰应避开冬季或雨季；当室内为水磨石地面时，为防止水磨石施工时施工用水渗漏对外墙面装饰质量产生影响，应先完成水磨石的施工，再进行外墙装饰；如果为了加速脚手架周转或要赶在冬、雨季到来之前完成室外装饰，则应采取先外后内的顺序施工。

室内抹灰在同一层内的顺序有两种：楼地面→天棚→墙面；天棚→墙面→楼地面。前一种顺序便于清理楼地面基层，楼地面质量易于保证，但楼地面施工完毕后需要留养护时间及采取保护措施。后一种顺序需要在楼地面施工前，将天棚和墙面施工时的落地灰和渣子扫清洗涤后再做面层，否则会影响楼地面层同结构层间的黏结，引起地面空鼓。室内抹灰时，应注意对于同一层楼板，要先完成楼面施工，再进行楼板下天棚、墙面抹灰，以避免楼面施工用水的渗漏影响墙面、天棚的抹灰质量。

底层地坪一般是在各层装饰完成后进行施工，应注意与管沟的施工相配合。为进行成品保护，楼梯间和踏步抹灰常安排在各层装饰基本完成后进行。门窗扇的安装应在抹灰之后进行，但是，如果考虑室内装饰工程的冬季施工，为防止抹灰层冻结，则门窗扇和玻璃可在抹灰前安装完毕。门窗玻璃安装一般在门窗油漆之后进行。

室外装饰工程一般采取自上而下的施工顺序，每层装饰、水落管安装等工程全部完成后，即可拆除该层的脚手架。当脚手架拆除完毕后，进行散水及台阶的施工。

5）房屋设备安装的施工顺序　房屋设备安装应与土建工程交叉施工，紧密配合。基础施工阶段，应该先将相应的管沟埋设好，再进行回填土；主体结构施工阶段，应在砌墙或浇筑混凝土时，预留设备安装所需的孔洞和预埋件；装修阶段，应先安装好各种管线和接线盒后再进行装修施工。水暖电卫安装一般在室内抹灰前或后穿插进行。总之，房屋设备安装的施工顺序除了符合自身安装的工艺顺序之外，还应注意与土建施工相互配合，方便安装工程与土建工程的施工以及成品保护。

小组讨论：室内抹灰的两种安排顺序各有何优缺点？

4. 高层现浇钢筋混凝土结构房屋的施工顺序

钢筋混凝土框架结构多用于多层民用房屋和工业厂房，也常用于高层建筑。这类房屋的施工一般可划分为地基及基础工程、主体结构工程、围护工程和装饰工程四个阶段。图 2.2.6 所示为某现浇钢筋混凝土框架结构房屋的施工顺序示意图。

1）地基及基础工程（±0.00 以下）的施工顺序　多层全现浇钢筋混凝土框架结构房屋的 ±0.00 以下施工段，一般可分为地下室和无地下室两种形式。若无地下室且基础形式为浅基础，其施工顺序一般为：挖土→垫层→回填土；若有地下室且基础形式为桩基础，其施工顺序一般为：边坡支护→土方开挖→桩基→垫层→地下室底板（防水处理）→地下室柱、墙（防水处理）→地下室顶板→回填土。

2）主体结构工程的施工顺序　主体结构工程的施工顺序为：绑扎柱钢筋→安装柱、梁、板模板→浇筑柱混凝土→绑扎梁、板钢筋→浇筑梁、板混凝土。为了组织流水施工，需将多层框架在竖向上分层施工，在平面上分段施工。

3）围护工程的施工顺序　围护工程包括墙体工程、安装门窗框和屋面工程。墙体工程包括砌筑用脚手架的搭拆、内外墙及女儿墙的砌筑等分项工程，是围护工程的主导施工部分，应与主体结构工程、屋面工程和装饰工程密切配合，交叉施工，以加快施工进度。主体结构拆模后便可以进行墙体砌筑，即墙体砌筑可与主体结构搭接施工；墙体砌筑完毕后便可进行室内装饰工程；主体结构和女儿墙施工完毕后，便可进行屋面工程。屋面工程的施工顺序与混合结构屋面工程的施工顺序相同。

4）装饰工程的施工顺序　装饰工程的施工分为室内装饰工程和室外装饰工程。室内装

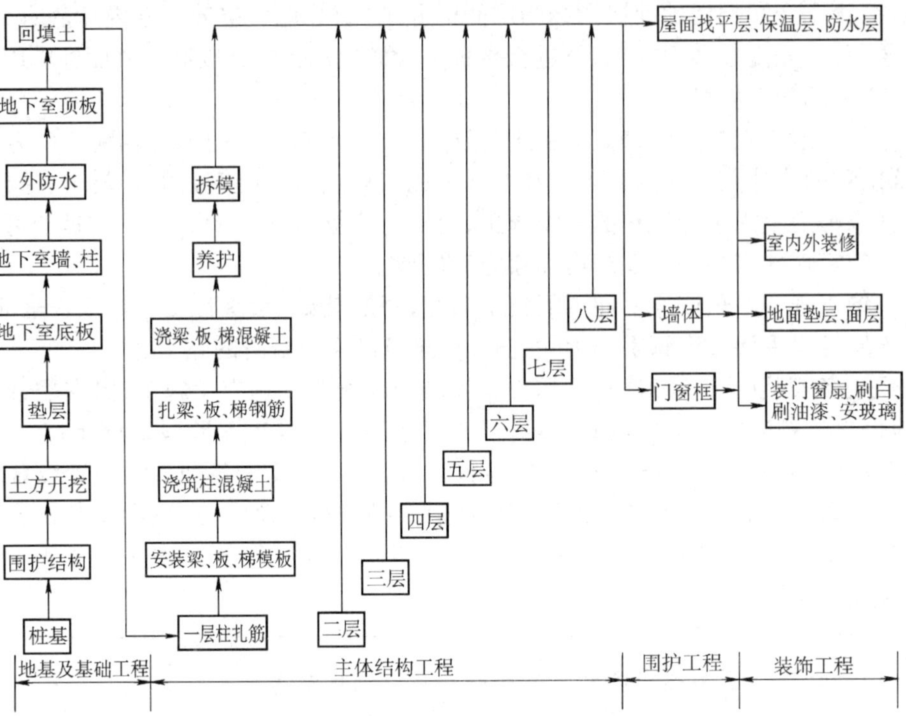

图 2.2.6　某现浇钢筋混凝土框架结构房屋的施工顺序示意图

饰工程既可以在主体工程和围护工程结束后开始，也可以与围护工程搭接施工。室外装饰应在主体工程和围护工程结束后，自上而下逐层进行。装饰工程的施工顺序与混合结构房屋的施工顺序基本相同。

注意：建筑施工是一个复杂的过程，上述三种类型建筑的施工过程和施工顺序仅是一般情况。在具体施工过程中，应针对建筑结构、现场条件、施工环境的具体特点，合理确定其施工顺序，达到工程建设质量、进度、成本三大目标的统一。

小组讨论：上述三种类型建筑的施工顺序是如何确定的？

2.2.2　施工方案的确定

施工方案是单位工程施工组织设计的核心问题。施工方案合理与否将直接影响工程的施工效率、质量、工期和技术经济效果，因此必须引起足够的重视。

施工方案的确定是一个综合的、全面的分析和对比决策过程，既要考虑施工的技术措施，又必须考虑相应的施工组织措施。在制订与选择施工方案时，必须满足以下基本要求。

①切实可行。制订施工方案首先要从实际出发，能切合当前实际情况，并有实现的可能性，否则，任何方案均是不可取的。施工方案的优劣，首先不取决于技术上是否先进、工期是否

最短,而是取决于是否切实可行。只能在切实可行、有实现可能性的范围内,再求技术的先进或快速。

②施工期限满足(工程合同)要求。确保工程按期投产或交付使用,迅速地发挥投资效益。

③工程质量和安全生产有可行的技术措施保障。

④施工费用最低。

2.2.2.1　主要施工方法和施工机械的选择

单位工程各主要施工过程的施工,可以采取不同的施工方法和施工机械来完成。例如:土方开挖可以采取人工开挖,也可采用机械开挖;采取机械开挖,又可采用正铲、反铲、抓铲、拉铲等不同的挖土机械。因此,应根据建筑结构特点,建筑场地的形状、长度、宽度、高度,工程量大小及工期长短,劳动力及资源供应情况,气候及地质情况,现场及周围环境,施工单位技术、管理水平和施工习惯等,进行综合分析,选择合理的施工方法,实现技术与经济的统一。

1. 主要施工方法的选择

(1)选择施工方法的基本要求

首先着重考虑主导施工过程的要求。在选择施工方法时,应着重考虑影响整个施工的几个主导施工过程的施工方法,而对于工程量小、按常规施工和工人熟悉的施工过程,则可不必详细考虑,只要提出应注意的问题和要求就可以,以便突出重点。其次,应符合施工组织总设计的要求,满足施工技术要求,符合提高工厂化、机械化程度的要求,符合先进、合理、可行、经济的要求,满足工期、质量、成本和安全的要求。

提示:主导施工过程一般是指工程量大、施工工期长、在施工中占主要地位的施工过程;施工技术复杂或采用新技术、新工艺、新结构、新材料,对工程质量起关键作用的施工过程;对施工单位来说某些缺乏施工经验的施工过程。

(2)主导施工过程施工方法选择的内容

1)土石方工程　土石方工程的内容包括:计算土石方工程量,进行土石方调配,绘制土石方调配图;确定土石方边坡坡度或土壁支撑形式;确定土方开挖方法或石方爆破方法,选择挖土机械或爆破机具、材料;选择排除地表水、降低地下水位的方法,确定排水沟、集水井的位置和构造,确定井点降水的高程布置和平面布置,选择所需水泵及其他设备的型号与数量。

2)基础工程　挖基槽(坑)土方是基础施工的主要施工过程之一,选择其施工方法要研究确定下述若干问题。

①挖土方法。确定采用人工挖土还是机械挖土。如采用机械挖土,则应选择挖土机的型号、数量,机械开挖方向与路线,机械开挖时人工如何配合修整槽(坑)底坡。

②挖土顺序。根据基础施工流向,同时考虑基础挖土中的基底标高。

③挖土技术措施。根据基础平面尺寸及深度、土壤类别等条件,确定基坑单个挖土还是按

柱列轴线连通大开挖;是否留工作面及确定放坡系数;如基础不大也不深,可考虑按垫层平面尺寸直壁开挖,以便减少土方量,节约垫层支模;如可能出现地下水,应采取排水或降低地下水位的技术措施;确定排除地面水的方法以及沟渠、集水井的布置和所需设备;确定冬、雨季的有关技术与组织措施等;确定运、填、夯实机械的型号和数量。

基础工程施工中的挖土、垫层、扎筋、支模、浇筑混凝土、养护、拆模、回填土等工序应采用流水作业连续施工。也就是说,基础工程施工方法的选择,除了技术方法外,还必须对组织方法(即施工阶段的划分)做出合理的选择。

3)砌筑工程　主要是确定现场垂直、水平运输方式和脚手架类型。在砖混结构建筑中,还应就组织砌砖与吊装楼板流水作业施工以及砌砖与搭架子的配合等做出安排。

①选择垂直运输方式时,应结合吊装机械的选择,充分利用构件吊装机械进行部分材料的运输。当吊装机械不能满足运输量的要求时,一般可采用井架、门架等垂直运输设施,并确定其型号及数量、设备的位置。

②选择水平运输方式,并确定各种运输车(手推车、机动小翻斗车、架子车、构件安装小车等)的型号与数量。

③为提高运输效率,还应确定与上述机具配套使用的专用工具设备(如砖笼、砌块、构件等)的时间和工作班次,做到合理分工。

④确定抹灰工程的施工方法和要求。根据抹灰工程的机械化施工方法,提出所需的机具设备(如灰浆的制备和喷灰机械、地面抹光及磨光机械等)的型号和数量。

⑤确定工艺流程和施工组织,组织流水施工。

4)钢筋混凝土工程　应着重模板工程的工具化和钢筋、混凝土施工的机械化。

①选择模板类型及支模方法。对于特殊构件的模板,应进行模板设计并绘制模板排列图。

②选择钢筋的加工、绑扎、焊接方法。

③选择混凝土的搅拌、运输、振捣、养护方法,确定所需设备类型及数量,确定施工缝的留设位置及施工缝处理方法。

④选择预应力混凝土的施工方法及其所需设备的类型及数量。

5)结构安装工程　选择吊装机械的种类、型号、数量;确定构件的预制及堆放要求,确定构件吊装方法及起重机开行路线,绘制构件平面布置及起重机开行路线图。

6)屋面工程　确定各个构造层次施工的操作要求及各种材料的使用要求。

7)装饰工程　确定各种装修的操作要求及方法;确定工艺流程和施工组织,尽可能组织装修穿插施工,室内外装修交叉施工,以缩短工期。

8)现场垂直、水平运输及脚手架搭设　选择垂直、水平运输方式,验算起重参数,确定起重机位置或开行路线;确定脚手架搭设方法及安全网的挂设方法。

2. 主要施工机械的选择

选择施工方法必定涉及施工机械的选择。机械化施工是改变建筑行业生产落后、实现建筑工业化的基础,因此施工机械的选择是施工方法选择的中心环节,在选择时应注意以下几点。

①首先选择主导工程的施工机械,如地下工程的土方机械,主体结构工程的垂直、水平运输机械,结构吊装工程的起重机械等。

②各种辅助机械中,运输工具应与主导机械的生产能力协调配套,以充分发挥主导机械的

效率。如土方工程在采用汽车运土时，汽车的载重量应为挖土机斗容量的整数倍，汽车的数量应保证挖土机能连续工作。

③在同一工地上，应力求建筑机械的种类和型号尽可能少，以利于机械管理；尽量使机械少，一机多能，提高机械使用率。

④选择机械时应考虑充分发挥施工单位现有机械的能力，当本单位的机械能力不能满足工程需要时，则应购置或租赁所需的新型或多用途机械。

小组讨论：如何正确选择主要施工方法和施工机械？

2.2.2.2　施工方案技术经济评价

对施工方案进行技术经济评价是选择最优施工方案的重要途径。因为任何一个分部分项工程，一般都会有几个可行的施工方案，而施工方案技术经济评价的目的就是在它们之间进行优选，选出一个工期短、质量好、材料省、劳动力安排合理、成本低的最优方案。常用的施工技术经济分析方法有定性分析和定量分析两种。

1. 定性分析评价

定性的技术经济分析是指结合施工实际经验，对几个方案的优缺点进行分析和比较。通常主要对以下几个指标进行评价。

①工人在施工操作上的难易程度和安全可靠性。

②为后续工程创造有利条件的可能性。

③利用现有或取得施工机械的可能性。

④施工方案对冬、雨季施工的适应性。

⑤为现场文明施工创造有利条件的可能性。

2. 定量分析评价

定量分析评价是通过计算各方案的几个主要技术经济指标，进行综合比较分析，从中选择技术经济指标最优的方案。定量分析评价一般分为以下两种方法。

(1)多指标分析评价法

多指标分析评价法是对各个方案的工期指标、实物量指标和价值指标等一系列单个的技术经济指标进行计算对比，从中选出优秀的方案。定量分析的指标通常有以下几个。

1)工期指标　在确保工程质量和施工安全的条件下，以国家有关规定及建设地区类似建筑物的平均工期为参考，以合同工期为目标来满足工期指标或尽量缩短工期。当合同规定工程必须在短期内投入生产或使用时，选择方案就要在确保工程质量和安全施工的条件下，把缩短工期问题放在首位考虑。

2)单位建筑面积造价　它是人工、材料、机械和管理费的综合货币指标。

单位建筑面积造价(元/m^2)＝施工实际费用/建筑总面积

3)主要材料消耗指标　它反映若干施工方案的主要材料节约情况。

主要材料节约量＝预算用量－施工组织设计计划用量

主要材料节约率＝(主要材料节约量/主要材料预算用量)×100%

4)降低成本指标　它可综合反映单位工程或分部分项工程在采用不同施工方案时的经

济效果。可按下式计算：

降低成本率 =（1 - 计划成本/预算成本）×100%

5）投资额　当选定的施工方案需要增加新的投资（如购买新的施工机械或设备）时，则对增加的投资额也要加以比较。

（2）综合指标分析评价法

综合指标分析评价法是以各方案的多指标为基础，将各指标的值按照一定的计算方法进行综合，得到每个方案的一个综合指标，对比各综合指标，从中选出优秀的方案。该方法一般先根据多指标中各个指标在方案中的重要性，分别确定出它们的权值 W_i，再依据每一指标在各方案中的具体情况，计算出分值 C_{ij}。设有 m 个方案和 n 种指标，则第 j 方案的综合指标 A_j 可按下式计算：

$$A_j = \sum_{i=1}^{n} C_{ij} W_i \tag{2.2.1}$$

式中：$j = 1, 2, \cdots, m$；$i = 1, 2, \cdots, n$。

计算出各方案的综合指标，其中综合值最大的方案为最优方案。

【任务2小结】

任务2介绍了施工部署与施工方案的确定，主要包括施工任务划分与组织安排、确定施工程序、划分施工段、确定施工起点与流程、确定施工顺序、主要施工方法和施工机械的选择、施工方案技术经济评价等内容。施工部署与施工方案的确定是建筑施工组织的重要内容之一，学生应能正确进行施工部署、正确选择主要施工方法和施工机械。

习　　题

简答题

1. 试述工程项目结构分解的作用、原则。
2. 简述选择施工方法的基本要求。
3. 确定施工顺序应遵循哪些基本原则？
4. 试述多层砖混结构建筑的施工顺序。
5. 试述一般装配式单层工业厂房的施工顺序。
6. 试述施工方案技术经济评价的方法。

综合实训

阅读《建筑工程施工组织实务》中的实务一，讨论、分析该工程项目施工部署和主要施工方案的确定。

任务3　施工进度计划编制

2.3.1　流水施工的应用

流水施工是应用流水线生产的基本原理，结合建筑安装工程的特点，科学地安排施工生产活动的一种组织形式。那么，流水施工有哪些类型？如何表现流水施工？如何计算流水参数？如何在实际中应用流水施工？下面介绍有关流水施工的技术知识。

2.3.1.1　流水施工简介

流水施工是工程项目组织实施的一种管理形式，是由固定组织的工人在若干个工作性质相同的施工环境中依次连续地工作的一种施工组织方法。流水施工是实现施工管理科学化的重要组成内容，是与建筑设计标准化、施工机械化等现代施工内容紧密联系、相互促进的，是企业进步的重要手段。

提示：一般情况下，施工组织方式有依次施工、平行施工、流水施工三种。依次施工组织方式是将拟建工程项目的整个建造过程分解成若干个施工过程，按照一定的施工顺序，前一个施工过程完成后，后一个施工过程才开始施工；或前一个工程完成后，后一个工程才开始施工。平行施工是指施工组织对象同时开工。

扫一扫看课件　依次施工

扫一扫听微课　依次施工

扫一扫看课件　平行施工与流水施工

扫一扫听微课　平行施工与流水施工

1. 流水施工的特点

①科学地利用工作面，争取了时间，总工期趋于合理。

②工作队及其工人实现了专业化生产，有利于改进操作技术，可以保证工程质量和提高劳动生产率。

③工作队及其工人能够连续作业，相邻两个专业工作队之间可实现合理搭接。

④每天投入的资源量较为均衡，有利于资源供应的组织工作。

⑤为现场文明施工和科学管理创造了有利条件。

2. 流水施工的技术经济效果

1）可以节省工作时间　这里的“节省”是相对于“依次施工”而言的。实现“节省”的手段是“搭接”，“搭接”的前提是分段（区）。例如，某建筑物有三个施工过程要组织施工，采用“依次施工”时，其进度如图 2.3.1 所示。如果工作面允许，把它划分成三个施工段，则在不增加人力的情况下，便可绘制成图 2.3.2。两图比较，可节省时间 4 d。

扫一扫看课件

流水施工方式及效果

扫一扫听微课

流水施工方式及效果

2）可以均衡、有节奏地施工　工人按一定的时间要求投入施工，在每段上的工作时间也可尽量安排得有规律。综合各专业队的工作，便可以形成均衡、有节奏的特征。“均衡”是指不同时间段的资源数量变化较小，它对组织施工十分有利，可以达到节约使用资源的目的；“有节奏”是指工人作业时间有一定的规律性，这种规律性可以带来良好的施工秩序、和谐的施工气氛和可观的经济效果。

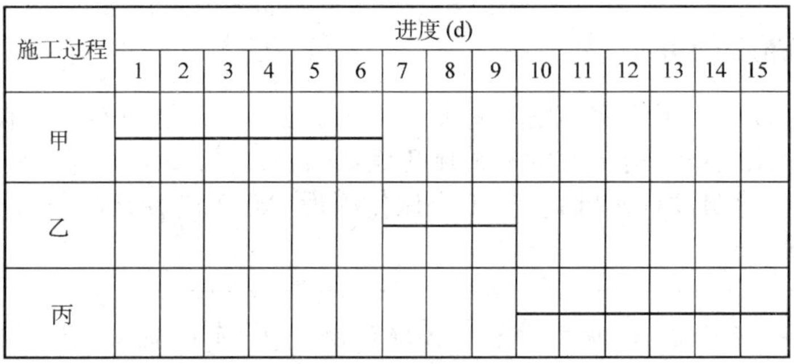

图 2.3.1　依次施工

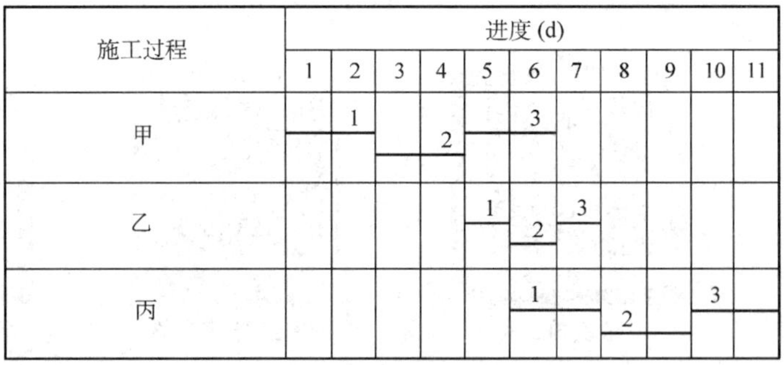

图 2.3.2　流水作业

3）可以提高劳动生产率　组织流水施工以后，可以使工人连续工作，充分利用工作面，资源利用均衡，管理效果好，必然会产生在一定时间内生产成果增加的效果，即提高了劳动生产率。

3. 流水施工的分类

根据使用对象的不同，流水施工通常可分为四类。

1）分项工程流水施工　分项工程流水施工也称为细部流水施工，即在一个专业工种内部组织的流水施工。在项目施工进度计划表上，它是一条标有施工段或工作队编号的水平进度指示线段或斜向进度指示线段。

2）分部工程流水施工　分部工程流水施工也称为专业流水施工，是在一个分部工程内部，各分项工程之间组织的流水施工。在项目施工进度计划表上，它用一组标有施工段或工作队编号的水平进度指示线段或斜向进度指示线段来表示。

3）单位工程流水施工　单位工程流水施工也称为综合流水施工，是在一个单位工程内部，各分部工程之间组织的流水施工。在项目施工进度计划表上，它用若干组分部工程的进度指示线段表示，并由此构成一张单位工程施工进度计划表。

4）群体工程流水施工　群体工程流水施工亦称为大流水施工。它是在若干单位工程之间组织的流水施工，反映在项目施工进度计划上，是一个项目的施工总进度计划。

2.3.1.2　流水施工主要参数的确定

扫一扫看课件　工艺参数

扫一扫听微课　工艺参数

1. 工艺参数

工艺参数是指参与流水施工的施工过程数目，一般用 n 表示。

提示：施工过程是对某项工作由开始到结束的整个过程的泛称。一般混合结构民用建筑可以划分为 20～30 项，装配式单层厂房可以划分为 30～40 项。

实习实作：教师给出建设项目实例或依据《建筑工程施工组织实务》一书中的实务一，学生进行施工过程划分练习。

2. 空间参数

空间参数是在组织流水施工时，用来表达流水施工在空间布置上所处状态的参数，主要有施工段和施工层两种。

1）施工段（流水段）　施工段一般用 m 表示。

划分施工段的基本要求：

①各段劳动量要大致相等；

②各段分界要保证结构整体的完整性；

③各段要有足够的工作面；

④一般要求 $m \geq n$。

2)施工层　施工层一般用 j 表示。在建筑物垂直方向上划分的施工区段,一般以建筑物的结构层作为施工层。

空间参数　空间参数　施工段数 m 和施工过程数 n 的关系　施工段数 m 和施工过程数 n 的关系

3. 时间参数

时间参数是在组织流水施工时,用于表达流水施工在时间安排上所处状态的参数,一般有流水节拍、流水步距和工期等。

(1)流水节拍

在组织流水施工时,各个专业班组在每个施工段上完成施工任务所需要的工作持续时间为流水节拍,一般用 t_i 表示。

1)流水节拍的确定　一般有定额计算法、经验估算法、工期计算法等方法。

时间参数 1　时间参数 1

一般确定方法:

$$t_i = Q_i/(S_i \times R_i \times b_i) = P_i/(R_i \times b_i) \text{或} t_i = Q_i \times H_i/(R_i \times b_i) = P_i/(R_i \times b_i) \quad (2.3.1)$$

式中:Q_i——施工过程 i 在某施工段上的工程量;

S_i——施工过程 i 的人工或机械的产量定额;

R_i——施工过程 i 的专业施工队人数或机械台数;

b_i——施工过程 i 的专业施工队每天工作班次;

H_i——施工过程 i 的人工或机械的时间定额;

P_i——施工过程 i 在某施工段上的劳动量(工日或台班)。

2)确定流水节拍的要点　施工班组人数应该符合该施工过程最少劳动组合人数的要求;每个人的工作面要符合最小工作面的要求;要考虑各种机械台班的效率或机械台班产量的大小;要考虑施工现场各种材料、构件等的堆放量、供应能力及其他有关条件的制约;要考虑施工及技术条件的要求;首先考虑主要的、工程量大的施工过程的节拍,其次确定其他施工过程的节拍。

提示:流水节拍的数值一般取整数,必要时可取半天。

实习实作：已知某建筑物基础工程量及时间定额如表 2.3.1 所示，试完成该表。

表 2.3.1　某建筑物基础工程量及时间定额

施工过程	工程量 Q(m^3)	时间定额 H(工日/m^3)	劳动量 P(工日)	人数 R	持续时间 D
基槽挖土	240	0.33		20	
混凝土垫层	34	0.70		6	
砌基础	124	1.09		34	
回填土	84	0.19		4	

(2)流水步距

在组织流水施工时，相邻的两个施工专业班组先后进入同一施工段开始施工的时间间隔，称为流水步距，用 $K_{i,i+1}$ 表示。

扫一扫看课件

时间参数 2

扫一扫听微课

时间参数 2

确定流水步距应根据以下原则：

①流水步距要满足相邻两个专业工作队在施工顺序上的制约关系；

②流水步距要保证相邻两个专业工作队在各个施工段上都能够连续作业；

③流水步距应使相邻两个专业工作队在开工时间上实现最大限度的、合理的搭接。

确定流水步距的方法很多，简捷实用的方法有图上分析法、分析计算法和潘特考夫斯基法。

(3)流水施工工期

在组织流水施工时，完成流水对象所有工作所需要的时间称为流水施工工期。

(4)间歇时间

在流水施工过程中，由于施工工艺和施工组织的要求，某施工过程在某施工段上必须停歇的时间间隔，称为间歇时间，用 Z 表示。

(5)搭接时间

组织流水施工时，在工作面允许的条件下，某施工过程可与其紧前施工过程平行搭接施工，其平行搭接时间用 c 表示。

2.3.1.3　流水施工表现形式

1. 线条图

1)水平指示图表　流水施工水平指示图表的表达方式如图 2.3.3 所示。其横坐标表示持续时间，纵坐标表示施工过程或专业工作队编号，带有编号的圆圈表示施工项目或施工段的编号。

2)垂直指示图表　流水施工垂直指示图表的表达方式如图 2.3.4 所示。其横坐标表示持续时间，纵坐标表示施工项目或施工段的编号，斜向指示线段的代号表示施工过程或专业工作队编号，图中符号的含义同图 2.3.3。

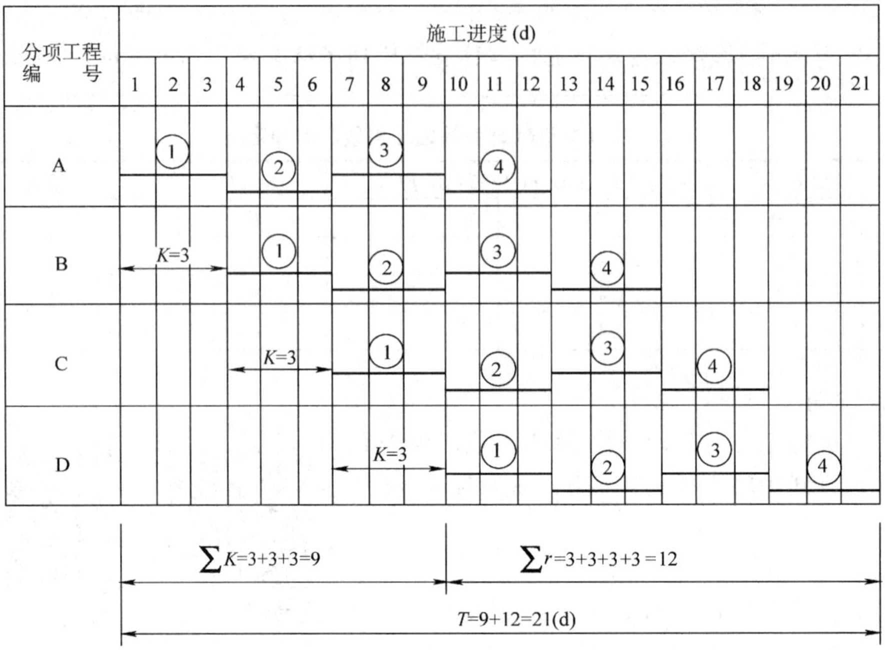

图 2.3.3 流水施工水平指示图表

图中：T——流水施工的计算总工期；

$\sum K$——流水步距之和；

$\sum r$——最后一个施工过程流水节拍之和；

K——流水步距，此图中 $K=t$

2. 流水网络图

1）横道式流水网络图　横道式流水网络图如图 2.3.5 所示。图中粗黑错阶线表示施工过程进展状态，在线上面标有该过程编号和施工段编号，在线下面标有流水节拍，$K_{i,i+1}$ 和 $J_{i,i+1}$ 分别表示开始步距和结束步距，带有编号的圆圈表示事件或节点。

2）流水步距式流水网络图　流水步距式流水网络图如图 2.3.6 所示。图中实箭线表示实工作，其上标有施工过程和施工段编号，其下标有流水节拍；虚箭线表示虚工作，即工作之间的制约关系，其持续时间为零，流水步距也由实箭线表示，并在其下面标出流水步距编号和数值。

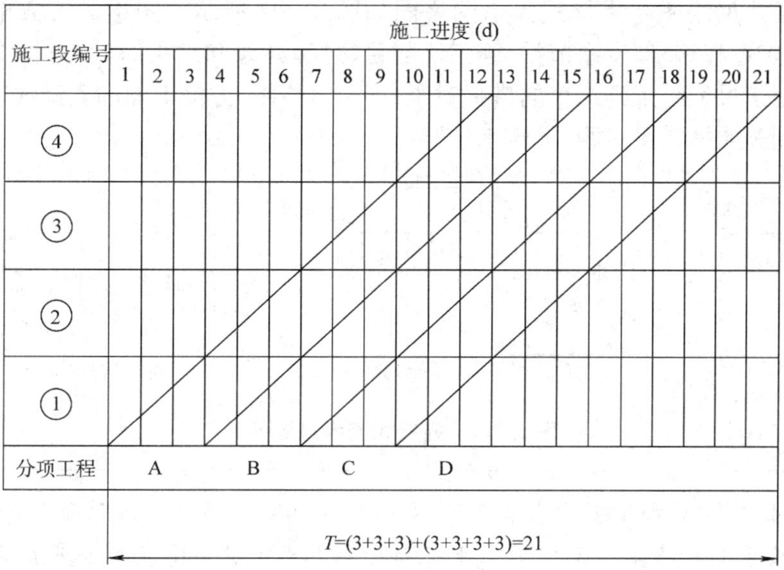

图 2.3.4　流水施工垂直指示图表

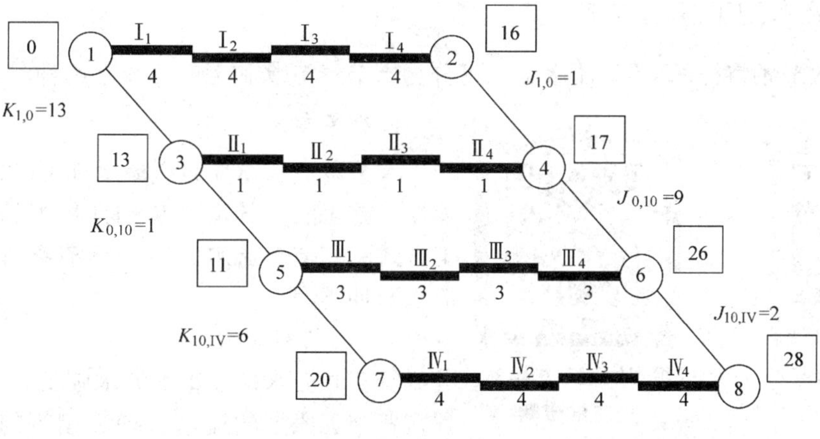

图 2.3.5　横道式流水网络图

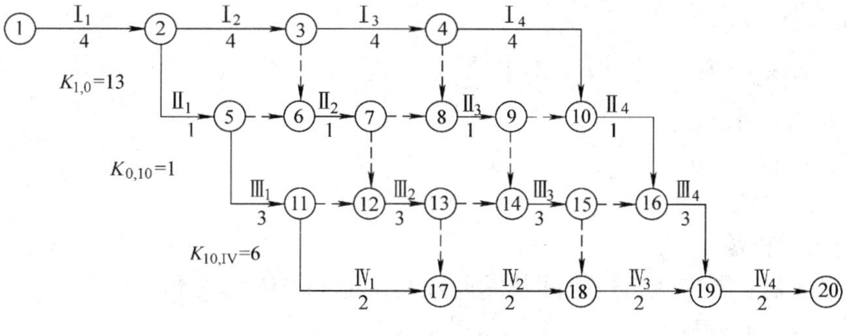

图 2.3.6　流水步距式流水网络图

3)搭接式流水网络图　搭接式流水网络图如图 2.3.7 所示。图中的大方框表示施工过程,其内标有施工过程编号、流水节拍、施工段数目、过程开始和结束时间;方框上面的实箭线表示相邻两个施工过程结束到结束的搭接时距,即结束步距;方框下面的实箭线表示相邻两个施工过程开始到开始的搭接时距,即流水步距。

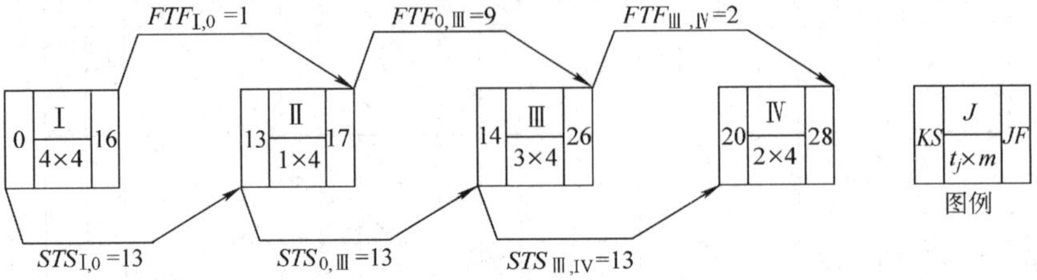

图 2.3.7　搭接式流水网络图

实习实作:某房屋建筑基础工程(分部),人为划分为三个工作量相等的施工段:挖基槽 5 d,砌基础 2 d,回填土 1 d,试绘制其水平进度图表和垂直进度图表。

2.3.1.4　流水施工基本方式

根据流水节拍特征的不同,流水施工可分为有节奏流水和无节奏流水两种。

扫一扫看课件

组织固定节拍流水施工的步骤

扫一扫听微课

组织固定节拍流水施工的步骤

1. 有节奏流水

有节奏流水指在组织流水施工时,同一施工过程在各施工段上的流水节拍都相等的一种流水施工方式。有节奏流水又分为等节奏流水和异节奏流水两种类型。

(1)等节奏流水

等节奏流水指在组织流水施工时,所有施工过程在各施工段上的流水节拍都相等的一种流水施工方式,也称全等节拍流水。

施工工期计算公式:

$$T_L = (m \times j + n - 1) \times t + Z_1 - \sum c \qquad (2.3.2)$$

式中:T_L——施工工期;

j——施工层数;

m——施工段数;

n——施工过程数;

Z_1——第一施工层内施工过程间技术间歇与组织间歇时间之和;

$\sum c$——搭接时间之和。

当有层间关系时,要求 $m \geq n + (Z_{max} + C_{max} - \sum c)/K$。其中:$Z_{max}$ 为各施工层内各施工

过程间的技术间歇和组织间歇时间之和的最大值；C_{max}为施工层间的技术间歇和组织间歇时间之和的最大值；$\sum c$为搭接时间之和；K为流水步距，等于流水节拍。

实习实作：已知某分部工程有3个施工过程，其流水节拍分别为：$t_1=t_2=t_3=2$ d。当：①$j=1$时；②$j=2$时；③t_2和t_3之间有$Z=2$ d时，试组织施工。

扫一扫看课件

固定流水节拍案例解析

扫一扫听微课

固定流水节拍案例解析

(2)异节奏流水

异节奏流水指在组织流水施工时，同一施工过程在各施工段上的流水节拍都相等，但不同施工过程之间的流水节拍不完全相等的一种流水施工方式。

异节奏流水可分为成倍节拍流水和不等节拍流水两种类型。

1)成倍节拍流水　指在组织流水施工时，同一施工过程在各施工段上的流水节拍都相等，不同施工过程之间的流水节拍不完全相等，但各施工过程的流水节拍均为其中最小流水节拍的整数倍的流水施工方式。工期计算公式：

扫一扫看课件

成倍节拍流水施工

扫一扫听微课

成倍节拍流水施工

$$T_L=(m\times j+n'-1)\times t_{min}+Z_1-\sum c \tag{2.3.3}$$

式中：n'——专业班组队数之和；

t_{min}——所有流水节拍中的最小流水节拍；

其他字母含义同前。

当有层间关系时，要求$m\geq n'+(Z_{max}+C_{max}-\sum c)/K$。

如果要缩短工期，加快施工进度，充分利用工作面，流水节拍大的施工过程可以相应增加班组数。每个施工过程所需要的施工班组数可用下式确定：

$$b_i=t_i/t_{min} \tag{2.3.4}$$

式中：b_i——某施工过程所需班组数；

t_i——某施工过程的流水节拍；

t_{min}——所有流水节拍中的最小流水节拍。

对于成倍节拍流水施工，任何两个相邻施工班组间的流水步距，均等于所有流水节拍中最小流水节拍，即 $K_0 = t_{\min}$。此时成倍节拍流水的施工工期可按下式计算：

$$T_L = (m \times j + n' - 1) \times K_0 + Z_1 - \sum c$$

式中：K_0——成倍流水节拍的最大公约数或最小流水节拍；

其他字母含义同前。

实习实作：某住宅由基础、结构安装、室内装修、室外工程四个过程组成，分四段施工，其流水节拍分别为：$t_1 = 5$ d，$t_2 = 10$ d，$t_3 = 10$ d，$t_4 = 5$ d，试组织施工。

等步距成倍节拍流水案例解析　　等步距成倍节拍流水案例解析

2）不等节拍流水　指在组织流水施工时，同一施工过程在各施工段上的流水节拍都相等，不同施工过程之间的流水节拍既不相等也不成倍的流水施工方式。

工期计算公式：

$$T_L = \sum_{i=1}^{n-1} K_{i,i+1} + mt_n + \sum Z - \sum c \quad (2.3.6)$$

式中：$\sum Z$——工艺间歇的时间总和；

$\sum_{i=1}^{n-1} K_{i,i+1}$——流水步距的总和；

t_n——最后一个施工过程流水节拍；

其他字母含义同前。

不等节拍流水施工　　不等节拍流水施工

流水步距计算公式：

$$K_{i,i+1} = \begin{cases} t_i, t_i \leqslant t_{i+1} \\ mt_i - (m-1)t_{i+1}, t_i > t_{i+1} \end{cases} \quad (2.3.7)$$

式中：t_i——前面施工过程的流水节拍；

t_{i+1}——后面施工过程的流水节拍。

2. 无节奏流水

无节奏流水指在组织流水施工时，同一施工过程在各施工段上的流水节拍不完全相等的一种流水施工方式。

(1)基本要求

各施工班组尽可能依次在各施工段上连续施工,允许有些施工段出现空闲,但不允许多个施工班组在同一施工段交叉作业,更不允许发生工艺顺序颠倒的现象。

非节奏流水施工　　非节奏流水施工

(2)无节奏流水组织方法

无节奏流水组织方法是将若干个分别组织的专业流水(分部工程流水),按施工工艺顺序和要求搭接起来,组织成一个单位工程或建筑群的流水施工。常采用分别流水法组织施工。

1)分别流水法的组织方法　首先划分分部工程和分项工程;其次分别组织每个分部工程的流水施工;最后将若干个分别组织的分部工程流水,按施工顺序和工艺要求进行搭接。

2)无节奏流水时间参数的计算(表上计算法)　无节奏流水施工的流水步距最简便的计算方法可按以下步骤进行:

①将各个工作队在每个施工段上的持续时间填入表格;

②计算各个工作队从开始流水到完成该段工作的施工时间之和(即累加),填入表格;

③从前一个工作队加入流水起,到完成该段工作止的持续时间和,减去后一个工作队加入流水起,到完成前一施工段工作止持续时间和(即相邻斜减),得到一组差值;

④找出上一步斜减差值中的最大值,这个值就是这两个相邻工作队之间的流水步距 B。

以上计算相邻两个施工过程之间的流水步距的方法,称为累加斜减法。

【例1】　某现浇钢筋混凝土基础工程由支模板、绑钢筋、浇混凝土、拆模板和回填土五个分项工程组成,划分为六个施工段,各个分项工程在各个施工段上的持续时间如表2.3.2所示。在混凝土浇筑后至拆模板至少要养护2 d。

表2.3.2　各个分项工程在各个施工段上的持续时间

施工过程名称	持续时间(d)					
	①	②	③	④	⑤	⑥
1. 支模板	2	3	2	3	2	3
2. 绑钢筋	3	3	4	4	3	3
3. 浇混凝土	2	1	2	2	1	2
4. 拆模板	1	2	1	1	2	1
5. 回填土	2	3	2	2	3	2

确定该基础工程的流水施工工期。

解:(1)流水步距计算

	2	5	7	10	12	15	
-)		3	6	10	14	17	20
	2	2	1	0	-2	-2	-20

施工过程1、2的流水步距 $K_{1,2}=\max\{2,2,1,0,-2,-2,-20\}=2$ d

$$
\begin{array}{rrrrrrrr}
 & 3 & 6 & 10 & 14 & 17 & 20 & \\
-) & & 2 & 3 & 5 & 7 & 8 & 10 \\
\hline
 & 3 & 4 & 7 & 9 & 10 & 12 & -10
\end{array}
$$

施工过程 2、3 的流水步距 $K_{2,3}=\max\{3,4,7,9,10,12,-10\}=12$ d

$$
\begin{array}{rrrrrrrr}
 & 2 & 3 & 5 & 7 & 8 & 10 & \\
-) & & 1 & 3 & 4 & 5 & 7 & 8 \\
\hline
 & 2 & 2 & 2 & 3 & 3 & 3 & -8
\end{array}
$$

施工过程 3、4 的流水步距 $K_{3,4}=\max\{2,2,2,3,3,3,-8\}=3$ d

$$
\begin{array}{rrrrrrrr}
 & 1 & 3 & 4 & 5 & 7 & 8 & \\
-) & & 2 & 5 & 7 & 9 & 12 & 14 \\
\hline
 & 1 & 1 & -1 & -2 & -2 & -4 & -14
\end{array}
$$

施工过程 4、5 的流水步距 $K_{4,5}=\max\{1,1,-1,-2,-2,-4,-14\}=1$ d

(2)流水施工工期

$$
\begin{aligned}
T &= K_{1,2}+K_{2,3}+K_{3,4}+K_{4,5}+Z_{养}+m\times t_n \\
&= 2+12+3+1+2+2+3+2+2+3+2 \\
&= 34 \text{ d}
\end{aligned}
$$

(3)绘制流水施工横道计划(如图 2.3.8 所示)

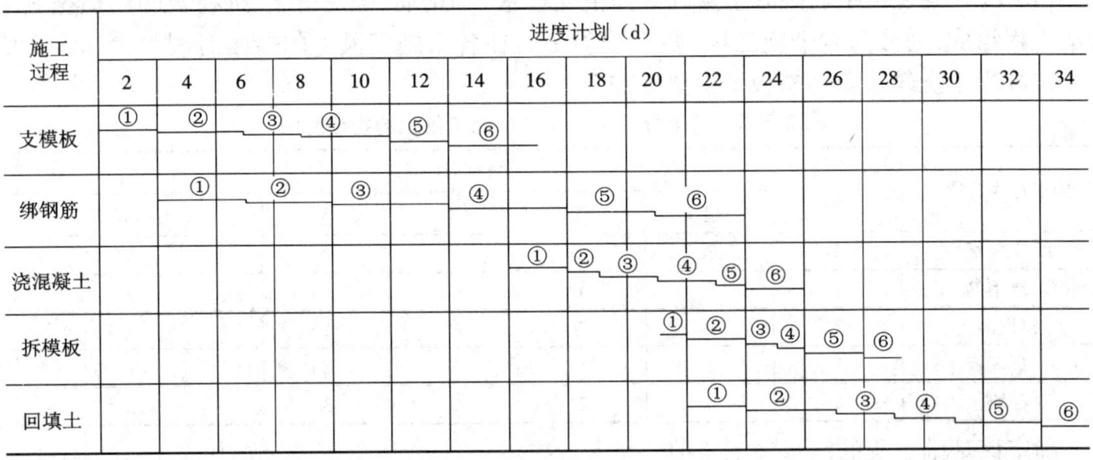

图 2.3.8 流水施工横道计划

2.3.1.5 流水施工应用

1. 流水施工方法在民用建筑工程中的应用

(1)背景

某商品住宅小区一期工程共有 8 栋混合结构住宅楼,其中 4 栋有 3 个单元,其余 4 栋均有 6 个单元,各单元方案基本相同,一个单元基础的施工过程和施工时间见表 2.3.3。

表2.3.3　一个单元基础的施工过程和施工时间

施工过程	土方开挖	混凝土垫层	钢筋混凝土基础	砖砌条形基础	回填土
工作时间(d)	3	3	4	4	2

(2)问题

①简述组织流水施工时,施工段划分的基本原则。

②根据施工段划分的原则,如拟对该工程组织异节奏流水施工,应划分成几个施工段?

③试按异节奏流水施工方式组织施工并绘制流水施工横道计划。

(3)分析与答案

①施工段划分的基本原则如下。

ⓐ同一专业工作队在各个施工段上的劳动量大致相等。

ⓑ每个施工段内要有足够的工作面,满足合理劳动组织的要求。

ⓒ施工段的界线应尽可能与结构界线相吻合,或设在对建筑结构整体性影响小的部位,以保证建筑结构的整体性。

ⓓ施工段的数目要满足合理组织流水施工的要求。施工段数目过多,会降低施工速度,延长工期;施工段过少,不利于充分利用工作面,可能造成窝工。

ⓔ对于多层建筑物、构筑物或需要分层施工的工程,应既分施工段,又分施工层施工。

②根据该工程项目的特点以及施工段划分的基本原则,将该项目划分成6段组织流水施工,每段有6个单元。

③组织异节奏流水施工。

ⓐ施工过程数目:$n=5$。

ⓑ施工段数目:$m=6$。

ⓒ流水节拍:土方开挖 $t_1=18$ d;混凝土垫层 $t_2=18$ d;钢筋混凝土基础 $t_3=24$ d;砖砌条形基础 $t_4=24$ d;回填土 $t_5=12$ d。

ⓓ流水步距:$K=$最大公约数$\{18,18,24,24,12\}=6$ d

ⓔ专业工作队数目如下。

土方开挖:$b_1=t_1/K=18/6=3$ 个

混凝土垫层:$b_2=t_2/K=18/6=3$ 个

钢筋混凝土基础:$b_3=t_3/K=24/6=4$ 个

砖砌条形基础:$b_4=t_4/K=24/6=4$ 个

回填土:$b_5=t_5/K=12/6=2$ 个

专业工作队总数:$n'=\sum b_i=3+3+4+4+2=16$ 个

ⓕ工期:$T=(m+n'-1)K=(6+16-1)\times 6=126$ d

④绘制的流水施工横道计划如图2.3.9所示。

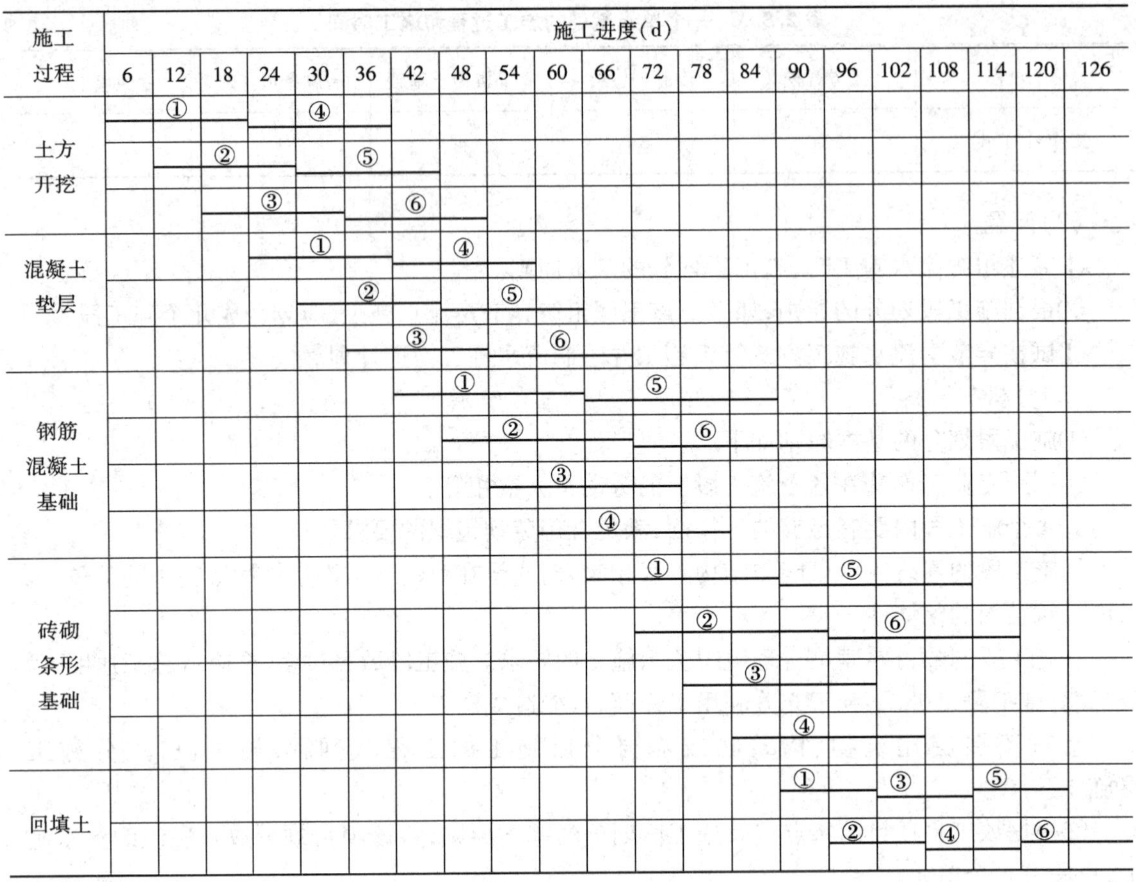

图 2.3.9　流水施工横道计划

2. 流水施工方法在工业建筑工程中的应用

(1)背景

有一个三跨工业厂房的地面工程,施工过程分为地面回填土并夯实、铺设道渣垫层、浇捣石屑混凝土面层。各施工过程在各跨的持续时间如表 2.3.4 所示。

表 2.3.4　各施工过程在各跨的持续时间

施工过程	流水节拍(d)		
	一段	二段	三段
地面回填土并夯实	3	4	6
铺设道渣垫层	2	3	4
浇捣石屑混凝土面层	2	3	4

(2)问题

①根据该项目流水节拍的特点,可以按何种流水施工方式组织施工?

②确定流水步距和工期。

(3)分析与答案

根据该项目施工过程流水节拍的特点,可以按无节奏流水施工方式组织施工。

取大差法的基本步骤:对每一个施工过程在各施工段上的流水节拍依次累加,求得各施工过程流水节拍的累加数列;将相邻施工过程流水节拍累加数列的后者错后一位,上下相减后求得一个差数列;在差数列中取最大值,即为这两个相邻施工过程的流水步距。

①求各施工过程流水节拍的累加数列:

填土夯实:3,7,13

铺设垫层:2,5,9

浇混凝土:2,5,9

②错位相减求得差数列:

填土夯实与铺设垫层:	3	7	13	
-)		2	5	9
	3	5	8	-9
铺设垫层与浇混凝土:	2	5	9	
-)		2	5	9
	2	3	4	-9

③在差数列中取最大值求得流水步距:

填土夯实与铺设垫层的流水步距:$K_{1,2}=\max[3,5,8,-9]=8$ d

铺设垫层与浇混凝土的流水步距:$K_{2,3}=\max[2,3,4,-9]=4$ d

工期:$T=\sum K+\sum t_n+\sum Z-\sum c=(8+4)+(2+3+4)+0-0=21$ d

④绘制的流水施工横道计划如图 2.3.10 所示。

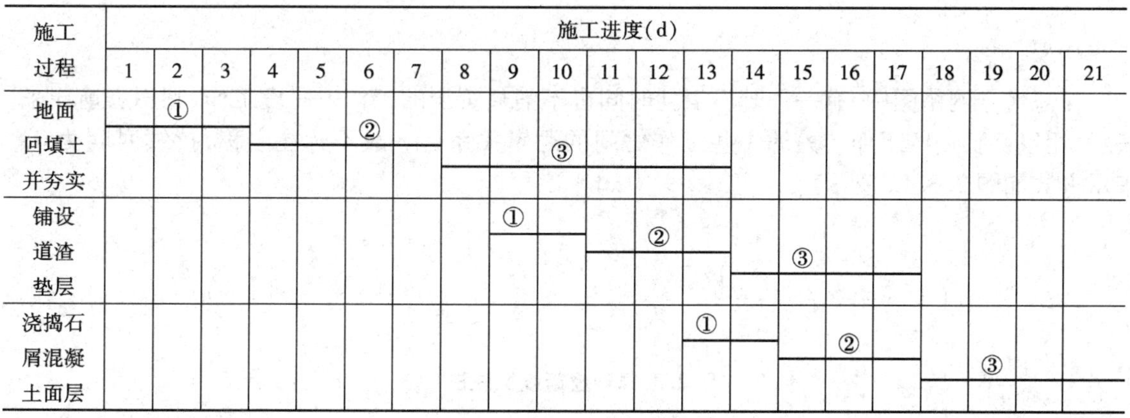

图 2.3.10　流水施工横道计划

2.3.2　双代号网络计划

2.3.2.1　双代号网络计划简介

双代号网络计划是目前国内普遍应用的一种网络计划表达形式，它由箭线、节点、线路三个基本要素构成。

工作是指计划任务按需要的粗细程度划分而成的消耗时间或同时也消耗资源的一个子项目或子任务。根据计划编制的粗细程度，工作既可以是一个建设项目或一个单项工程，也可以是一个分项工程乃至一个工序。

1. 箭线

(1)实箭线

①双代号网络图中，一根实箭线表示一项工作或一个施工过程，工作名称标注在箭线上方，箭线的箭尾节点表示该工作的开始，箭线的箭头节点表示该工作的结束，如图 2.3.11(a)所示。

②一般情况下，工作需要消耗时间和资源(如支模板、浇筑混凝土等)用数字标注在箭线下方，如图 2.3.11(c)所示。有的则仅是消耗时间而不消耗资源(如混凝土养护、抹灰干燥等技术间歇)，均用实箭线表示，如图 2.3.11(b)所示。

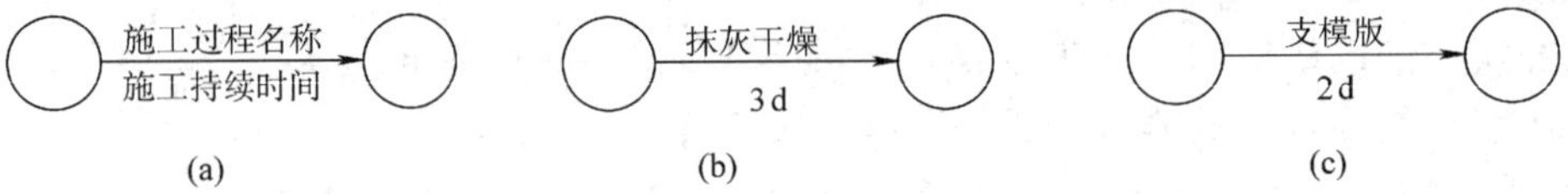

图 2.3.11　实箭线标注法

(a)通用标注　(b)抹灰干燥　(c)支模板

(2)虚箭线

在双代号网络图中，有一种既不消耗时间也不消耗资源的工作——虚工作，它用虚箭线来表示，用以反映一些工作与另外一些工作之间的逻辑关系。一般不标注名称，持续时间为 0，表示方式如图 2.3.12 所示。

图 2.3.12　虚箭线标注法

提示:在双代号标时网络计划中,箭线的长度可根据美观要求不按比例任意画。虚箭线用来表达若干工作间的约束和非约束关系,所表示的逻辑关系一般有连接、分隔、断路等。

2. 节点

①节点是指表示工作的开始、结束或连接关系的圆圈(或其他形状的封密图形),箭线的出发节点叫作工作的起点节点,箭头指向的节点叫作工作的终点节点。任何工作都可以用其箭线前、后的两个节点的编码来表示,起点节点编码在前,终点节点编码在后。

②节点表示前面工作和后面工作开始的瞬间,节点不消耗时间也不消耗资源,如图 2.3.13 所示。

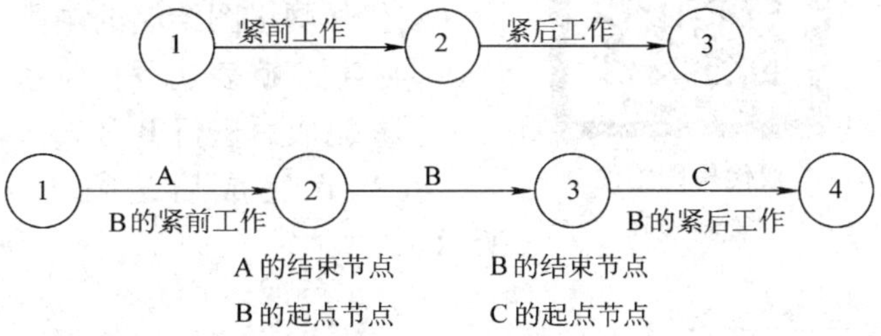

图 2.3.13　节点标注法

提示:节点编号从左向右按从小到大的顺序编号。

3. 线路和关键线路

网络图中从起点节点开始,沿箭头方向通过一系列箭线与节点,最后达到终点节点的通路称为线路。一条线路上的各项工作所持续时间的累加之和称为该线路之长,它表示完成该线路上的所有工作需花费的时间。图 2.3.14 中四条线路均有各自的总持续时间,见表 2.3.5。

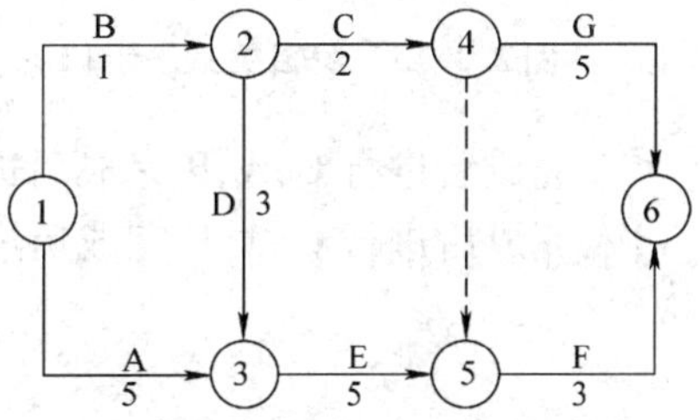

图 2.3.14　某项目双代号网络图

表 2.3.5　线路的总持续时间

线路	总持续时间(d)	关键线路
①$\xrightarrow[5]{A}$③$\xrightarrow[5]{E}$⑤$\xrightarrow[3]{F}$⑥	13	√
①$\xrightarrow[1]{B}$②$\xrightarrow[3]{D}$③$\xrightarrow[5]{E}$⑤$\xrightarrow[3]{F}$⑥	12	
①$\xrightarrow[1]{B}$②$\xrightarrow[2]{C}$④$\xrightarrow[5]{G}$⑥	8	

续表

线路	总持续时间(d)	关键线路
① —B/1→ ② —C/2→ ④ —0→ ⑤ —F/3→ ⑥	6	

提示:关键线路是网络图中线路上的各项工作所持续时间累加之和最大的那条或几条线路,而不是线条最长的线路。

扫一扫看课件

双代号网络图绘制规则

扫一扫听微课

双代号网络图绘制规则

2.3.2.2 双代号网络图的绘制

1. 双代号网络图的绘制规则

双代号网络图绘制的规则如下。

①必须正确表达逻辑关系。

ⓐA 完成后进行 B 和 C,如图 2.3.15 所示。

ⓑA、B 完成后进行 C 和 D,如图 2.3.16 所示。

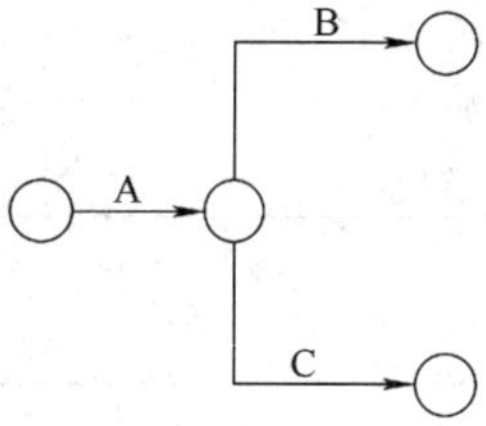

图 2.3.15 逻辑关系表示(1)

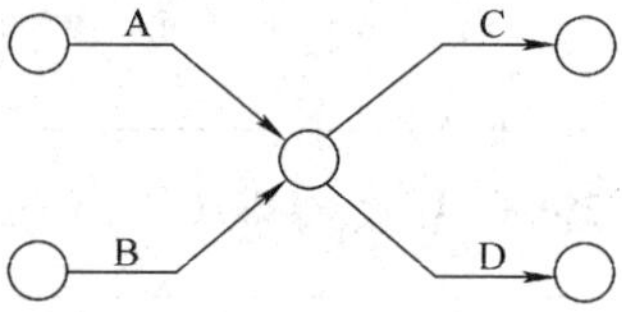

图 2.3.16 逻辑关系表示(2)

ⓒA 完成后进行 C,A、B 完成后进行 D,如图 2.3.17 所示。

ⓓA 完成后进行 C,A、B 完成后进行 D,B 完成后进行 E,如图 2.3.18 所示。

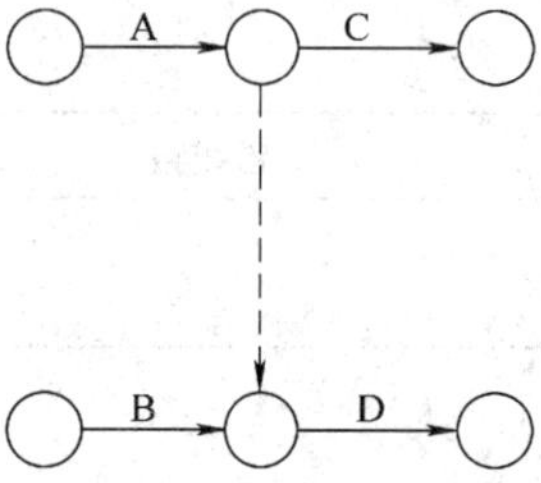

图 2.3.17 逻辑关系表示(3)

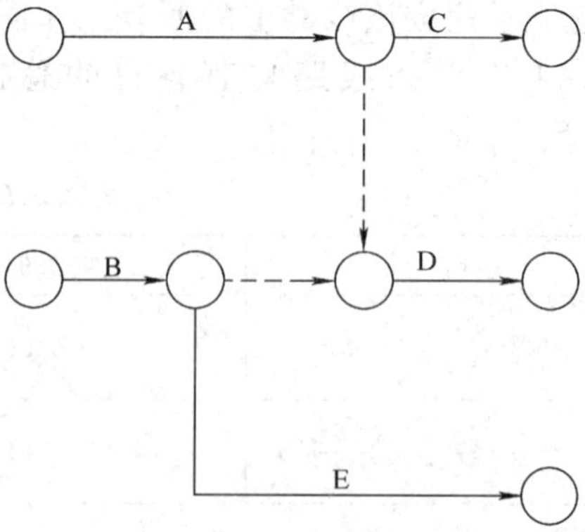

图 2.3.18 逻辑关系表示(4)

②严禁出现循环回路,如图 2. 3. 19 所示。

③在节点之间严禁出现带双向箭头或无箭头的连线,如图 2. 3. 20 所示。

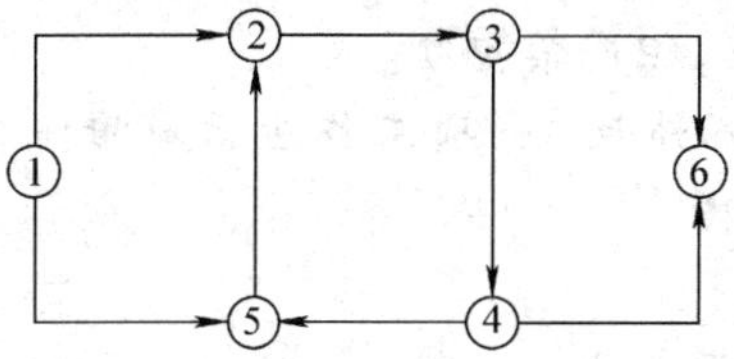

图 2. 3. 19　循环回路的错误表达

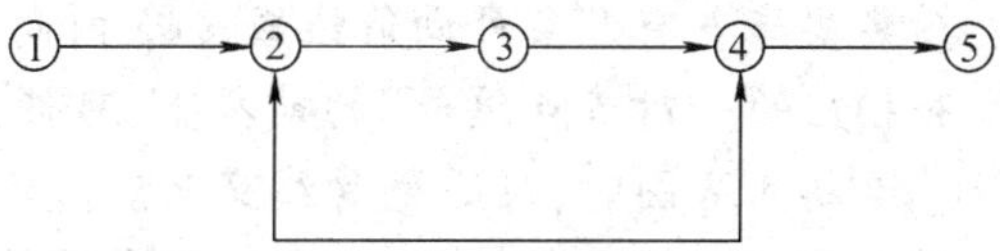

图 2. 3. 20　双向箭头的错误表达

④严禁出现没有箭头的节点或没有箭尾节点的箭线,如图 2. 3. 21 所示。

⑤严禁出现重复编号的箭线,如图 2. 3. 22 所示。

⑥当双代号网络图的某些节点有多条外向箭线或多条内向箭线(一般≥4 条) 时,采用母线法,如图 2. 3. 23 所示。

⑦交叉箭线的画法如图 2. 3. 24 所示。

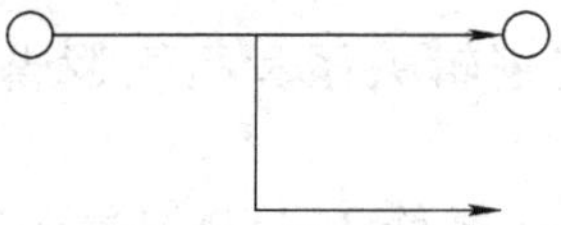

图 2. 3. 21　无箭头节点或箭尾节点的错误表达

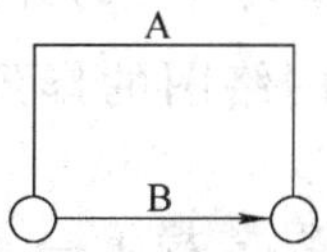

图 2. 3. 22　重复编号的错误表达

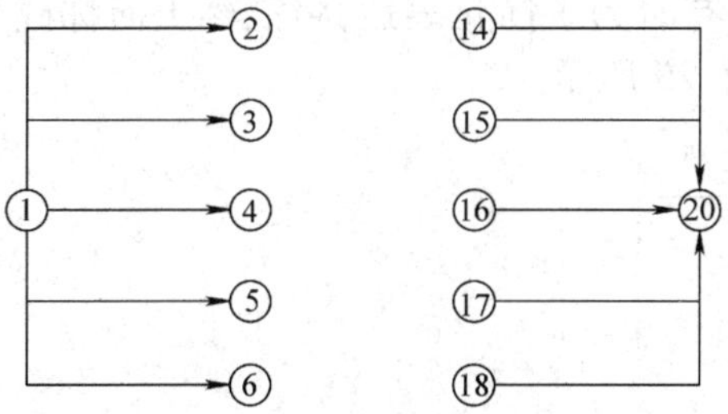

图 2. 3. 23　母线法

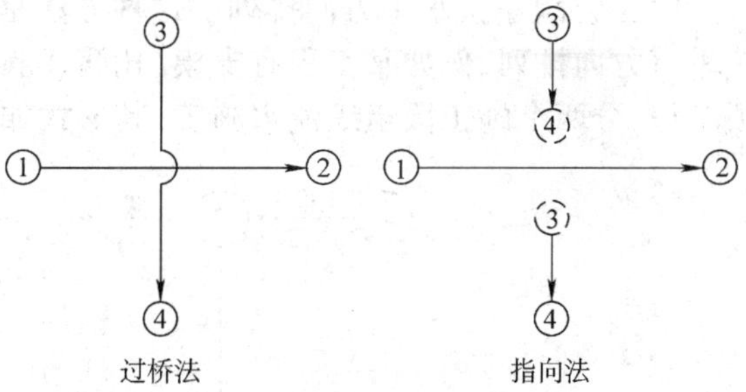

图 2. 3. 24　交叉箭线示意图

⑧双代号网络图中应只有一个起点节点,在不分期完成任务的网络图中,应只有一个终点节点,而其他所有节点均应是中间节点。

注意:以上双代号网络图的绘制规则表明,绘制双代号网络图可以明确地表达出工作的内容,准确地表达出工作间的逻辑关系,并且使所绘出的图易于识读和操作。具体绘制时应注意以下几方面的问题。

①一项工作应只有唯一的一条箭线和相应的一对节点编号,箭尾的节点编号应小于箭头的节点编号。

②双代号网络图中应只有一个起始节点;在不分期完成任务的网络图中,应只有一个终点

节点。

③在网络图中严禁出现循环回路。

④双代号网络图中，严禁出现没有箭头的节点或没有箭尾节点的箭线。

⑤双代号网络图节点编号顺序应从小到大，可不连续，但严禁重复。

⑥某些节点有多条外向箭线或多条内向箭线时，在不违反“一项工作应只有唯一的一条箭线和相应的一对节点编号”的前提下，可使用母线法绘图。

⑦绘制网络图时，应避免箭线交叉。

⑧对平行搭接进行的工作，在双代号网络图中，应分段表达。

⑨网络图应条理清楚，布局合理。

⑩分段绘制。对于一些大的建设项目，由于工序多，施工周期长，网络图可能很大，为使绘图方便，可将网络图划分成几个部分分别绘制。

施工准备工作是施工程序中的重要环节，不仅开工前需要做好施工准备工作，而且在整个施工过程中自始至终贯穿着施工准备。

---

2. 双代号施工网络图的排列方法

双代号施工网络图的排列强调逻辑关系，一般有工艺逻辑关系和组织逻辑关系。举例如下。

工艺逻辑关系：支模 1 → 扎筋 1 → 浇混凝土 1；支模 2 → 扎筋 2 → 浇混凝土 2。

组织逻辑关系：支模 1 → 支模 2，扎筋 1 → 扎筋 2，浇混凝土 1 → 浇混凝土 2。

1)工艺顺序按水平方向排列　这种方法是把各工作的工艺顺序按水平方向排列，施工段按垂直方向排列，例如某工程有支模、扎筋、浇砼(注：有时为了简化表达，将混凝土简称砼)三项工作，分两个施工段组织流水施工，其形式如图 2. 3. 25 所示。

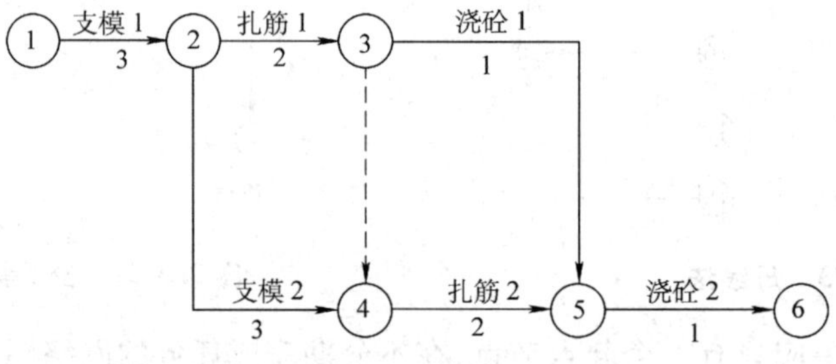

图 2. 3. 25　工艺顺序按水平方向排列示意图

2)施工段按水平方向排列　这种方法是把施工段按水平方向排列，工艺顺序按垂直方向排列，如图 2. 3. 26 所示。

提示：一般情况，工艺逻辑关系是由工艺过程或工作程序导致的；组织逻辑关系是由组织安排或资源调配而产生的。

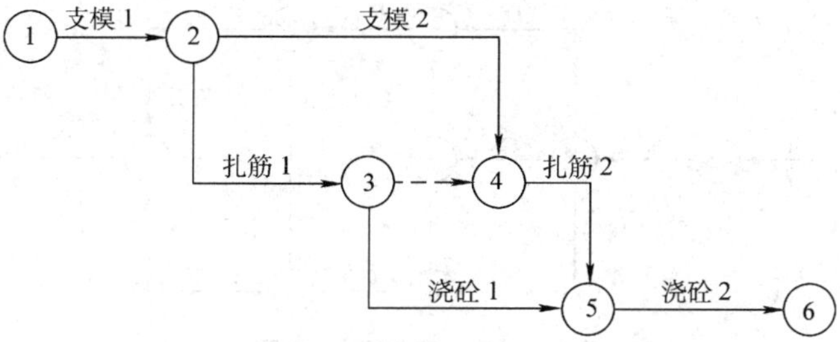

图 2.3.26　施工段按水平方向排列示意图

3. 双代号网络图的绘制步骤

双代号网络图的绘制步骤如下：

①收集、整理有关资料；

②绘制草图；

③检查逻辑关系是否正确，是否符合绘图规则；

④整理、完善网络图，使其条理清楚、层次分明；

⑤对节点进行编号。

扫一扫看课件

双代号网络图的绘制方法

扫一扫听微课

双代号网络图的绘制方法

4. 绘制双代号网络图示例

【例 2】　根据表 2.3.6 中的逻辑关系，绘制双代号网络图，结果如图 2.3.27 所示。

表 2.3.6　某项目工作逻辑关系

工作	A	B	C	D	E	F
紧前工作	—	A	A	B	B、C	D、E

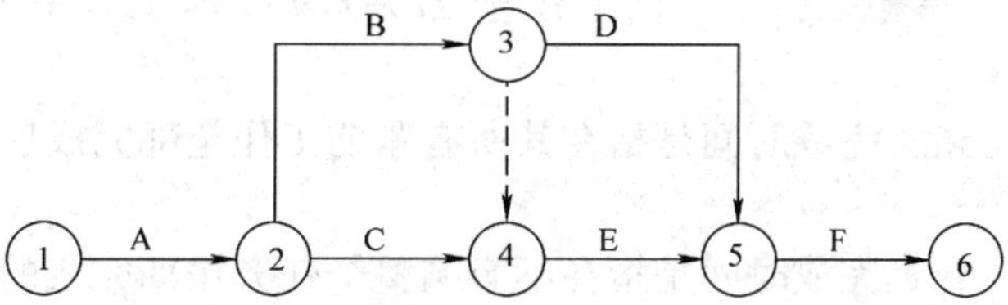

图 2.3.27　双代号网络图

【例 3】　根据表 2.3.7 绘制双代号网络图，结果如图 2.3.28 所示。

表 2.3.7　某项目工作逻辑关系

工作	A	B	C	D	E	F	G	H	I	J
紧前工作	—	A	B	B	B	C、D	C、E	F、G	F	H、I

实习实作：绘制表 2.3.8 所示工作关系的双代号网络图。

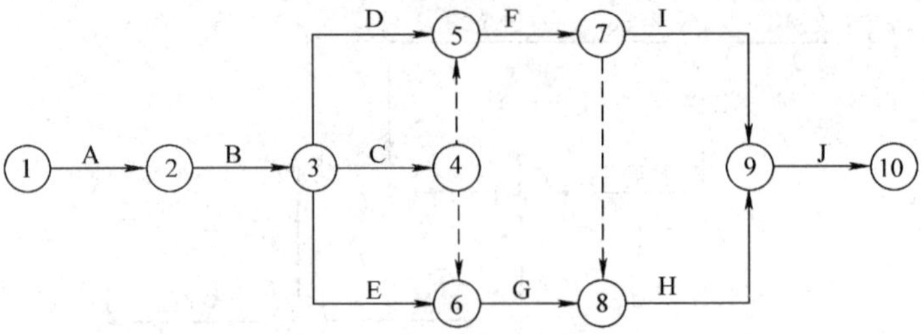

图 2.3.28　双代号网络图

表 2.3.8　某项目工作逻辑关系

工作	A	B	C	D	E	G	H
紧前工作	—	—	—	—	A、B	B、C、D	C、D
紧后工作	E	E、G	G、H	G、H	—	—	—

2.3.2.3　双代号网络时间参数的计算

1. 网络计划时间参数的概念

1）持续时间　持续时间指一项工作从开始到完成的时间 D_{i-j}。

2）计算工期　计算工期是根据网络计划时间参数计算而得到的工期 T_c。

3）要求工期　要求工期是任务委托人所提出的指令性工期 T_r。

4）计划工期　计划工期是根据要求工期和计算工期所确定的作为实施目标的工期 T_p。

双代号网络时间参数计算 1

双代号网络时间参数计算 1

5）最早开始时间　最早开始时间是指在其所有紧前工作全部完成后，本工作有可能开始的最早时刻 ES_{i-j}。

6）最早完成时间　最早完成时间是指在其所有紧前工作全部完成后，本工作有可能完成的最早时刻 EF_{i-j}。

7）最迟完成时间　最迟完成时间是指在不影响整个任务按期完成的前提下，本工作必须完成的最迟时刻 LF_{i-j}。

8）最迟开始时间　最迟开始时间是指在不影响整个任务按期完成的前提下，本工作必须开始的最迟时刻 LS_{i-j}。

9）总时差　总时差是指在不影响总工期的前提下，本工作可以利用的机动时间 TF_{i-j}。

10）自由时差　自由时差是指在不影响其紧后工作最早开始时间的前提下，本工作可以利用的机动时间 FF_{i-j}。

11）节点的最早时间　节点的最早时间是指在双代号网络计划中，以该节点为开始节点的各项工作的最早开始时间 ET_i。

12）节点的最迟时间　节点的最迟时间是指在双代号网络计划中，以该节点为完成节点的各项工作的最迟完成时间 LT_j。

在双代号网络图中，工作时间参数一般可按图 2.3.29 标注。

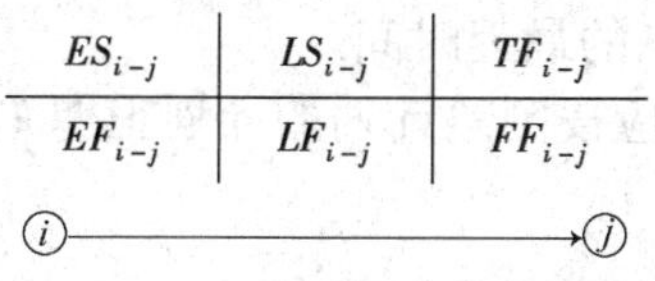

图 2.3.29　工作时间参数的标注法

2. 双代号网络计划时间参数的计算

双代号网络计划的时间参数既可以按工作计算，也可以按节点计算。

双代号网络时间参数计算 2

双代号网络时间参数计算 2

(1)按工作计算法

所谓按工作计算法，就是以网络计划中的工作为对象，直接计算各项工作的时间参数。这些时间参数包括：工作的最早开始时间和最早完成时间、工作的最迟开始时间和最迟完成时间、工作的总时差和自由时差。此外，还应计算网络计划的计算工期。

为了简化计算，网络计划时间参数中的开始时间和完成时间都应以时间单位的终了时刻为标准。如第 3 d 开始即是指第 3 d 终了（下班）时刻开始，实际上是第 4 d 上班时刻才开始；第 5 d 完成即是指第 5 d 终了（下班）时刻完成。

下面是按工作计算法计算时间参数的过程。

①计算节点的最早时间 ET_j。节点最早时间就是该节点前面的工作全部完成，后面工作最早可能开始的时间。节点最早时间计算一般从起始节点开始，顺着箭线方向依次逐项进行。计算公式如下。

起始节点 i 如未规定最早时间 ET_i 时，其值应等于零，即：

$$ET_1 = 0$$

中间某节点最早时间的计算：

$$ET_j = \max\{ET_i + D_{i-j}\} \tag{2.3.8}$$

式中：ET_i——节点 i 的最早时间；

ET_j——节点 j 的最早时间；

D_{i-j}——工作 i—j 的持续时间。

②计算工期 T_c。

$$T_c = ET_n \tag{2.3.9}$$

式中：ET_n—— 终点节点 n 的最早时间。

计算工期得出后，可以确定计划工期 T_p，计划工期应满足以下条件：

$T_p \leqslant T_r$（已规定了要求工期）

$T_p = T_c$（未规定要求工期）

式中：T_p——网络计划的计划工期；

T_r——网络计划的要求工期。

③节点最迟时间。节点最迟时间从网络计划的终点开始，逆着箭线的方向依次逐项计算。当部分工作分期完成时，有关节点的最迟时间必须从分期完成节点开始逆向逐项计算。

$$LT_i = \min\{LT_j - D_{i-j}\} \quad (2.3.10)$$

式中：LT_j——工作 i—j 的箭头节点的最迟时间。

终点节点 n 的最迟时间 LT_n，应按网络计划的计划工期 T_p 确定，即：

$$LT_n = T_p \quad (2.3.11)$$

④工作 i—j 最早开始时间 ES_{i-j}。

$$ES_{i-j} = ET_i \quad (2.3.12)$$

⑤工作 i—j 最早完成时间 EF_{i-j}。

$$EF_{i-j} = ET_i + D_{i-j} \quad (2.3.13)$$

⑥工作 i—j 的最迟完成时间 LF_{i-j}。

$$LF_{i-j} = LT_j \quad (2.3.14)$$

⑦工作 i—j 的最迟开始时间 LS_{i-j}。

$$LS_{i-j} = LT_j - D_{i-j} \quad (2.3.15)$$

⑧工作 i—j 的总时差 TF_{i-j}。

$$TF_{i-j} = LT_j - ET_i - D_{i-j} \quad (2.3.16)$$

⑨工作 i—j 的自由时差 FF_{i-j}。

$$FF_{i-j} = ET_j - ET_i - D_{i-j} \quad (2.3.17)$$

（2）按节点计算法

按节点计算法计算时间参数，其计算结果应标注在节点上。

1）计算各节点的最早时间　节点的最早时间是以该节点为开始节点的工作最早开始时间，其计算程序为：自起点节点开始，顺着箭线方向，用累加的方法计算到终点节点。有如下几种情况。

①起点节点 i 如未规定最早时间，其值应等于零，即：

$$ET_i = 0 \ (i = 1) \quad (2.3.18)$$

②当节点 j 只有一条内向箭线时，最早时间应为：

$$ET_j = ET_i + D_{i-j} \quad (2.3.19)$$

③当节点 j 有多条内向箭线时，其最早时间应为：

$$ET_j = \max\{ET_i + D_{i-j}\} \quad (2.3.20)$$

④终点节点 n 的最早时间即为网络计划的计算工期，即：

$$T_c = ET_n \quad (2.3.21)$$

2）计算各节点的最迟时间　节点最迟时间是以该节点为完成节点的工作的最迟完成时间，其计算程序为：自终点节点开始，逆着箭线方向，用累减的方法计算到起点节点。其计算有以下几种情况。

①终点节点的最迟时间应等于网络计划的计划工期，即：

$$LT_n = T_p \quad (2.3.22)$$

若为分期完成的节点，则最迟时间等于该节点规定的分期完成的时间。

②当节点 i 只有一个外向箭线时，最迟时间为：

$$LT_i = LT_j - D_{i-j} \quad (2.3.23)$$

③当节点 i 有多条外向箭线时，其最迟时间为：

$$LT_i = \min\{LT_j - D_{i-j}\} \quad (2.3.24)$$

【例4】 在工程双代号网络计划中，某项工作的最早完成时间是指其(　　)。

A. 开始节点的最早时间与工作总时差之和

B. 开始节点的最早时间与工作持续时间之和

C. 完成节点的最迟时间与工作持续时间之差

D. 完成节点的最迟时间与工作总时差之差

E. 完成节点的最迟时间与工作自由时差之差

答案:B、D。

【例5】 在某工程网络计划中，工作M的最早开始时间和最迟开始时间分别为第12 d和第15 d，其持续时间为5 d。工作M有3项紧后工作，它们的最早开始时间分别为第21 d、第24 d和第28 d，则工作M的自由时差为(　　)d。

A. 1　　B. 3　　C. 4　　D. 8

答案:C。

【例6】 在某工程网络计划中，工作M的最早开始时间和最迟开始时间分别为第15 d和第18 d，其持续时间为7 d。工作M有2项紧后工作，它们的最早开始时间分别为第24 d和第26 d，则工作M的总时差和自由时差(　　)。

A. 分别为4 d和3 d　　B. 均为3 d　　C. 分别为3 d和2 d　　D. 均为2 d

答案:C。

【例7】 在某工程双代号网络计划中，工作M的最早开始时间为第15 d，其持续时间为7 d。该工作有2项紧后工作，它们的最早开始时间分别为第27 d和第30 d，最迟开始时间分别为第28 d和第33 d，则工作M的总时差和自由时差(　　)。

A. 均为5 d　　B. 分别为6 d和5 d

C. 均为6 d　　D. 分别为11 d和6 d

答案:B。

【例8】 如图2.3.30所示，计算节点时间参数以及工作的最早开始时间和最早结束时间。

①计算节点的最早时间，结果如表2.3.9所示。

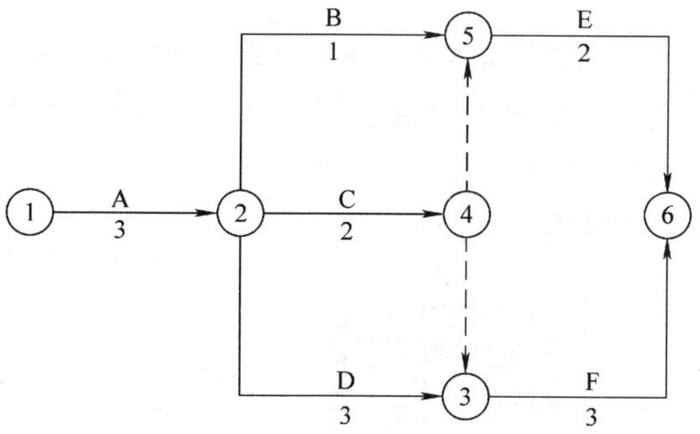

图2.3.30　某项目双代号网络图

表2.3.9　节点最早时间的计算

节点	计算过程 $ET_j=\max\{ET_i+D_{i-j}\}$	节点最早时间 ET_j
①	0	0
②	0 + 3 = 3	3
③	3 + 3 = 6	6
④	$\begin{Bmatrix}3+3=6,\\3+2=5\end{Bmatrix}$	6
⑤	$\begin{Bmatrix}6+0=6,\\3+1=5\end{Bmatrix}$	6
⑥	$\begin{Bmatrix}6+3=9,\\6+2=8\end{Bmatrix}$	9

②节点最迟时间的计算如表2.3.10所示。

③工作最早开始时间的计算如表 2.3.11 所示。

表 2.3.10　节点最迟时间的计算

节点	计算过程 $LT_i=\min\{LT_j-D_{i-j}\}$	节点最早时间 LT_i
⑥	9	9
⑤	9－2＝7	7
④	7－0＝7	7
③	$\begin{Bmatrix}7-0=7,\\9-3=6\end{Bmatrix}$	6
②	$\begin{Bmatrix}7-1=6,\\7-2=5,\\6-3=3\end{Bmatrix}$	3
①	3－3＝0	0

表 2.3.11　工作最早开始时间的计算

工作名称	左节点最早时间 $ES_{i-j}=ET_i$	工作最早结束时间 EF_{i-j}
A	0	3
B	3	4
C	3	5
D	3	6
E	6	8
F	6	9

④计算各工作的最早结束时间。工作的最早结束时间是该工作最早可能的完成时间，计算结果如表 2.3.12 所示。

表 2.3.12　工作最早结束时间的计算

工作名称	工作最早时间 ET_i	作业时间 D_{i-j}	计算过程 ET_i+D_{i-j}	工作最早结束时间 EF_{i-j}
A	0	3	3	3
B	3	1	1＋3＝4	4
C	3	2	3＋2＝5	5
D	3	3	3＋3＝6	6
E	6	2	6＋2＝8	8
F	6	3	6＋3＝9	9

注意：要理解由节点时间参数推算工作时间参数，由工作时间参数推算节点时间参数。

实习实作：绘制表 2.3.13 所示工作关系的双代号网络图。

扫一扫看课件

双代号网络时间参数计算 3

扫一扫听微课

双代号网络时间参数计算 3

表 2.3.13　某项目工作逻辑关系

工作	A	B	C	D	E	H	G	I	J
紧前工作	E	A、H	J、G	H、A、I	—	—	H、A	—	E
紧后工作	B、D、G	—	—	—	A、J	B、D、G	C	D	C
持续时间	4	5	7	9	3	6	8	4	3

2.3.2.4　双代号时标网络图的绘制

1.双代号时标网络计划

双代号时标网络计划是以时间坐标为尺度编制的网络计划，时标网络中应以实箭线表示工作，以虚箭线表示虚工作，以波浪线表示工作的自由时差。

(1)双代号时标网络计划的特点

双代号时标网络计划是以水平时间坐标为尺度编制的双代号网络计划，其主要特点如下。

①时标网络计划兼有网络计划与横道计划的优点，它能够清楚地表明计划的时间进程，使用方便。

②时标网络计划能在图上直接显示出各项工作的开始与完成时间、工作的自由时差及关键线路。

③在时标网络计划中可以统计每一个单位时间对资源的需用量，以便进行资源优化和调整。

④由于箭线受到时间坐标的限制，当情况发生变化时，对网络计划的修改比较麻烦，往往要重新绘图。

(2)双代号时标网络计划的一般规定

①双代号时标网络计划必须以水平时间坐标为尺度表示工作时间。时标的时间单位应根据需要在编制网络计划之前确定，可为时、天、周、月或季。

②时标网络计划中所有符号在时间坐标上的水平投影位置，都必须与其时间参数相对应。节点中心必须对准相应的时标位置。

③时标网络计划中虚工作必须以时标方向的虚箭线表示，有自由时差时加波形线表示。

(3)双代号时标网络计划的分类

①早时标网络计划——按节点最早时间绘制的网络计划。

②迟时标网络计划——按节点最迟时间绘制的网络计划。

扫一扫看课件　双代号时标网络计划的绘制

扫一扫听微课　双代号时标网络计划的绘制

扫一扫看课件　双代号时标网络计划的识读

扫一扫听微课　双代号时标网络计划的识读

2. 双代号时标网络计划的编制

时标网络计划宜按各个工作的最早开始时间编制。在编制时标网络计划之前，应先按已确定的时间单位绘制出时标计划表。

(1)间接法绘制

如图 2.3.31 和图 2.3.32 所示，先绘制出标时网络计划，计算各节点(工作)的最早时间参数，再根据最早时间参数在时标计划表上确定节点位置，连线完成后，某些工作箭线长度不足以到达该工作的完成节点时，用波形线补足。

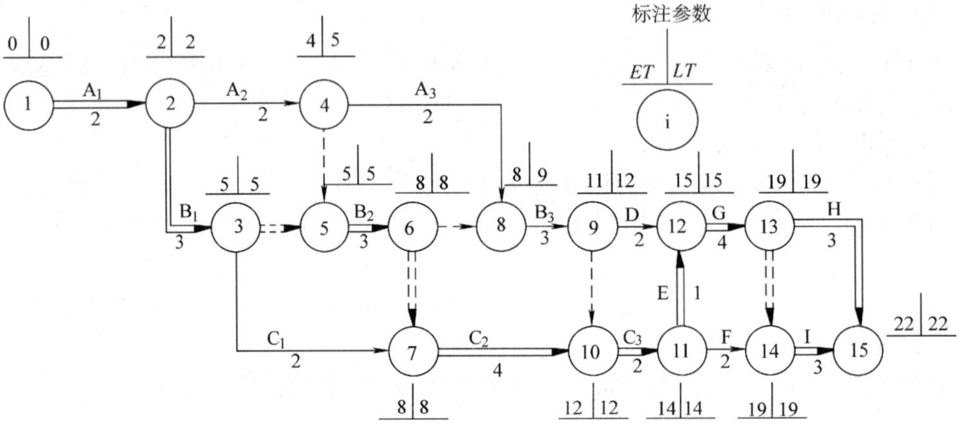

图 2.3.31 标时网络计划及节点时间参数

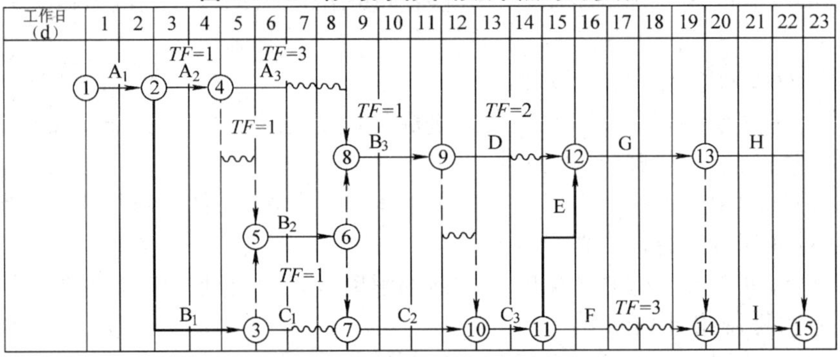

图 2.3.32 双代号早时标网络图

(2)直接法绘制

如图 2.3.33 和图 2.3.34 所示，根据网络计划中工作之间的逻辑关系以及各工作的持续时间，直接在时间坐标上绘制时标网络计划。绘制步骤如下。

①将起点节点定位在时标表的起始刻度线上。

②按工作持续时间在时标计划表上绘制起点节点的外向箭线。

③其他工作的开始节点必须在其所有紧前工作都绘出以后，定位在这些紧前工作最早完成时间最大值的时间刻度上，某些工作的箭线长度不足以到达该节点时，用波形线补足，箭头画在波形线与节点连接处。

④用上述方法从左至右依次确定其他节点位置，直至网络计划终点节点定位，绘图完成。

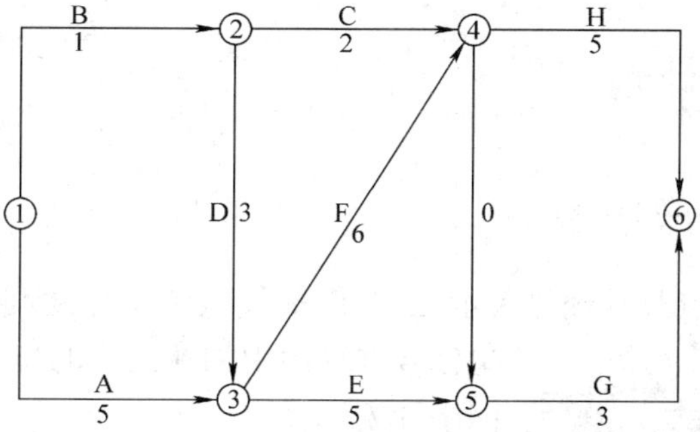

图 2.3.33　标时网络计划

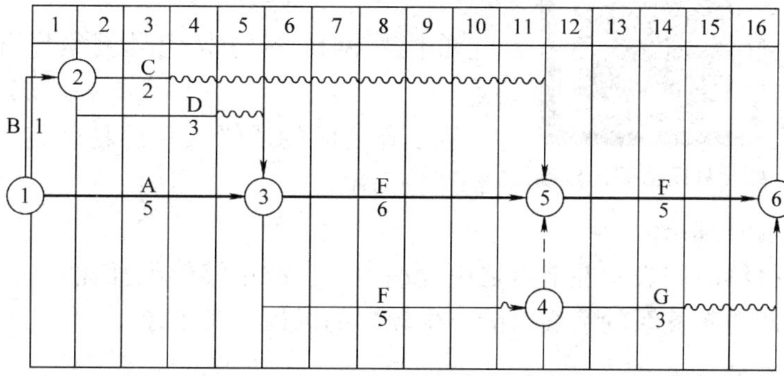

图 2.3.34　双代号早时标网络图

3. 双代号时标网络计划适用范围

双代号时标网络计划适用以下范围：

①工作项目较少、工艺过程比较简单的工程；

②局部网络工程；

③作业性网络工程；

④使用实际进度前锋线进行进度控制的网络计划。

注意：要理解标时网络图和时标网络图的区别。标时网络图是指绘制出双代号网络图后，在图上标注出工作持续时间。时标网络图是指在时间坐标上绘制双代号网络图。

实习实作：采用直接法和间接法绘制出表 2.3.14 所示工作关系的双代号时标网络图。

表 2.3.14　某项目工作逻辑关系

工作	A	B	C	D	E	F	G	H
紧前工作	—	—	A	A、B	B	C、D	C、D	E、F
持续时间	4	5	3	4	6	1	2	4

2.3.3 单代号网络计划

2.3.3.1 单代号网络计划绘制

单代号网络图是以节点及其编号表示工作，以箭线表示工作之间逻辑关系的网络图。在单代号网络图中加注工作的持续时间，以便形成单代号网络计划。

扫一扫看课件 单代号网络图的绘制　扫一扫听微课 单代号网络图的绘制

1. 单代号网络图的特点

单代号网络图与双代号网络图相比，具有以下特点。

①工作之间的逻辑关系容易表达，且不用虚箭线，故绘图较简单。

②网络图便于检查和修改。

③由于工作的持续时间表示在节点之中，没有长度，故不够形象直观。

④表示工作之间逻辑关系的箭线可能产生较多的纵横交叉现象。

2. 单代号网络图的基本符号

1）节点　单代号网络图中的每一个节点表示一项工作，节点宜用圆圈或矩形表示。节点所表示的工作名称、持续时间和工作代号等应标注在节点内，如图 2.3.35 所示。

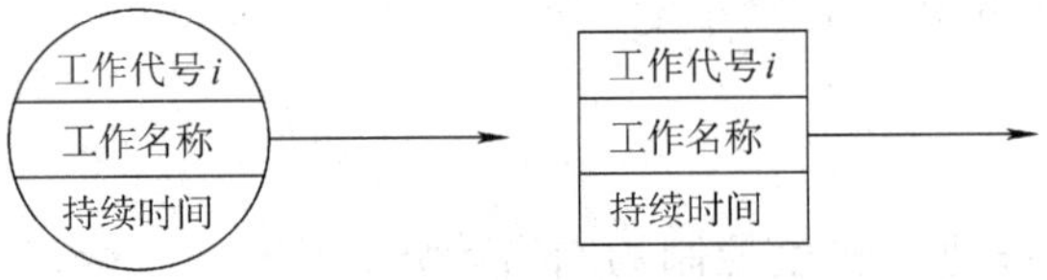

图 2.3.35　单代号网络图中工作的表示方法

单代号网络图中的节点必须编号。编号标注在节点内，其号码可间断，但严禁重复。箭线的箭尾节点编号应小于箭头节点的编号。一项工作必须有唯一的一个节点及相应的一个编号。

2）箭线　单代号网络图中的箭线表示紧邻工作之间的逻辑关系，既不占用时间，也不消耗资源。箭线应画成水平直线、折线或斜线。箭线水平投影的方向应自左向右，表示工作的行进方向。工作之间的逻辑关系包括工艺关系和组织关系，在网络图中均表现为工作之间的先后顺序。

3）线路　单代号网络图中，各条线路应用该线路上的节点编号从小到大依次表述。

3. 单代号网络图的绘图规则

单代号网络图的绘图规则如下。

①单代号网络图必须正确表达已定的逻辑关系。

②单代号网络图中，严禁出现循环回路。

③单代号网络图中，严禁出现双向箭头或无箭头的连线。

④单代号网络图中，严禁出现没有箭尾节点的箭线和没有箭头节点的箭线。

⑤绘制网络图时，箭线不宜交叉，当交叉不可避免时，可采用过桥法或指向法绘制。

⑥单代号网络图应只有一个起点节点和一个终点节点；当网络图中有多项起点节点或多项终点节点时，应在网络图的两端分别设置一项虚工作，作为该网络图的起点节点(S_t)和终点节点(F_{in})，如图 2.3.36 所示。

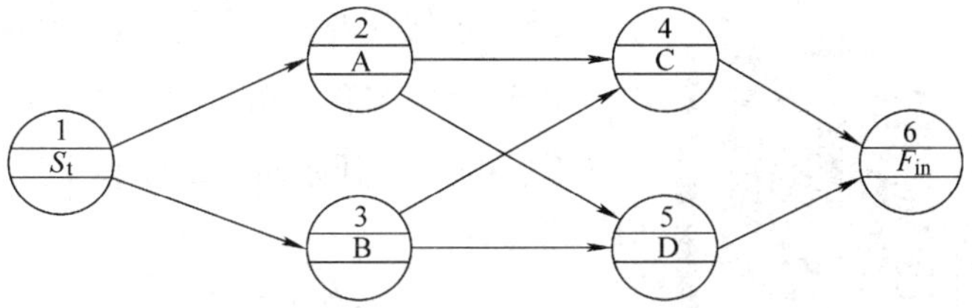

图 2.3.36　单代号网络图

单代号网络图的绘图规则大部分与双代号网络图的绘图规则相同，故不再进行解释。

阅读理解：阅读双代号网络图和单代号网络图的绘图规则，进行对比理解。

2.3.3.2　单代号网络计划时间参数的计算

单代号网络计划时间参数的计算应在确定各项工作的持续时间之后进行。时间参数的计算顺序和计算方法基本上与双代号网络计划时间参数的计算相同。单代号网络计划时间参数的标注形式如图 2.3.37 所示。

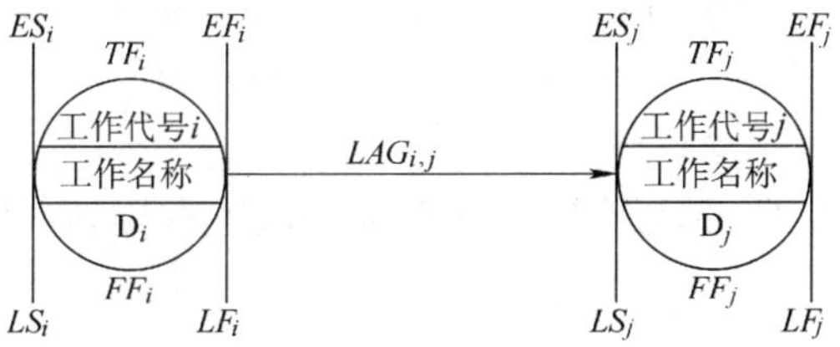

图 2.3.37　单代号网络计划时间参数的标注形式

单代号网络计划时间参数的计算步骤如下。

1. 计算最早开始时间和最早完成时间

网络计划中各项工作的最早开始时间和最早完成时间的计算应从网络计划的起点节点开始，顺着箭线方向依次逐项计算。

①网络计划的起点节点的最早开始时间为零。如起点节点的编号为 1，则

$$ES_i = 0(i = 1) \tag{2.3.25}$$

②工作的最早完成时间等于该工作的最早开始时间加上其持续时间，即

$$EF_i = ES_i + D_i \qquad (2.3.26)$$

③工作的最早开始时间等于该工作的各个紧前工作的最早完成时间的最大值。如工作 j 的紧前工作的代号为 i，则

$$ES_j = \max[EF_i] \text{或} ES_j = \max[ES_i + D_i] \qquad (2.3.27)$$

式中：ES_i——工作的各项紧前工作的最早开始时间。

④网络计划的计算工期 T_c　T_c 等于网络计划的终点节点 n 的最早完成时间 EF_n，即

$$T_c = EF_n \qquad (2.3.28)$$

扫一扫看课件

相邻两项工作间的时间间隔计算

扫一扫听微课

相邻两项工作间的时间间隔计算

2. 计算相邻两项工作之间的时间间隔 $LAG_{i,j}$

相邻两项工作 i 和 j 之间的时间间隔 $LAG_{i,j}$，等于紧后工作 j 的最早开始时间 ES_j 和本工作的最早完成时间 EF_i 之差，即

$$LAG_{i,j} = ES_j - EF_i \qquad (2.3.29)$$

3. 计算工作总时差 TF_i

工作的总时差 TF_i 应从网络计划的终点节点开始，逆着箭线方向依次逐项计算。

①网络计划终点节点的总时差 TF_n，如计划工期等于计算工期，其值为零，即

$$TF_n = 0$$

②其他工作的总时差 TF_i 等于该工作的各个紧后工作 j 的总时差 TF_j 加该工作与其紧后工作之间的时间间隔 $LAG_{i,j}$ 之和的最小值，即

$$TF_i = \min[TF_j + LAG_{i,j}] \qquad (2.3.30)$$

4. 计算工作自由时差 FF_i

①工作若无紧后工作，其自由时差 FF_i 等于计划工期 T_p 减该工作的最早完成时间 EF_n，即

$$FE_n = T_p - EF_n \qquad (2.3.31)$$

②当工作 i 有紧后工作 j 时，其自由时差 FF_i 等于该工作与其紧后工作 j 之间的时间间隔 $LAG_{i,j}$ 的最小值，即

$$FF_i = \min[LAG_{i,j}] \qquad (2.3.32)$$

5. 计算工作的最迟开始时间和最迟完成时间

①工作 i 的最迟开始时间 LS_i 等于该工作的最早开始时间 ES_i 加上其总时差 TF_i 之和，即

$$LS_i = ES_i + TF_i \qquad (2.3.33)$$

②工作 i 的最迟完成时间 LF_i 等于该工作的最早完成时间 EF_i 加上其总时差 TF_i 之和，即

$$LF_i = EF_i + TF_i \qquad (2.3.34)$$

6. 关键工作和关键线路的确定

①关键工作：总时差最小的工作是关键工作。

②关键线路的确定按以下规定：从起点节点开始到终点节点均为关键工作，且所有工作的

时间间隔为零的线路为关键线路。

【例9】 已知单代号网络计划如图2.3.38所示,若计划工期等于计算工期,试计算单代

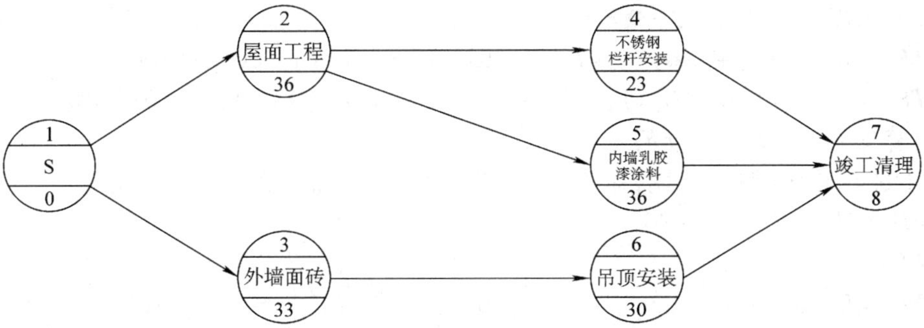

图2.3.38　单代号网络计划

号网络计划的时间参数,将其标注在网络计划上,并用双箭线标示出关键线路。

解:(1)计算最早开始时间和最早完成时间。

$ES_1 = 0$　　$EF_1 = ES_1 + D_1 = 0 + 0 = 0$

$ES_2 = EF_1 = 0$　　$EF_2 = ES_2 + D_2 = 0 + 36 = 36$

$ES_3 = EF_1 = 0$　　$EF_3 = ES_3 + D_3 = 0 + 33 = 33$

$ES_4 = EF_2 = 36$　　$EF_4 = ES_4 + D_4 = 36 + 23 = 59$

$ES_5 = EF_2 = 36$　　$EF_5 = ES_5 + D_5 = 36 + 36 = 72$

$ES_6 = EF_3 = 33$　　$EF_6 = ES_6 + D_6 = 33 + 30 = 63$

$ES_7 = \max[EF_4, EF_5, EF_6] = \max[59, 72, 63] = 72$

$EF_7 = ES_7 + D_7 = 72 + 8 = 80$

已知计划工期等于计算工期,故有

$T_p = T_c = EF_7 = 80$

(2)计算相邻两项工作之间的时间间隔$LAG_{i,j}$。

$LAG_{1,2} = ES_2 - EF_1 = 0 - 0 = 0$

$LAG_{1,3} = ES_3 - EF_1 = 0 - 0 = 0$

$LAG_{2,4} = ES_4 - EF_2 = 36 - 36 = 0$

$LAG_{2,5} = ES_5 - EF_2 = 36 - 36 = 0$

$LAG_{3,6} = ES_6 - EF_3 = 33 - 33 = 0$

$LAG_{4,7} = ES_7 - EF_4 = 72 - 59 = 13$

$LAG_{5,7} = ES_7 - EF_5 = 72 - 72 = 0$

$LAG_{6,7} = ES_7 - EF_6 = 72 - 63 = 9$

(3)计算工作的总时差TF_i。

已知计划工期等于计算工期,即$T_p = T_c = 80$,故终点节点⑦的总时差为零,即

$TF_7 = 0$

其他工作总时差为

$TF_6 = TF_7 + LAG_{6,7} = 0 + 9 = 9$

$TF_5 = TF_7 + LAG_{5,7} = 0 + 0 = 0$

$TF_4 = TF_7 + LAG_{4,7} = 0 + 13 = 13$

$TF_3 = TF_6 + LAG_{3,6} = 9 + 0 = 9$

$TF_2 = \min[(TF_4 + LAG_{2,4}),(TF_5 + LAG_{2,5})] = \min[(13 + 0),(0 + 0)] = 0$

$TF_1 = \min[(TF_2 + LAG_{1,2}),(TF_3 + LAG_{1,3})] = \min[(0 + 0),(9 + 0)] = 0$

(4)计算工作的自由时差 FF_i。

已知计划工期等于计算工期，即 $T_p = T_c = 80$，故终点节点⑦的自由时差为

$FF_7 = T_p - EF_7 = 80 - 80 = 0$

$FF_6 = LAG_{6,7} = 9$

$FF_5 = LAG_{5,7} = 0$

$FF_4 = LAG_{4,7} = 13$

$FF_3 = LAG_{3,6} = 0$

$FF_2 = \min[LAG_{2,4}, LAG_{2,5}] = \min[0,0] = 0$

$FF_1 = \min[LAG_{1,2}, LAG_{1,3}] = \min[0,0] = 0$

(5)计算工作的最迟开始时间 LS_i 和最迟完成时间 LF_i。

$LS_1 = ES_1 + TF_1 = 0 + 0 = 0$　　$LF_1 = EF_1 + TF_1 = 0 + 0 = 0$

$LS_2 = ES_2 + TF_2 = 0 + 0 = 0$　　$LF_2 = EF_2 + TF_2 = 36 + 0 = 36$

$LS_3 = ES_3 + TF_3 = 0 + 9 = 9$　　$LF_3 = EF_3 + TF_3 = 33 + 9 = 42$

$LS_4 = ES_4 + TF_4 = 36 + 13 = 49$　　$LF_4 = EF_4 + TF_4 = 59 + 13 = 72$

$LS_5 = ES_5 + TF_5 = 36 + 0 = 36$　　$LF_5 = EF_5 + TF_5 = 72 + 0 = 72$

$LS_6 = ES_6 + TF_6 = 33 + 9 = 42$　　$LF_6 = EF_6 + TF_6 = 63 + 9 = 72$

$LS_7 = ES_7 + TF_7 = 72 + 0 = 72$　　$LF_7 = EF_7 + TF_7 = 80 + 0 = 80$

将以上计算结果标注在图 2.3.39 中的相应位置。

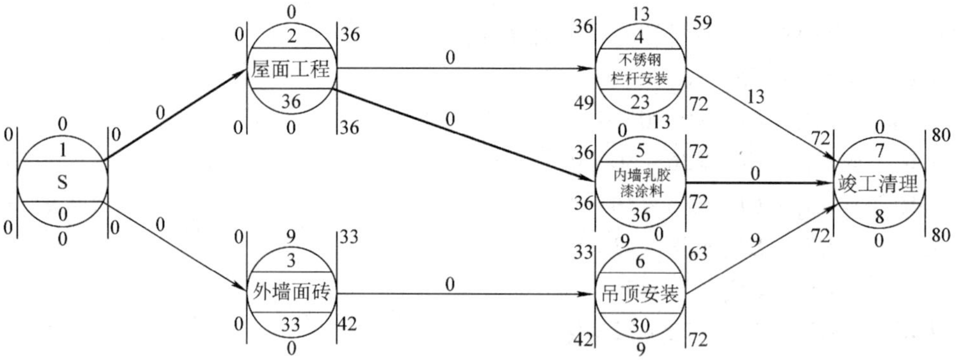

图 2.3.39　单代号网络时间参数计算结果

(6)关键工作和关键线路的确定。

根据计算结果，编号 1、2、5、7 总时差为零的工作为关键工作。

从起点节点①开始到终点节点⑦均为关键工作，且所有工作之间的时间间隔为零的线路①—②—⑤—⑦为关键线路，用双箭线标示在图 2.3.40 中。

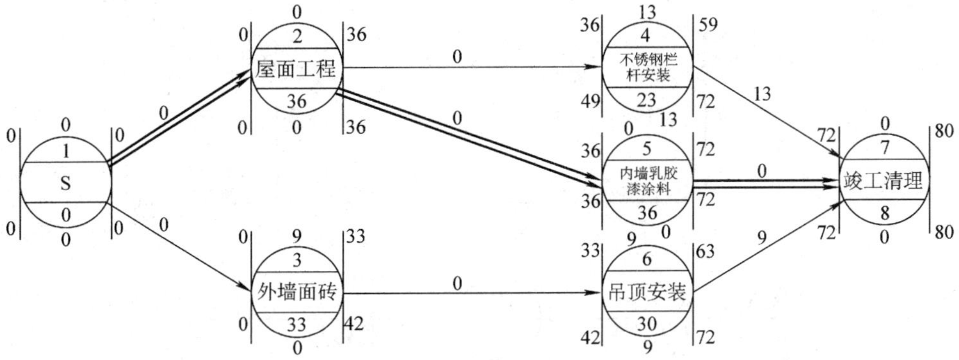

图 2.3.40　关键工作和关键线路的确定

阅读理解：阅读双代号网络图和单代号网络图时间参数的计算以及关键线路的确定方法，进行对比理解。

实习实作：某网络计划的有关资料如表 2.3.15 所示，试绘制其单代号网络计划，并在图中标出各项工作的 6 个时间参数及相邻两项工作之间的时间间隔。最后，用双箭线标明关键线路。

表 2.3.15　某项目工作逻辑关系

工作	A	B	C	D	E	G
紧前工作	—	—	—	B	B	C、D
持续时间	12	10	5	7	6	4

2.3.4　单代号搭接网络计划编制

在一般的网络计划（单代号或双代号）中，工作之间的关系只能表示成依次衔接的关系，即任何一项工作都必须在它的紧前工作全部结束后才能开始，也就是必须按照施工工艺顺序和施工组织的先后顺序进行施工。但是在实际施工过程中，有时为了缩短工期，许多工作需要采取平行搭接的方式进行。对于这种情况，如果用双代号网络图来表示这种搭接关系，使用起来将非常不方便，需要增加很多工作数量和虚箭线。不仅会增加绘图和计算的工作量，而且还会使图面复杂，不易看懂和控制。例如，浇筑钢筋混凝土柱子施工作业之间的关系分别用双代号网络图和搭接网络图表示，如图 2.3.41 所示。

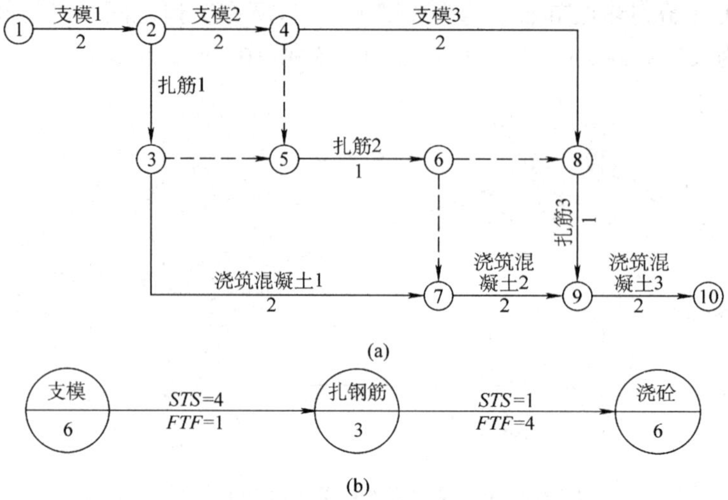

图 2.3.41　浇筑钢筋混凝土柱子施工作业关系的双代号网络图和单代号搭接网络图

(a)双代号网络图　(b)单代号搭接网络图

单代号搭接网络计划图的绘制

单代号搭接网络计划图的绘制

2.3.4.1　搭接关系的种类及表达方式

单代号网络计划的搭接关系主要是通过两项工作之间的时距来表示的。时距表示时间的重叠和间歇，时距的产生和大小取决于工艺的要求和施工组织上的需要。用以表示搭接关系的时距有五种，分别是 STS(开始到开始)、STF(开始到结束)、FTS(结束到开始)、FTF(结束到结束)和混合搭接关系。

1. FTS(结束到开始)关系

结束到开始关系是通过前项工作结束到后项工作开始之间的时距(FTS)来表达的，如下所示。

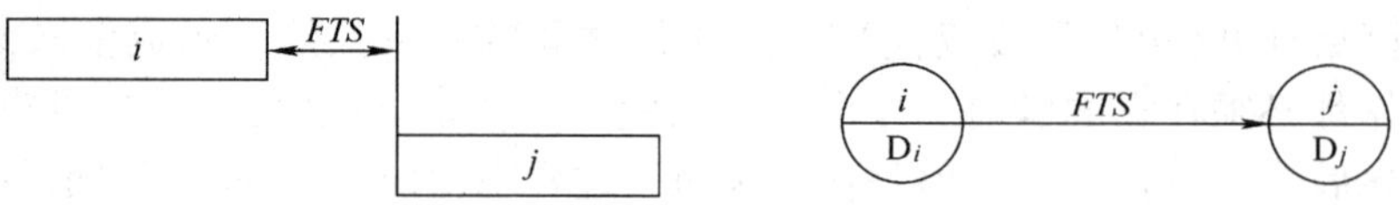

FTS 搭接关系的时间参数计算式为

$$
\begin{aligned}
ES_j &= EF_i + FTS_{ij} \\
LS_j &= LF_i + FTS_{ij}
\end{aligned}
\qquad (2.3.35)
$$

当 $FTS=0$ 时，表示两项工作之间没有时距，$ES_j = EF_i$，$LF_i = LS_j$，即为普通网络图中的逻辑关系，如下所示。

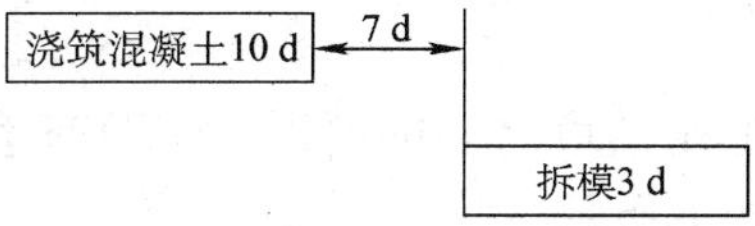

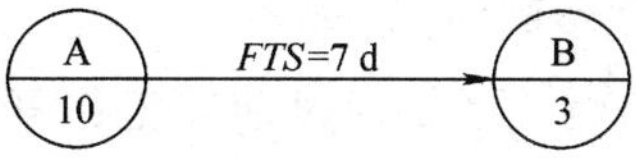

又如混凝土沉箱码头工程，沉箱在岸上预制后，要求静置一段养护存放的时间，然后才可下水沉放。

2. STS(开始到开始)关系

开始到开始关系是通过前项工作开始到后项工作开始之间的时距(*STS*)来表达的，表示在 i 工作开始经过一个规定的时距(*STS*)后，j 工作才能开始进行，如下所示。

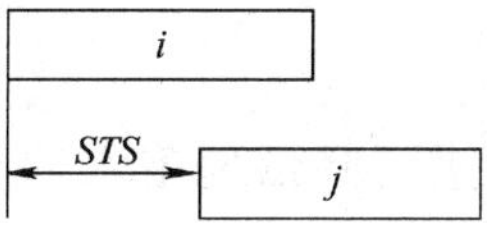

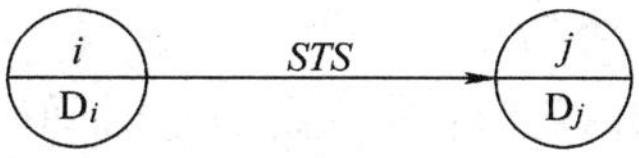

STS 搭接关系的时间参数计算式为

$$\begin{aligned} ES_j &= ES_i + STS_{ij} \\ LS_j &= LS_i + STS_{ij} \end{aligned} \tag{2.3.36}$$

如道路工程中的铺设路基和浇筑路面，当路基工作开始一定时间且为路面工作创造一定条件后，路面工程才可以开始进行。铺路基与浇路面之间的搭接关系就是 STS(开始到开始)关系，如下所示。

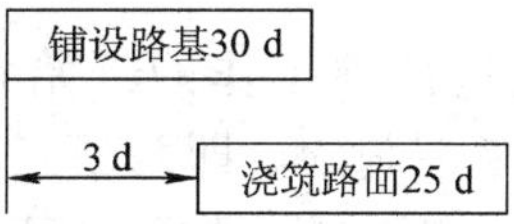

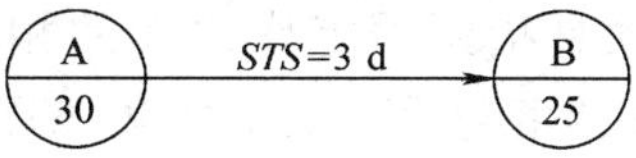

3. FTF(结束到结束)关系

结束到结束关系是通过前项工作结束到后项工作结束之间的时距(*FTF*)来表达的，表示在 i 工作结束一定的时距(*FTF*)后，j 工作才可结束，如下所示。

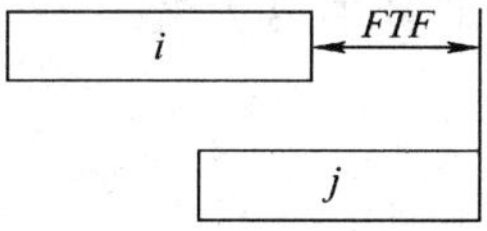

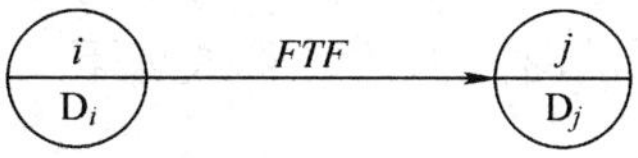

FTF 搭接关系的时间参数计算式为

$$\begin{aligned} EF_j &= EF_i + FTF_{ij} \\ LF_j &= LF_i + FTF_{ij} \end{aligned} \tag{2.3.37}$$

如基坑排水工作结束一定时间后，浇筑混凝土工作才能结束，如下所示。

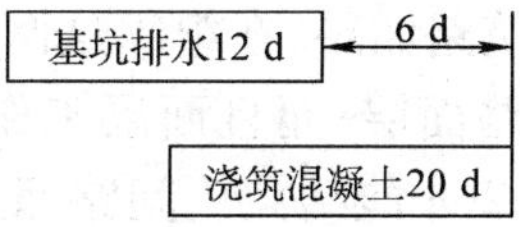

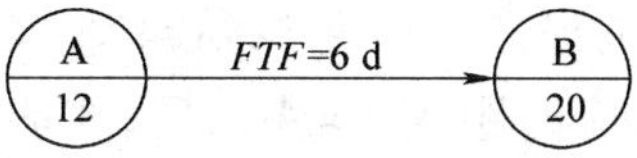

4. STF(开始到结束)关系

开始到结束关系是通过前项工作开始到后项工作结束之间的时距(STF)来表达的，它表示 i 工作开始一段时间(STF)后，j 工作才可结束，如下所示。

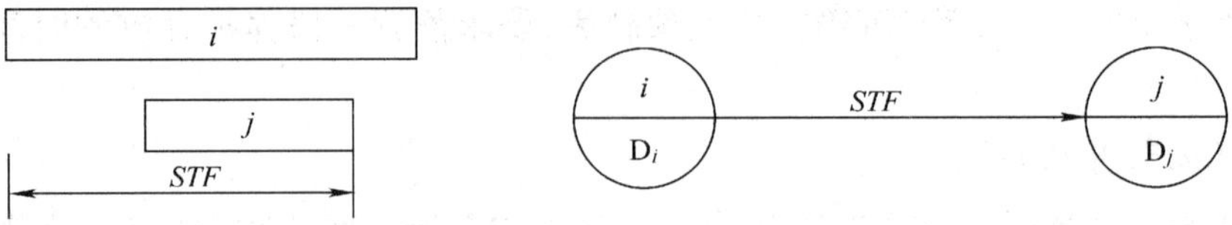

STF 搭接关系的时间参数计算式为

$$EF_j = ES_i + STF_{ij}$$
$$LF_j = LS_i + STF_{ij} \tag{2.3.38}$$

例如，当基坑开挖工作进行到一定时间后，就应开始进行降低地下水的工作，一直进行到地下水水位降到设计位置，如下所示。

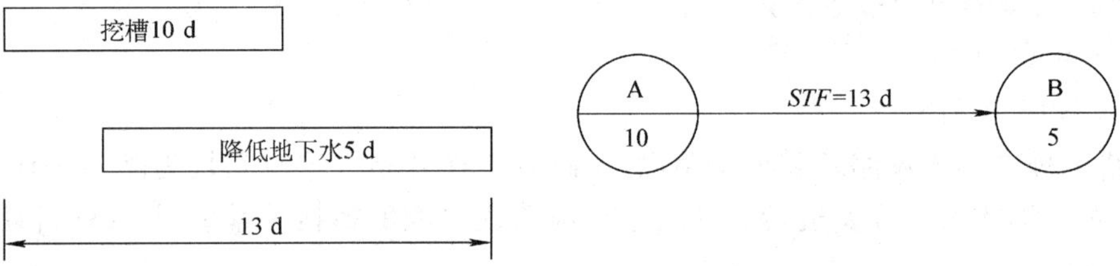

5. 混合搭接关系

混合搭接关系是指两项工作之间的相互关系是通过前项工作的开始到后项工作开始(STS)和前项工作结束到后项工作结束(FTF)双重时距来控制的。即两项工作的开始时间必须保持一定的时距要求，而且两者结束时间也必须保持一定的时距要求，如下所示。

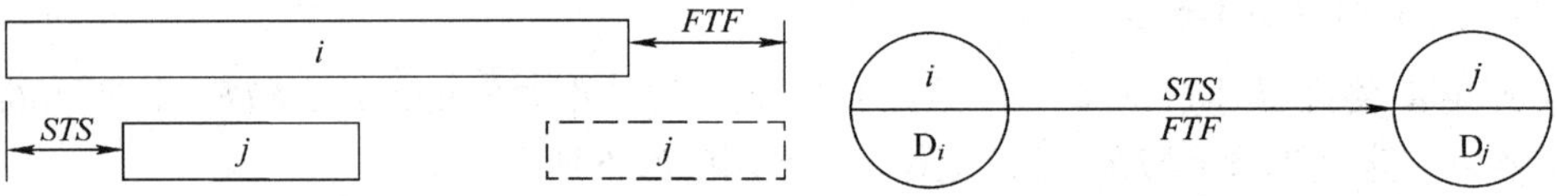

混合搭接关系中的 ES_j 和 EF_j 应分别计算，然后再选取其中最大者。

混合搭接关系的时间参数计算式如下。

按 STS 关系：

$$\left.\begin{aligned} ES_j &= ES_i + STS_{ij} \\ LS_j &= LS_i + STS_{ij} \end{aligned}\right\} \tag{2.3.39}$$

按 FTF 关系：

$$\left.\begin{aligned} EF_j &= EF_i + FTF_{ij} \\ LF_j &= LF_i + FTF_{ij} \end{aligned}\right\} \tag{2.3.40}$$

例如，某道路工程，工作 i 是修筑路基，工作 j 是修筑路面层，在组织这两项工作时，要求路基工作至少开始一定时距 $STS=4$ 以后，才能开始修筑路面层；而且面层工作不允许在路基工作完成之前结束，必须延后于路基完成一个时距 $FTF=2$ 才能结束。问路面工作的 ES_j 和 EF_j

等于多少。如下所示。

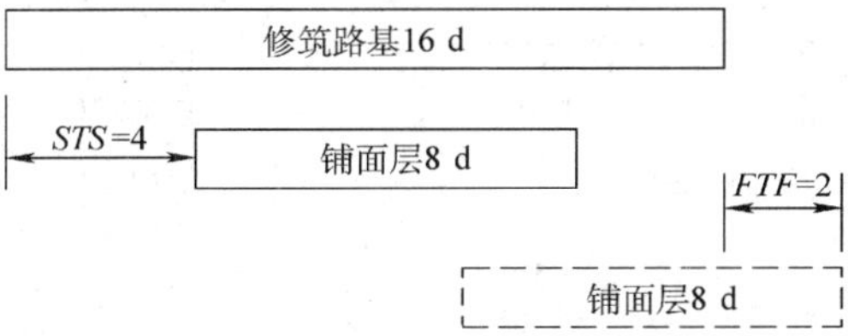

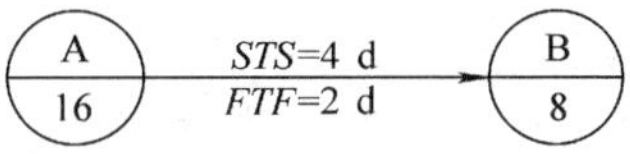

按 STS 关系：

$$\left.\begin{aligned} ES_j &= ES_i + STS_{ij} = 0 + 4 = 4 \\ EF_j &= ES_j + D_j = 4 + 8 = 12 \end{aligned}\right\} \qquad (2.3.41)$$

按 FTF 关系：

$$\left.\begin{aligned} EF_j &= EF_i + FTF_{ij} = 16 + 2 = 18 \\ ES_j &= EF_j - D_j = 18 - 8 = 10 \end{aligned}\right\} \qquad (2.3.42)$$

故要同时满足上述两者关系，必须选择其中的最大值，即 $ES_j = 10$ 和 $EF_j = 18$。

2.3.4.2　搭接网络计划时间参数的计算

单代号搭接网络计划时间参数的计算与前述原理基本相同，现举例说明。

扫一扫看课件　工作最早时间的计算

扫一扫听微课　工作最早时间的计算

扫一扫看课件　相邻两项工作间的时间间隔计算

扫一扫听微课　相邻两项工作间的时间间隔计算

【例10】　已知某工程搭接网络计划如图 2.3.42 所示，试计算其时间参数。

解：(1)工作最早时间计算

工作最早时间应从虚拟的起点节点开始，沿箭线方向自左向右，参照已知的时距关系，选用相应的搭接关系计算式计算。

①工作 A：

$$ES_A = 0$$

$$EF_A = 0 + 10 = 10$$

②工作 B：

$$ES_B = EF_A + FTS_{AB} = 10 + 0 = 10$$

$$EF_B = 10 + 15 = 25$$

③工作 D：

$$EF_D = EF_A + FTF_{AD} = 10 + 5 = 15$$

$$ES_D = 15 - 22 = -7$$

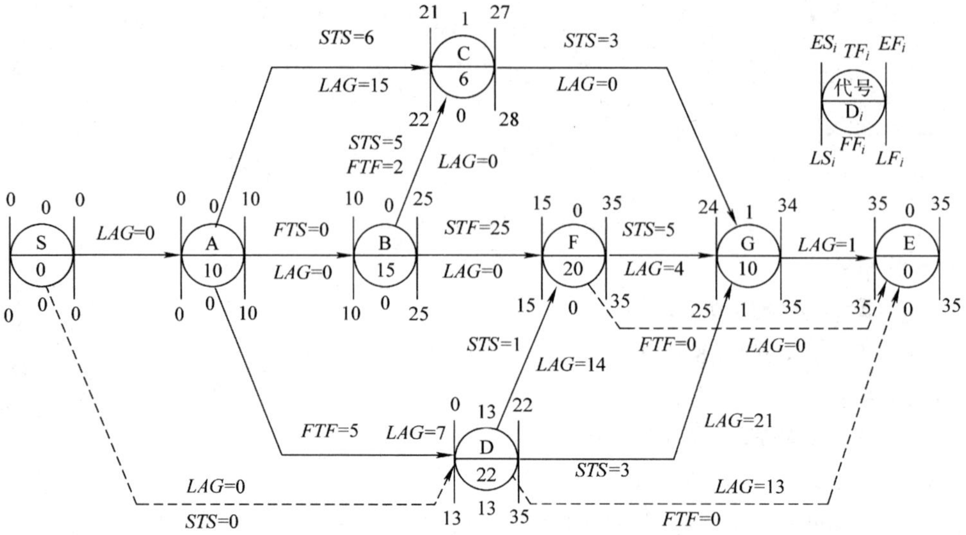

图 2.3.42　某工程搭接网络计划

显然，最早时间出现负值是不合理的，应将工作 D 与虚拟起点节点相连，则

$ES_D = 0$

$ES_D = 15 - 22 = -7$

提示：在计算工作最早时间时，如果出现某工作最早开始时间为负值（不合理），应将该工作与起点节点用虚箭线相连接，并确定其时距为 $STS = 0$。

④工作 C：

$ES_C = ES_A + STS_{AC} = 0 + 6 = 6$

$ES_C = ES_B + STS_{BC} = 10 + 5 = 15$

$ES_C = ES_B + STS_{BC} - D_C = 25 + 2 - 6 = 21$

在上式中，取最大者，则

$ES_C = 21$

$EF_C = 21 + 6 = 27$

⑤工作 F：

$ES_F = ES_D + STS_{DF} = 0 + 1 = 1$

$ES_F = ES_B + STF_{BF} - D_F = 10 + 25 - 20 = 15$

在上式中，取最大者，则

$ES_F = 15$

$EF_F = 15 + 20 = 35$

提示：在计算工作最早时，如果出现有工作最早完成时间为最大值的中间节点，则应将该节点的最早完成时间作为网络计划的结束时间，并将该节点与结束节点用虚箭线相连接，并确定其时距为 $FTF=0$。

⑥工作 G：

$ES_G=ES_C+STS_{CG}=21+3=24$

$ES_G=ES_F+STS_{FG}=15+5=20$

$ES_G=ES_D+STS_{DG}=0+3=3$

在上式中，取最大者，则

$ES_G=24$

$EF_G=24+10=34$

（2）总工期的确定

应取各项工作的最早完成时间的最大值作为总工期，从上面计算结果可以看出，与虚拟终点节点 E 相连的工作 G 的 $EF_G=34$，而不与 E 相连的工作 F 的 $EF_F=35$，显然，总工期应取 35，所以，应将 F 与 E 用虚箭线相连，形成工期控制通路。

（3）工作最迟时间的计算

以总工期为最后时间限制，自虚拟终点节点开始，逆箭线方向由右向左，参照已知的时距关系，选择相应计算关系式计算。

①工作 F 和 G：

与虚拟终节点相连的工作的最迟结束时间就是总工期值。

$LF_G=35, LS_G=35-10=25$

$LF_F=35, LS_F=35-10=25$

②工作 D：

$LS_D=LS_F-STS_{DF}=15-1=14$

$LS_D=LS_G-STS_{DG}=25-3=22$

在上式中，取最小者，则

$LS_D=14$

$LF_D=LS_D+D_D=14+22=36$

注意：由于工作 D 的最迟结束时间大于总工期，显然是不合理的。所以 LF_D 应取总工期的值，并将 D 点与终节点 E 用虚箭线相连。

③工作 C：

$LS_C=LS_G-STS_{CG}=25-3=22$

$LF_C=LS_C+D_C=22+6=28$

④工作 B：

$LS_B=LF_F-STF_{BF}=35-25=10$

$LS_B=LS_C-STS_{BC}=22-LS_B=LF_C-FTF_{BC}-D_B=28-2-15=11$

在上式中,取最小者,则

$$LS_B = 10$$

$$LF_B = LS_B + D_B = 10 + 15 = 25$$

⑤工作 A:

$$LS_A = LS_B - FTS_{AB} - D_A = 10 - 0 - 10 = 0$$

$$LS_A = LS_C - STS_{AC} = 22 - 6 = 16$$

$$LS_A = LF_D - FTF_{AD} - D_A = 35 - 5 - 10 = 20$$

在上式中,取最小者,则

$$LS_A = 0$$

$$LF_A = LS_A + D_A = 0 + 10 = 10$$

(4)间隔时间 *LAG* 的计算

在搭接网络计划中,相邻两项工作之间的搭接关系除了要满足时距要求之外,还有一段多余的空闲时间,称之为间隔时间,通常用 LAG_{ij} 表示。

由于各个工作之间的搭接关系不同,间隔时距 LAG_{ij} 必须根据相应的搭接关系和不同的时距来计算,如下所示。

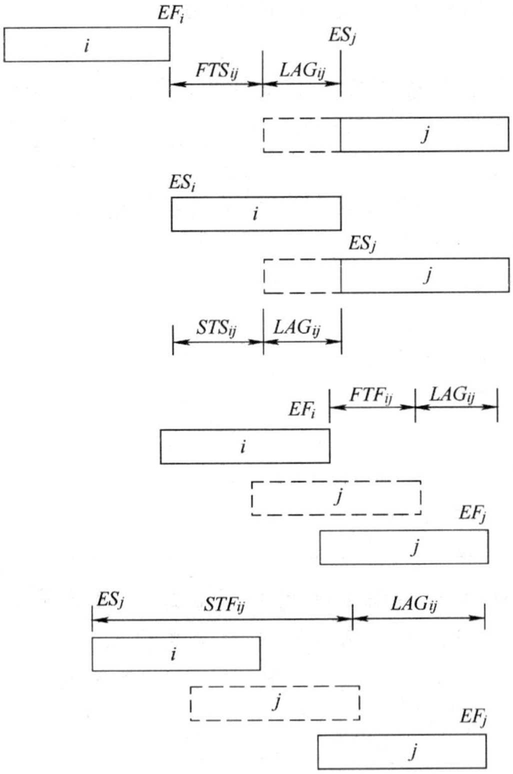

①与 FTS(结束到开始)关系:

$$LAG_{ij} = ES_j - (EF_i + FTS_{ij}) \tag{2.3.43}$$

②与 STS(开始到开始)关系：

$$LAG_{ij}=ES_j-(ES_i+STS_{ij}) \tag{2.3.44}$$

③与 FTF(结束到结束)关系：

$$LAG_{ij}=EF_j-(EF_i+FTF_{ij}) \tag{2.3.45}$$

④与 STF(开始到结束)关系：

$$LAG_{ij}=EF_j-(ES_i+STF_{ij}) \tag{2.3.46}$$

(5)混合搭接关系

当相邻两工序之间是由两种时距以上的关系连接时，则应分别计算出其 LAG_{ij}，然后取其中的最小值。

$$LAG_{ij}=\min\begin{cases}ES_j-EF_i-FTS_{ij}\\ES_j-EF_i-STS_{ij}\\ES_j-EF_i-STF_{ij}\\ES_j-EF_i-FTF_{ij}\end{cases} \tag{2.3.47}$$

在该例中，各工作之间的时间间隔 LAG_{ij} 为

$LAG_{GE}=35-34=1$

$LAG_{FE}=35-35=0$

$LAG_{DE}=35-22=13$

$LAG_{FG}=24-15-5=4$

$LAG_{DG}=24-0-3=21$

$LAG_{CG}=24-21-3=0$

$LAG_{BF}=35-10-25=0$

$LAG_{DF}=15-0-1=14$

$LAG_{AC}=21-0-6=15$

$LAG_{BC}=\min(21-10-5=6;27-25-2=0)=0$

$LAG_{AD}=22-10-5=7$

(6)计算工作时差

①工作总时差：

工作总时差即为最迟开始时间与最早开始时间之差，或最迟结束时间与最早结束时间之差。

②工作自由时差：

如果一项工作只有一项紧后工作，则该工作与紧后工作之间的 LAG_{ij} 即为该工作的自由时差；如果一项工作有多项紧后工作，则该工作的自由时差为其与紧后工作之间的 LAG_{ij} 的最小值。

该例中，工作 D 之后有三个 LAG_{ij}，则

$$FF_D=\min\begin{Bmatrix}LAG_{DG}=21\\LAG_{DF}=14\\LAG_{DE}=13\end{Bmatrix}$$

(7)判别关键线路

单代号搭接网络计划的关键线路为自起点节点到终点节点总时差为 0 的节点及其间的 LAG_{ij} 为 0 的通路连接起来形成的路线。该例中，关键线路为 S→A→B→F→E，如图 2.3.43 所示。

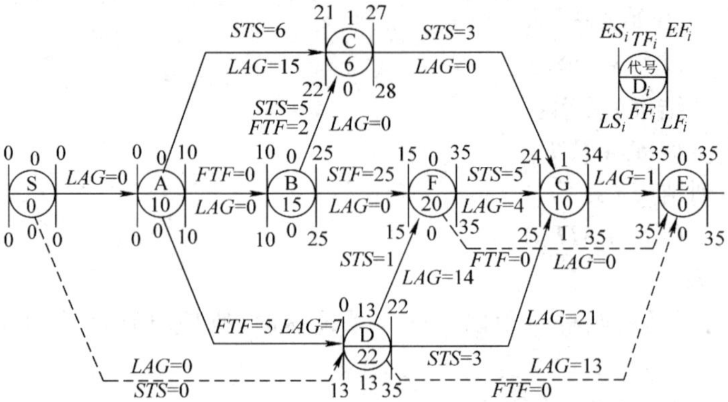

图 2.3.43　某工程搭接网络计划关键线路示意图

【例 11】 已知某工程搭接网络计划如图 2.3.44 所示，试计算其时间参数。

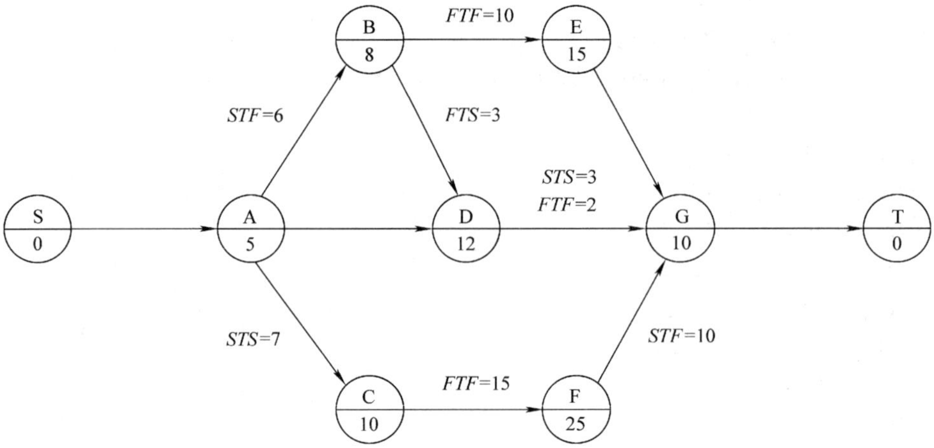

图 2.3.44　某工程搭接网络计划

解：计算结果见图 2.3.45。

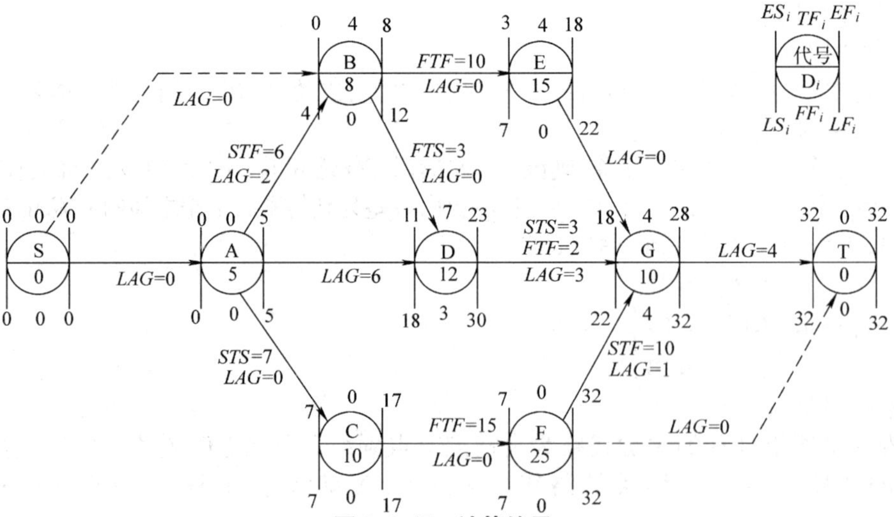

图 2.3.45　计算结果

阅读理解：阅读单代号搭接网络计划和单代号网络计划时间参数的计算，进行对比理解。

2.3.5 网络计划的优化

网络计划经绘制和计算后，可得出最初方案。网络计划的最初方案只是一种可行方案，不一定是合乎规定要求的方案或最优方案。为此，还必须进行网络计划的优化。

网络计划的优化，是在满足既定约束条件下，按某一目标，通过不断改进网络计划寻求满意方案。网络计划的优化目标应按计划任务的需要和条件选定，一般有工期目标、费用目标和资源目标等。网络计划优化的内容包括工期优化、费用优化和资源优化。

2.3.5.1 工期优化

扫一扫看课件

工期优化

扫一扫听微课

工期优化

1. 概念

工期优化是指在一定的约束条件下，以合同工期为目标，在计算工期的基础上通过延长或缩短计算工期，从而达到合同工期的要求。

提示：工期优化的目的是使网络计划满足要求工期，保证按期完成工程任务。工期优化是通过调整关键线路上关键工作的持续时间来满足工期要求的。

2. 压缩关键工作考虑的因素

压缩关键工作应考虑以下因素：

①压缩对质量、安全影响不大的工作。

②压缩有充足备用资源的工作。

③压缩增加费用最少的工作，即压缩直接费费率、赶工费费率或优选系数最小的工作。

3. 压缩方法

压缩的方法如下：

①当只有一条关键线路时，在其他情况均能保证的条件下，压缩直接费费率、赶工费费率或优选系数最小的关键工作。

②当有多条关键线路时，各条关键线路应同时压缩相同的数值，压缩直接费费率、赶工费费率或优选系数组合最小者。

注意：由于压缩过程中非关键线路可能转为关键线路，切忌压缩"一步到位"。

4. 举例

【例 12】 某施工网络计划在⑤节点之前已延迟 15 d，施工网络图如图 2.3.46 所示。为保证原工期，试进行工期优化（图中箭线上部的数字表示压缩一天增加的费率，单位为元/d；下部括弧外的数字表示工作正常作业时间；括弧内的数字表示工作极限作业时间）。

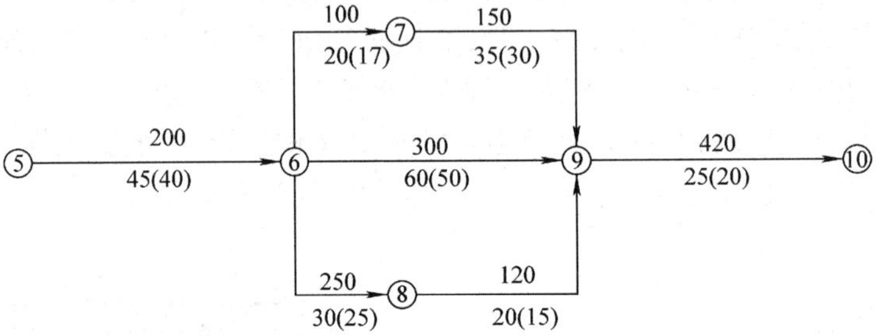

图 2.3.46 某施工网络计划

解：(1)找关键线路

在原正常持续时间状态下关键线路如图 2.3.47 双线所示。

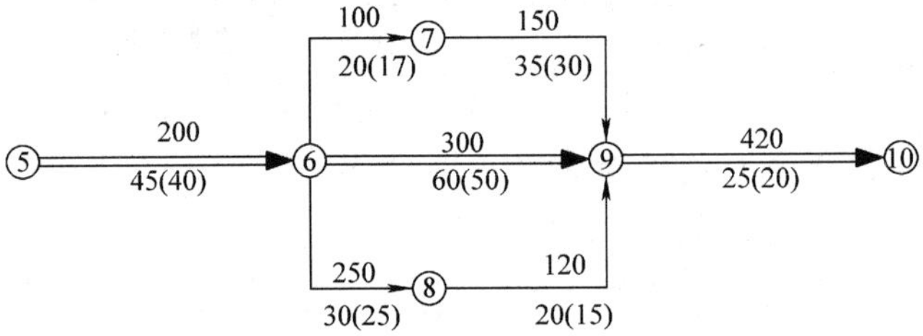

图 2.3.47 正常持续时间的网络计划

(2)压缩关键线路上关键工作持续时间

图 2.3.47 网络计划只有一条关键线路，应压缩直接费费率最小的工作。

第一次压缩：压缩⑤→⑥工作 5 d，由于考虑压缩的关键工作⑤→⑥、⑥→⑨、⑨→⑩直接费费率分别为 200 元/d、300 元/d、420 元/d，所以选择压缩⑤→⑥工作，直接费增加 200 × 5 = 1 000 元，得到如图 2.3.48 所示的新计划，有一条关键线路，工期仍拖延 10 d，故应进一步压缩。

第二次压缩：关键线路为⑤→⑥→⑨→⑩，由于⑤→⑥工作不能再压缩，只能选择压缩关键工作⑥→⑨工作或⑨→⑩工作。压缩⑥→⑨工作和⑨→⑩工作的直接费费率分别为 300 元/d、420 元/d，所以应压缩⑥→⑨工作 5 d，直接费增加 300 × 5 = 1 500 元。得到如图 2.3.49 所示的网络计划，有两条关键线路，此时工期仍拖延 5 d，故应进一步压缩。

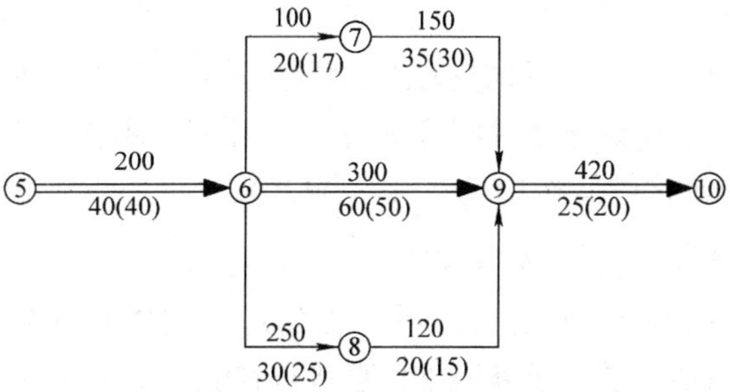

图 2.3.48　第一次压缩后的网络计划

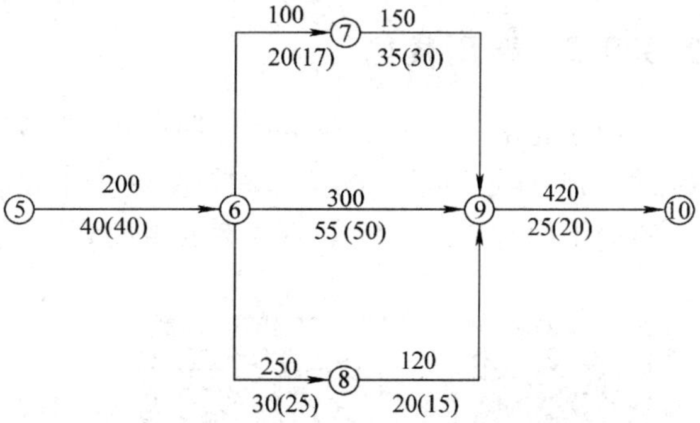

图 2.3.49　第二次压缩后的网络计划

第三次压缩：当第二次压缩后计划变成工⑤→⑥→⑦→⑨→⑩、⑤→⑥→⑨→⑩两条关键线路，应同时压缩组合直接费率最小的工作。所以，应在同时压缩⑥→⑦和⑥→⑨、同时压缩⑦→⑨和⑥→⑨与压缩⑨→⑩作三种方案中选择。上述三种方案压缩时组合直接费费率分别为 400 元/d、450 元/d 和 420 元/d，因而第三次压缩选择同时压缩⑥→⑦和⑥→⑨的工作 3 d，直接费增加 400 × 3 = 1 200元。如图 2.3.50 所示，网络计划仍有两条关键线路不变。工期仍拖延 2 d，需继续压缩。

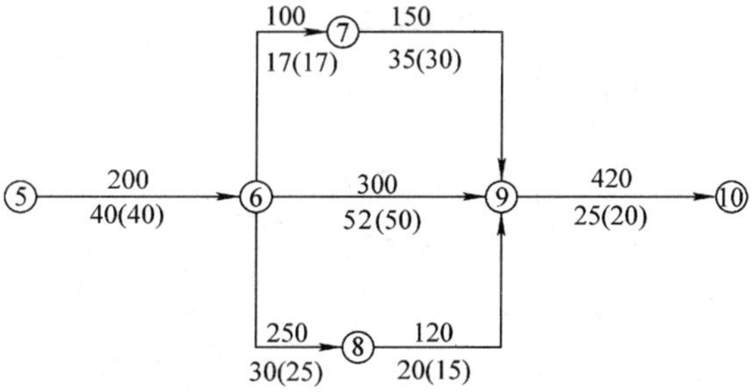

图 2.3.50　第三次压缩后的网络计划

第四次压缩：由于⑥→⑦工作不能再压缩，所以选择同时压缩⑦→⑨和⑥→⑨与仅压缩⑨→⑩两种情况。同时压缩⑦→⑨和⑥→⑨工作，直接费费率为 450 元/d，仅压缩⑨→⑩直接费费率为 420 元/d，所以选择压缩⑨→⑩工作 2 d，如图 2.3.51 所示，可以保证原工期，直接费增加 420 × 2 = 840 元。为保证原工期，共赶工 15 d，直接费共增加 4 540 元。

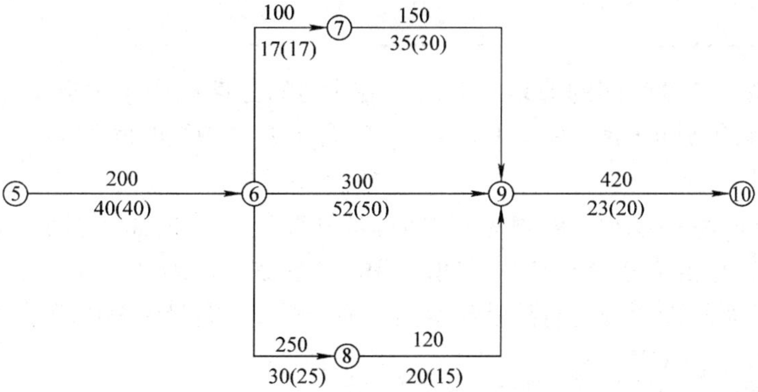

图 2.3.51　第四次压缩后的网络计划

2.3.5.2 费用优化

费用优化一般是指费用—工期优化。在网络计划中,工期与费用的均衡是一个重要的问题,如何使计划以较短的工期和较少的费用完成,就必须研究时间和费用的关系,以寻求与最低的费用相对应的最优工期方案或者按要求工期寻求最低费用的优化压缩方案。

扫一扫看课件 费用优化

扫一扫听微课 费用优化

1. 工程费用与时间的关系

1)工程费用与工期的关系　工程总费用由直接费和间接费组成。施工方案不同,直接费也就不同。如果施工方案一定,工期不同,直接费也不同。直接费会随着工期的缩短而增加,间接费一般随着工期的缩短而减少。

工程费用与工期的关系如图 2.3.52 所示。由图 2.3.52 可知:确定一个合理的工期,就能使总费用达到最小,这也是费用优化的目标。

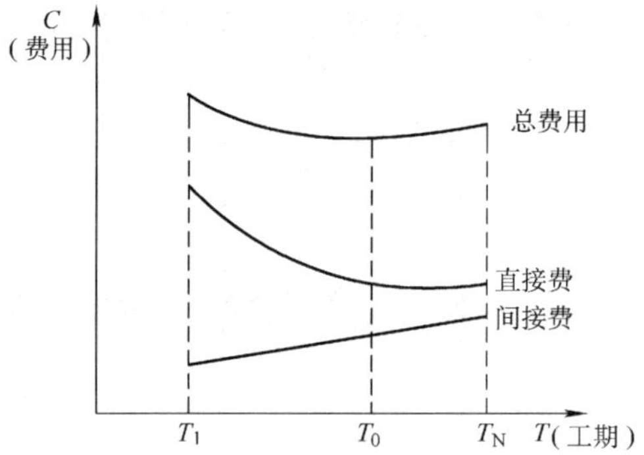

图 2.3.52　费用—工期曲线

T_1—最短工期;T_0—最优工期;

T_N—正常工期

提示:直接费由人工费、材料费、机械费、措施费等组成,间接费包括管理费等内容。

2)工作直接费与持续时间的关系　由于网络计划的工期取决于关键工作的持续时间,为了进行工期优化,必须分析网络计划中各项工作的直接费与持续时间的关系,它是网络计划工期成本优化的基础。

工作的直接费随着持续时间的缩短而增加,如图 2.3.53 中的曲线所示。

为简化计算,工作的直接费与持续时间之间的关系被近似地认为是一条直线。工作的持续时间每缩短单位时间而增加的直接费称为直接费用率,直接费用率可按下式计算:

$$\Delta C_{i-j} = \frac{CC_{i-j} - CN_{i-j}}{DN_{i-j} - DC_{i-j}} \tag{2.3.48}$$

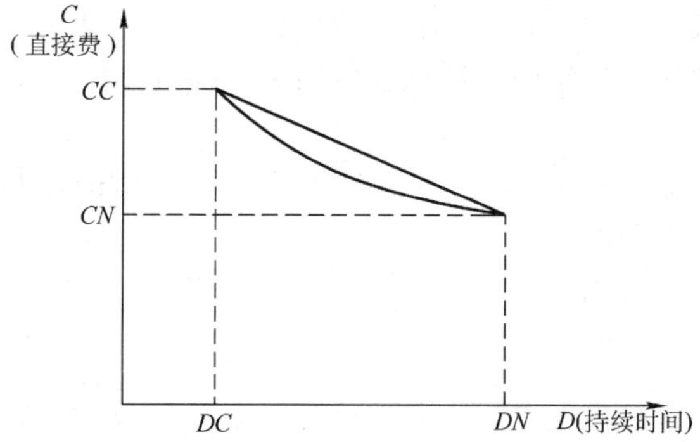

图 2.3.53　工作直接费与持续时间的关系曲线

式中：ΔC_{i-j}——工作 i—j 的直接费用率；

CC_{i-j}——按最短（极限）持续时间完成工作 i—j 时所需的直接费；

CN_{i-j}——按正常持续时间完成工作 i—j 时所需的直接费；

DN_{i-j}——工作 i—j 的正常持续时间；

DC_{i-j}——工作 i—j 的最短（极限）持续时间。

2. 费用优化方法

费用优化的基本思路：不断地在网络计划中找出直接费用率（或组合直接费用率）最小的关键工作，缩短其持续时间，同时考虑间接费用随工期缩短而减少的数值，最后求得工程总成本最低时的最优工期安排或按要求工期求得最低成本的计划安排。

按照上述基本思路，费用优化可按以下步骤进行。

①按工作的正常持续时间确定计算工期和关键线路。

②计算各项工作的直接费用率。

③当只有一条关键线路时，应找出组合直接费用率最小的一项关键工作，作为缩短持续时间的对象；当有多条关键线路时，应找出组合直接费用率最小的一组关键工作，作为缩短持续时间的对象。

④对于选定的压缩对象（一项关键工作或一组关键工作），首先要比较其直接费用率或组合直接费用率与工程间接费用率的大小，然后再进行压缩。压缩方法如下。

ⓐ如果被压缩对象的直接费用率或组合直接费用率大于工程间接费用率，说明压缩关键工作的持续时间会使工程总费用增加，此时应停止缩短关键工作的持续时间，在此之前的方案即为优化方案。

ⓑ如果被压缩对象的直接费用率或组合直接费用率等于工程间接费用率，说明压缩关键工作的持续时间不会使工程总费用增加，故应缩短关键工作的持续时间。

ⓒ如果被压缩对象的直接费用率或组合直接费用率小于工程间接费用率，说明压缩关键工作的持续时间会使工程总费用减少，故应缩短关键工作的持续时间。

⑤当需要缩短关键工作的持续时间时，其缩短值的确定必须符合下列两条原则。

ⓐ缩短后工作的持续时间不能小于其最短持续时间。

ⓑ缩短持续时间的工作不能变成非关键工作。

⑥计算关键工作持续时间缩短后相应的总费用。计算公式如下：

$$优化后工程总费用 = 初始网络计划的费用 + 直接费增加费 - 间接费减少费 \tag{2.3.49}$$

⑦重复上述步骤③～⑥，直至计算工期满足要求工期或被压缩对象的直接费用率或组合直接费用率大于工程间接费用率为止。

⑧计算优化后的工程总费用。

3. 优化举例

【例 13】 某网络计划，其各工作的持续时间如图 2.3.54 所示，直接费见表 2.3.16 所示。已知间接费费率为 120 元/d，试进行费用优化。

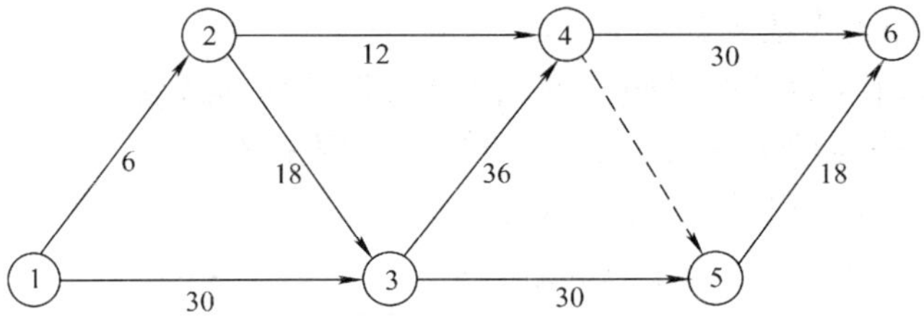

图 2.3.54　某施工网络计划

表 2.3.16　各工作持续时间及直接费用率

工作	正常时间		极限时间		直接费费率 ΔC_{i-j}
	时间(d)	费用(元)	时间(d)	费用(元)	
1—2	6	1 500	4	2 000	250
1—3	30	7 500	20	8 500	100
2—3	18	5 000	10	6 000	125
2—4	12	4 000	8	4 500	125
3—4	36	12 000	22	14 000	143
3—5	30	8 500	18	9 200	58
4—6	30	9 500	16	10 300	57
5—6	18	4 500	10	15 000	62

解：(1)按工作的正常持续时间确定计算工期和关键线路

计算工期和关键线路如图 2.3.55 所示。

计算工期 $T=96$ d，关键线路为①→③→④→⑥。此时初始网络计划的费用为 52 500 元，由各工作作业时间乘以其直接费费率加上初始工期乘以间接费费率得到。

(2)根据关键线路上各关键工作直接费费率压缩工期

由于①→③，③→④，④→⑥工作的直接费费率分别为 100 元/d、143 元/d 和 57 元/d，首先压缩关键工作④→⑥工作 12 d，压缩后的网络计划如图 2.3.56 所示。

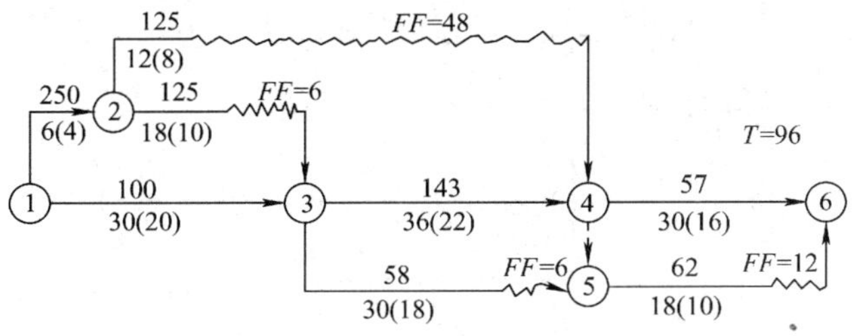

图 2.3.55　正常持续时间的网络计划

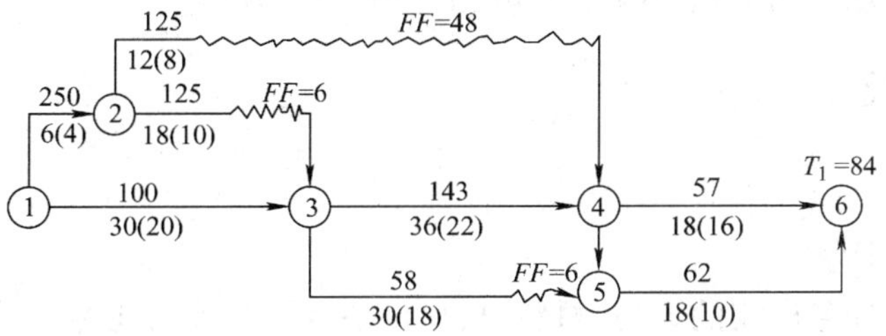

图 2.3.56　第一次压缩后的网络计划

这时网络有两条关键线路:①→③→④→⑥和①→③→④→⑤→⑥。

增加直接费用 57 ×12 =684 元。

(3)第二次压缩

选取压缩①→③工作、压缩③→④工作、同时压缩④→⑥和⑤→⑥三种情况,压缩这三种情况的直接费增加分别为 100 元/d、143 元/d、119 元/d。①→③工作直接费 100 元/d 相比最小,所以应压缩①→③工作 6 d,压缩后的网络计划如图 2.3.57 所示。增加直接费用 100 ×6 =600 元。

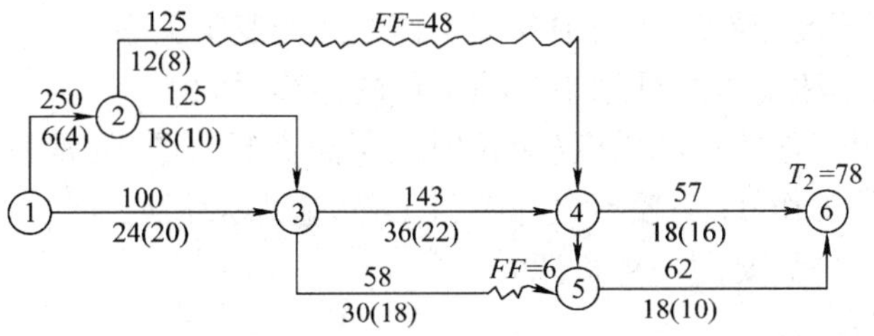

图 2.3.57　第二次压缩后的网络计划

(4)第三次压缩

由于有同时压缩①→③工作和①→②工作、同时压缩①→③工作和②→③工作、压缩③→④工作、同时压缩④→⑥工作和⑤→⑥工作四种情况,这四种情况的直接费费率分别为 350 元/d、225 元/d、143 元/d、119 元/d,四种情况直接费费率(或组合直接费费率)最小的是同时压缩④→⑥工作和⑤→⑥工作。因此,应选取同时压缩④→⑥工作和⑤→⑥工作 2 d,压缩后的网络计划如图 2.3.58 所示。增加直接费用 119 ×2 =238 元。

若再压缩,关键工作直接费费率(组合直接费费率)均大于间接费费率 120 元/d,因此当工期 T_3 为 76 时,费用最优。

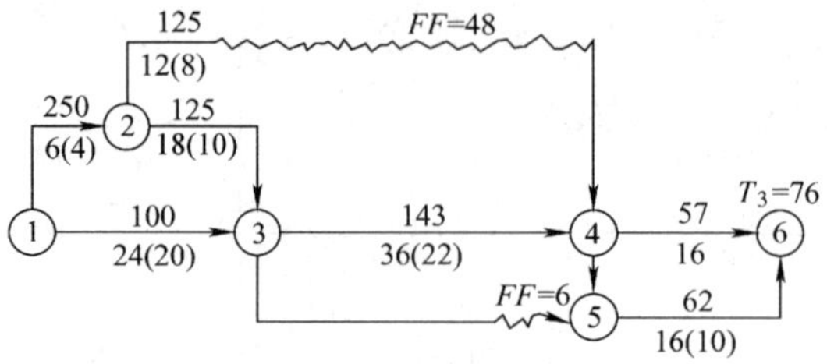

图 2.3.58　第三次压缩后的网络计划

最优费用为：64 020 + 684 + 600 + 238 − 120 × 20 = 63 142 元。

2.3.5.3　资源优化

1. 资源优化概述

(1)资源优化的概念

资源是指为完成任务所需的人力、材料、机械设备及资金等的通称。虽然说完成一项任务所需的资源量基本上是不变的，不可能通过资源的优化将其减少，但在许多情况下，由于受多种因素的制约，在一定时间内所能提供的各种资源量总是有一定限度的。即使资源能满足供应，有可能出现资源在一定时间内供应过分集中而造成现场拥挤，使管理工作变得复杂，而且还会增加二次搬用费和暂设工程量，造成工程的直接费用和间接费用的增加等不必要的经济损失。因此，就需要根据工期要求和资源的供需情况对网络计划进行调整，通过改变某些工作的开始和完成时间，使资源按时间的分布符合优化目标。

(2)资源优化的前提条件

资源优化的前提条件如下。

①在优化过程中，不改变网络计划中各项工作之间的逻辑关系。

②在优化过程中，不改变网络计划中各项工作的持续时间。

③网络计划中各项工作的资源强度(单位时间所需资源数量)为常数，而且是合理的。

④除规定可中断的工作外，一般不允许中断工作，应保持其连续性。为简化问题，这里假定网络计划中的所有工作需要同一种资源。

(3)资源优化的分类

在通常情况下，网络计划的资源优化分为两种，即"资源有限，工期最短"的优化和"工期固定，资源均衡"的优化。

提示："资源有限，工期最短"的优化是通过调整计划安排，在满足资源限制条件下，使工期延长最小的过程；而"工期固定，资源均衡"的优化是通过调整计划安排，在工期保持不变的条件下，使资源需用量尽可能均衡的过程。

2. "资源有限，工期最短"的优化步骤

"资源有限，工期最短"的优化一般可按以下步骤进行。

①按照各项工作的最早开始时间安排进度计划,并计算网络计划每个时间单位的资源需用量。

②从计划开始日期起,逐个检查每个时段(每个时间单位资源需用量相同的时间段)资源需用量是否超过所能供应的资源限量。如果在整个工期范围内每个时段的资源需用量均能满足资源限量的要求,则可行优化方案就编制完成;否则,必须转入下一步进行计划的调整。

③分析超过资源限量的时段。如果在该时段内有几项工作平行作业,则采取将一项工作安排在与之平行的另一项工作之后进行的方法,以降低该时段的资源需用量。对于两项平行作业的工作 m 和工作 n 来说,为了降低相应时段的资源需用量,现将工作 n 安排在工作 m 之后进行,如图 2.3.59 所示。

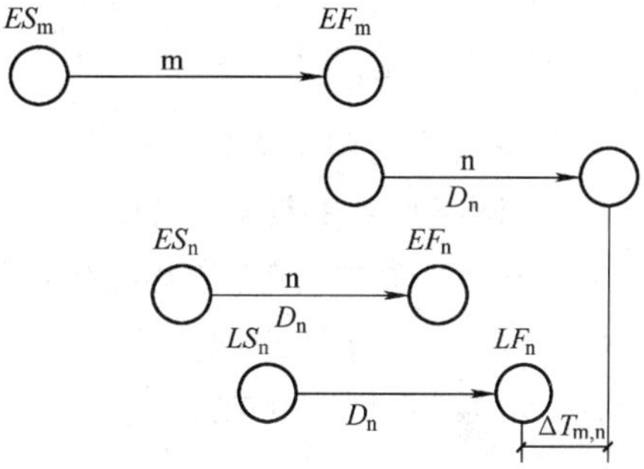

图 2.3.59　m、n 两项工作的排序

资源有限,工期最短

资源有限,工期最短

如果将工作 n 安排在工作 m 之后进行,网络计划的工期延长值为

$$\begin{aligned}\Delta T_{m,n} &= EF_m + D_n - LF_n \\ &= EF_m - (LF_n - D_n) \\ &= EF_m - LS_n \end{aligned} \tag{2.3.50}$$

式中:$\Delta T_{m,n}$——将工作 n 安排在工作 m 之后进行时网络计划的工期延长值;

EF_m——工作 m 的最早完成时间;

D_n——工作 n 的持续时间;

LF_n——工作 n 的最迟完成时间;

LS_n——工作 n 的最迟开始时间。

这样,在有资源冲突的时段中,对平行作业的工作进行两两排序,即可得出若干个 $\Delta T_{m,n}$,选择其中最小的 $\Delta T_{m,n}$,将相应的工作 n 安排在工作 m 之后进行,既可降低该时段的资源需用量,又使网络计划的工期延长最短。

④对调整后的网络计划安排重新计算每个时间单位的资源需用量。

⑤重复上述步骤②~④,直至网络计划整个工期范围内每个时间单位的资源需用量均满足资源限量为止。

3."工期固定,资源均衡"的优化

安排建设工程进度计划时,需要使资源需用量尽可能地均衡,使整个工程每单位时间的资

扫一扫看课件 扫一扫听微课

工期固定,资源均衡 工期固定,资源均衡

源需用量不出现过多的高峰或低谷,这样不仅有利于工程建设的组织与管理,而且可以降低工程费用。

“工期固定,资源均衡”的优化方法有多种,如方差值最小法、极差值最小法、削高峰法等。这里仅介绍方差值最小的优化方法。

(1)方差值最小法的基本原理

现假设已知某工程网络计划的资源需用量,则其方差为

$$\sigma^2 = \frac{1}{T}\sum_{t=1}^{T}(R_t - R_m)^2 \tag{2.3.51}$$

式中:σ^2——资源需用量方差;

T——网络计划的计算工期;

R_t——第 t 个时间单位的资源需用量;

R_m——资源需用量的平均值。

式(2.3.51)可以简化为下式。

$$\begin{aligned}\sigma^2 &= \frac{1}{T}\sum_{t=1}^{T}R_t^2 - \frac{2R\sum_{t=1}^{T}R_t}{T} + \frac{1}{T}\sum_{t=1}^{T}R_m^2 \\ &= \frac{1}{T}\sum_{t=1}^{T}R_t^2 - \frac{2RR_m}{T} + \frac{1}{T}TR_m^2 \\ &= \frac{1}{T}\sum_{t=1}^{T}R_t^2 - R_m^2 \end{aligned} \tag{2.3.52}$$

由式(2.3.52)可知,由于工期 T 和资源需用量的平均值 R_m 均为常数,为使方差 σ^2 最小,必须使资源需用量的平方和最小。

对于网络计划中某项工作 k 而言,其资源强度为 r_k。在调整计划前,工作 k 从第 i 个时间单位开始,到第 j 个时间单位完成,则此时网络计划资源需用量的平方和为

$$\sum_{t=1}^{T}R_{t1}^2 = R_1^2 + R_2^2 + \cdots + R_i^2 + R_{i+1}^2 + \cdots + R_j^2 + R_{j+1}^2 + \cdots + R_T^2 \tag{2.3.53}$$

若将工作 k 的开始时间右移一个时间单位,即工作 k 从第 $i+1$ 个时间单位开始,到第 $j+1$ 个时间单位完成,则此时网络计划资源需用量的平方和为

$$\sum_{t=1}^{T}R_{t1}^2 = R_1^2 + R_2^2 + \cdots + (R_i - r_k)^2 + R_{i+1}^2 + \cdots + R_j^2 + (R_{j+1} + r_k)^2 + \cdots + R_T^2 \tag{2.3.54}$$

比较式(2.3.54)和式(2.3.53)可以得到,当工作 k 的开始时间右移一个时间单位时,网络计划资源需用量平方和的增量

$$\Delta = (R_i - r_k)^2 - R_i^2 + (R_{j+1} + r_k)^2 - R_{j+1}^2$$

即

$$\Delta = 2r_k(R_{j+1} + r_k - R_i) \tag{2.3.55}$$

如果资源需用量平方和的增量Δ为负值,说明工作k的开始时间右移一个时间单位能使资源需用量的平方和减小,也就使资源需用量的方差减小,从而使资源需用量更均衡。

因此,工作k的开始时间能够右移的判别式为

$$\Delta = 2r_k(R_{j+1} + r_k - R_i) \leqslant 0 \tag{2.3.56}$$

由于工作k的资源强度r_k不可能为负值,故判别式(2.3.56)可以简化为

$$R_{j+1} + r_k - R_i \leqslant 0$$

即

$$R_{j+1} + r_k \leqslant R_i \tag{2.3.57}$$

判别式(2.3.57)表明,当网络计划中工作k完成时间之后的一个时间单位所对应的资源需用量R_{j+1}与工作k的资源强度r_k之和不超过工作k开始时所对应的资源需用量R_i时,将工作k右移一个时间单位能使资源需用量更加均衡。这时,就应将工作k右移一个时间单位。同理,如果下述判别式成立,说明将工作k左移一个时间单位能使资源需用量更加均衡。这时,就应将工作k左移一个时间单位:

$$R_{i-1} + r_k \leqslant R_j \tag{2.3.58}$$

如果工作k不满足判别式(2.3.57)或判别式(2.3.58),说明工作k右移或左移一个时间单位不能使资源需用量更加均衡,这时可以考虑在其总时差允许的范围内,将工作k右移或左移数个时间单位。向右移时,判别式为

$$[(R_{j+1} + r_k) + (R_{j+2} + r_k) + (R_{j+3} + r_k)] + \cdots \leqslant [R_i + R_{i+1} + R_{i+2} + \cdots] \tag{2.3.59}$$

向左移时,判别式为

$$[(R_{i-1} + r_k) + (R_{i-2} + r_k) + (R_{i-3} + r_k) + \cdots] \leqslant [R_j + R_{j-1} + R_{j-2} + \cdots] \tag{2.3.60}$$

(2)优化步骤

按方差值最小的优化原理,“工期固定,资源均衡”的优化一般可按以下步骤进行。

①按照各项工作的最早开始时间安排进度计划,并计算网络计划每个时间单位的资源需用量。

②从网络计划的终点节点开始,按工作完成节点编号值从大到小的顺序依次进行调整。当某一节点同时作为多项工作的完成节点时,应先调整开始时间较迟的工作。

在调整工作时,一项工作能够右移或左移的条件是:工作具有机动时间,在不影响工期的前提下能够右移或左移;工作满足式(2.3.57)或式(2.3.58),或者满足式(2.3.59)或式(2.3.60)。

只有同时满足以上两个条件,才能调整该工作,将其右移或左移至相应位置。当所有工作均按上述顺序自右向左调整了一次之后,为使资源需用量更加均衡,再按上述顺序自右向左进行多次调整,直至所有工作既不能右移也不能左移为止。

阅读理解:对比阅读工期优化、费用优化和资源优化,理解三种优化方法的特点。

已知某项目工作关系如表2.3.17所示，T_r = 15周，根据实际情况各工作缩短的优先顺序为B→F→A→G→E→D。试绘制其双代号网络计划并进行优化。

表2.3.17　某项目工作逻辑关系

工作	A	B	C	D	E	F	G
紧后工作	D	E、F	G	—	—	G	—
持续时间(d)	10(8)	9(5)	7(7)	6(5)	3(2)	5(4)	5(3)

注：持续时间中，括号外面为工作正常持续时间，括号内为极限持续时间。

2.3.6　施工进度计划编制

2.3.6.1　施工进度计划作用及分类

建筑工程施工进度计划是建筑工程施工组织设计的重要组成部分，它是按照组织施工的基本原则，在确定了施工方案的基础上，根据施工过程的合理施工顺序及组织施工的要求，用图表（横道图、斜道图、网络图或时标网络图）的形式表达出来，在时间和空间上做出安排，达到能以最少的人力、物力和财力，在合同规定的工期内保质保量地完成施工任务的目的。

1.施工进度计划的作用

建筑工程施工进度计划的作用表现在以下几方面。

①是施工中各项工作在时间上的反映，是指导施工活动、保证施工顺利进行的重要文件之一，是控制工程施工进程和工程竣工工期等各项建筑工程施工活动的重要依据。

②确定建筑工程各个工序的施工顺序及需要的施工持续时间。

③组织协调各个工序之间的衔接、穿插、平行搭接、协作配合等关系。

④指导现场施工安排，控制施工进度和确保施工任务的完成。

⑤为制订各项资源需用量计划及编制施工准备工作计划提供依据。

⑥是施工单位或项目部编制月、季、旬计划的基础。

⑦反映了土建工程与安装、装修工程等单位工程间的配合关系。

因此，工程施工进度计划的编制有助于施工企业领导抓住关键，统筹全局，合理布置人力、物力、财力，正确地指导施工生产顺利进行；有利于施工人员明确工作任务和责任，更好地发挥创造精神；有利于各专业之间的及时配合、协调组织施工。若工程为新建工程，其施工进度计划应在规定的工期控制范围内编制，若为改造项目时，应在合同规定的工期内进行编制，以保证工程在进度计划范围内组织完施工。

2.施工进度计划的分类

根据进度计划的表达形式，可以分为横道（斜道）计划、网络计划和时标网络计划。其形式可参见“学习情境 2 任务 3 中的 2.3.1.3 流水施工表现形式、2.3.2.2 双代号网络图的绘制、2.3.2.4 双代号时标网络图的绘制和 2.3.3.1 单代号网络计划绘制”的内容。

提示：横道图计划形象直观，能直观反映工作的开始和结束日期，能按天统计资源消耗，但不能抓住工作间的主次关系，并且逻辑关系不够明确。网络计划能够反映各工作间的逻辑关系，有利于重点控制，但工作的开始与结束时间不够直观，也不能按天统计资源。时标网络计划结合了横道计划和普通网络计划的优点，是实践中应用较普遍的一种进度计划表达形式。

根据其对施工指导作用的不同或根据施工项目划分的粗细程度，可分为控制性施工进度计划和实施性施工进度计划两类。

①控制性施工进度计划是以工程作为施工项目划分对象，控制各分部工程的施工时间及它们之间的相互配合、搭接关系的一种进度计划。它主要适用于结构较复杂、规模较大、工期较长、需跨年度施工的工程；同时还适用于虽然工程规模不大、结构不复杂，但各种资源（劳动力、材料、机械）还没有落实，或者由于工程设计的部位、材料等可能发生变化以及其他各种情况。所以控制性施工计划一般在工程的施工工期较长、结构比较复杂、资源供应暂无法全部落实的情况下采用，或者在工程的工作内容可能发生变化、某些构件（结构）的施工方法暂时不能全部确定的情况下采用。这时不可能也没有必要编制较详细的施工进度计划，往往编制以分部工程项目为划分对象的施工进度计划，以便控制各分部工程的施工进度。但在进行分部工程施工前应按分项工程编制详细的施工进度计划，以便具体指导分部工程的现场施工。

②实施性施工进度计划是控制性施工进度计划的补充，是各分部工程施工时施工顺序和施工时间的具体依据。该类施工进度计划的项目划分详细，各分项工程彼此间的衔接关系必须明确。它的编制可与编制控制性进度计划同时进行，有的可缓些时候，等条件成熟时再编制。对于比较简单的单位工程，一般可以直接编制出单位工程施工进度计划。

以上两种计划形式是相互联系、互为依据的。在实践中可以结合具体情况来编制。若工程规模大，而且复杂，可以先编制控制性计划，接着针对每个分部工程编制详细的实施性计划。

2.3.6.2　施工进度计划编制的依据和程序

1. 施工进度计划编制的依据

建筑工程施工进度计划主要根据以下资料进行编制。

①施工组织设计中有关对该工程的内容要求。

②经过审批的建筑总平面图、地形图、单位工程施工图、设备图、适用的标准图及技术资料。

③建筑工程施工合同规定的开、竣工日期，即规定日期。

④施工准备工作的要求、施工现场的条件以及分包单位的情况。

⑤主要分部分项工程的施工方案。

⑥劳动定额、机械台班定额及本企业施工水平。

⑦工程承包合同及业主的合理要求。

⑧其他有关资料，例如当地的气象资料等。

2. 施工进度计划编制的程序

单位工程施工组织设计的编制程序，是指对其各组成部分形成的先后次序及相互之间的制约关系的处理。单位建筑工程施工进度计划的编制程序如图 2.3.60 所示，从该图中可以进一步了解单位工程施工组织的内容。

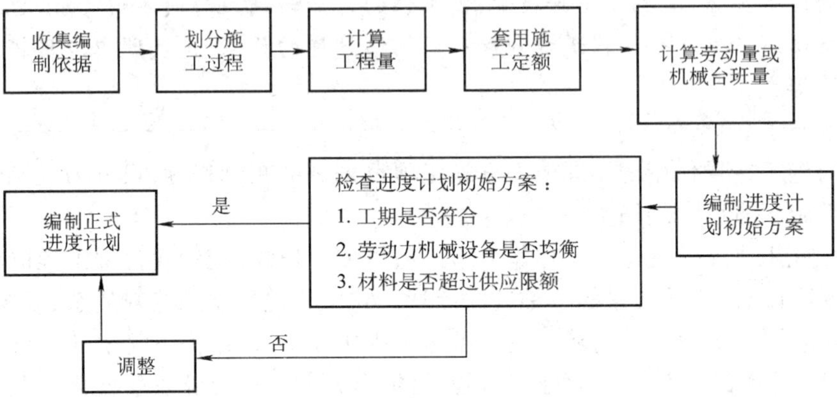

图 2.3.60　单位建筑工程施工进度计划的编制程序

2.3.6.3　施工进度计划表示方法

施工进度计划一般用图表来表示，图表的形式有两种，分别是横道图（又叫水平图表）或斜道图（又叫垂直图表）、网络图或时标网络图。

2.3.6.4　施工进度计划编制步骤

单位工程施工进度计划编制程序

单位工程施工进度计划编制程序

根据工程施工进度计划的编制程序，施工进度计划编制的内容和步骤分述如下。

1. 熟悉并审查施工图纸，研究相关资料并调查施工条件

施工单位（承包商）项目部技术负责人在收到施工图及取得有关资料后，应组织工程技术人员及有关施工人员全面地熟悉和详细审查图纸，并组织建设、监理、施工、设计等单位有关工程技术人员进行会审，由设计单位技术人员进行技术交底，在弄清设计意图的基础上，研究有关技术资料，同时进行施工现场的勘察，调查施工条件，为编制施工进度计划做好准备工作。

2. 施工项目的划分

施工项目是包括一定工作内容的施工过程，是施工进度计划的基本组成单元。在编制施工进度计划时，首先应根据图纸和施工顺序将拟建单位工程的各个施工过程列出，并结合施工方法、施工条件、劳动力组织等因素加以适当调整，使之成为编制施工进度计划所需的施工项目。项目划分的一般方法如下。

1）明确施工项目的划分　应根据施工图纸、施工方案和施工方法，确定拟建工程可划分

成哪些分部分项工程，明确其划分的范围内容。应将一个比较完善的工艺过程划分成一个施工过程，如油漆工程、吊顶工程、墙面装饰工程等。

2）掌握施工项目划分的粗细　施工项目划分的粗细程度应根据进度计划的需要来决定。一般对于控制性施工进度计划，其施工项目划分可以粗一些，通常只列出施工阶段及各施工阶段的分部工程名称，如群体工程进度计划的项目可划分到单位工程，单位工程进度计划的项目应明确到分项工程或工序；对于指导性施工进度计划，其施工项目的划分可细一些，特别是其中主导工程和主要分部工程，应尽量做到详细、具体、不漏项，以便于掌握施工进度，起到指导施工的作用。

3）划分施工过程要考虑施工方案和施工机械的要求　由于建筑工程施工方案的不同，施工过程的名称、数量、内容也不相同，而且也影响施工顺序的安排。

编制施工进度计划时，应按照所选的施工方案确定施工顺序，将分部工程或施工过程（分项工程）逐项填入施工进度表的分部分项工程名称栏中，其项目包括从准备工作起到交付使用时止的所有土建施工内容。

注意：为了使计划简明清晰、突出重点，一些次要的施工过程应合并到主要的施工过程中去，如门窗施工可以合并到墙面装饰工程中；而对于在同一时间内由同一施工班组施工的过程也可以合并，如门窗油漆、家具油漆、墙面油漆等均可并为一项。在计算劳动量时，给予适当的考虑即可。水、电、暖及设备一般另做一份相应专业的单位工程施工进度计划，在土建单位工程进度计划中只列分部工程总称，不列详细施工过程名称。

4）水、暖、电、卫和设备安装等专业工程的划分　水、暖、电、卫和设备安装等专业工程不必细分具体内容，由各个专业施工队自行编制计划并负责组织施工，而在建筑装饰装修工程施工进度计划中只要反映出这些工程与装饰装修工程的配合关系即可。

提示：多层建筑的内、外抹灰应分别根据情况列出施工项目，内外有别，分合结合。外墙抹灰工程可能有若干种装饰抹灰的做法，但一般情况下可合并为一项，如有石材干挂等装饰可分别列项；室内的各种抹灰，一般来说，要分别列项，如楼地面（包括踢脚线）抹灰、天棚及地面抹灰、楼梯间及踏步抹灰等，以便组织安排指导施工开展的先后顺序。

5）区分直接施工与间接施工　直接在拟建工程的工作面上施工的项目，经过适当合并后均应列出。不在现场施工而在拟建工程工作面之外完成的项目，如各种构件在场外预制及其运输过程，一般可不必列项，只要在使用前运入施工现场即可。

3. 确定施工顺序

在合理划分施工项目后，还需确定各分部分项工程施工项目的施工顺序，主要考虑施工工艺的要求、施工组织的安排、施工工期的规定以及气候条件的影响和施工安全技术的要求，使工程施工在理想的工期内质量达到要求标准。

1）施工工艺的要求　各种施工过程在客观上存在着工艺顺序关系，这种关系是在技术规范约束下的各划分项目之间的先后顺序，只有充分尊重这种关系，才能保证工程质量和安全。

2）施工组织的要求　根据施工组织的要求来考虑各项目之间的相互关系，这种关系是可变的，也可进行优化，以提高经济效益。

3）施工方案和施工机械的要求　建筑工程施工方案和施工机械的不同，不仅影响施工过程的名称、数量和内容，而且影响施工内容的安排。

4）施工工期的要求　进行合理地安排施工顺序将带来理想的施工工期。

5）施工质量的要求　不同的施工顺序对施工质量的影响不同，因此，确定施工顺序时要充分考虑，保证施工质量。

6）气候条件的影响　不同的地理环境和气候条件对施工顺序和施工质量有不同影响，如北方地区主要考虑冬季寒冷气候对施工的影响，而南方地区施工时主要考虑雨季影响。

7）安全技术的要求　合理的施工顺序将保证施工过程的安全搭接。

4. 计算工程量

工程量的计算应根据有关资料、图纸、计算规定及相应的施工方法进行，如编制计划时已经有预算文件，则可以直接利用预算文件中的有关工程量数据。计算工程量应注意如下问题。

①各分部分项工程量的计量单位应与现行建筑工程预算定额（定额计价法）或清单计价规则（清单计价法）的计量单位一致，以便计算劳动量和机械台班量时直接套用定额。

②工程量计算应结合选定的施工方法和安全技术要求，使计算所得工程量与施工情况相符合。

③结合施工组织的要求，分区、分段、分层计算工程量，以便组织流水作业层，每段上的工程量相等或相差不大时，可根据工程量总数分别除以层数、段数，可得每层、每段上的工程量。因为进度计划中的工程量仅是用来计算各种资源需用量，不作为计算工资或工程结算的依据，故不必进行精确计算。

④正确取用预算文件中的工程量。若已编制预算文件，则施工进度计划中的施工项目大多可直接采用预算文件中的工程量，可按施工过程的划分情况将预算文件中有关项目的工程量汇总。如“墙面工程”一项的工程量，可先分析它包括哪些内容，再把这些内容从预算的工程量中查出并汇总求得。如有些施工项目与预算文件中的项目不完全相同或局部有出入（计算规则、计量单位、采用定额不同），则应根据施工中的实际情况加以调整、修改或重新进行计算。

5. 施工定额的套用

施工定额一般有两种形式，即时间定额和产量定额。时间定额是指某种专业、某种技术等级的工人在合理的技术组织条件下，完成单位合格产品所必需的工作时间。它是以劳动工日数为单位，便于综合计算，故在劳动量统计中用得比较普遍。产量定额是指在合理的技术组织条件下，某种专业、某种技术等级的工人在单位时间内所完成的合格产品的数量。它以产品数量来表示，具有形象化的特点，故在分配任务时用得比较普遍。时间定额和产量定额互为倒数关系，即

$$H_i = 1/S_i \text{ 或 } S_i = 1/H_i \qquad (2.3.61)$$

式中：S_i——某施工过程采用的产量定额（m^3/工日、m^2/工日、m/工日、kg/工日）；

H_i——某施工过程采用的时间定额（工日/m^3、工日/m^2、工日/m、工日/kg）。

套用国家或当地颁发的定额，必须结合本单位工人的技术等级、实际施工技术操作水平、施工机械情况和施工现场条件等因素，确定完成定额的实际水平，使计算出来的劳动量、台班量符合实际需要，为准确编制施工进度计划打下基础。有些采用新技术、新工艺、新材料或特殊施工方法的项目，定额中尚未编入，可以参考类似项目的定额、经验材料，按实际情况确定。

6. 计算劳动量与机械台班量

根据各分部分项工程的工程量、施工方法和有关主管部门颁发的定额，并参照装饰施工单位的实际情况，计算各施工项目所需的劳动量和机械台班量。一般应按下式计算：

$$P_i = Q_i/S_i \text{ 或 } P_i = Q_i H_i \tag{2.3.62}$$

式中：P_i——完成某施工过程所需要的劳动量（工日）或机械台班量（台班）；

Q_i——某施工过程的工程量（m, m^2, m^3, t）。

【例 14】 已知某楼层进行花岗岩石材板楼地面铺设，其工程量为 556.5 m^2，时间定额为 63.24 工日/100 m^2，计算完成楼地面工程所需劳动量。

解： 按式（2.3.62）有

$$P_i = Q_i H_i = 556.5 \times 0.632\,4 = 352\text{（工日）}$$

若产量定额为 1.58 m^2/工日，则完成楼地面铺花岗岩石材工程所需劳动量按式（2.3.62）计算为

$$P_i = Q_i/S_i = 556.5/1.58 = 352\text{（工日）}$$

工日量计算出来后，往往出现小数位，取数时可以取为整数。若遇到施工进度计划所列项目与施工定额所列不一致，可进行如下处理：当施工项目有两个或两个以上的施工过程或内容合并组成时，其总劳动量可按下式进行计算：

$$P_{总} = \sum P_i = P_1 + P_2 + P_3 + \cdots + P_N \tag{2.3.63}$$

【例 15】 某细部工程，其门套制作、油漆两个施工过程的工程量都是 217.5 m^2。其时间定额分别为 0.12 工日/m^2 和 0.3 工日/m^2，试计算完成该细部工程所需总劳动量。

解：

$$P_{木} = 217.5 \times 0.12 = 26.1\text{（工日）}$$

$$P_{油} = 217.5 \times 0.3 = 65.25\text{（工日）}$$

$$P_{总} = P_{木} + P_{油} = 26.1 + 65.25 = 91.35\text{（工日）}$$

在计算劳动量与机械台班量时，应考虑下述情况。

①当合并的施工过程由同一工种的施工过程或内容组成，但是施工做法、材料等不相同时，可按下式求其加权平均定额来确定劳动量或机械台班量。

$$\begin{aligned}\bar{S}_i &= \sum Q_i \div \sum P_i = (Q_1 + Q_2 + \cdots + Q_n) \div (P_1 + P_2 + \cdots + P_n) \\ &= Q_1 H_1 + Q_2 H_2 + \cdots + Q_n H_n\end{aligned} \tag{2.3.64}$$

式中：$\bar{S}_i$——某施工项目的加权平均产量定额（m^3/工日、m^2/工日、m/工日、kg/工日）；

$\sum Q_i$——施工过程总的工程量（计量单位要统一）（$m、m^2、m^3、t$）；

$\sum P_i$——完成施工过程所需的总劳动量(工日)或机械台班量(台班);

$Q_1,Q_2,\cdots,Q_n$——同一工种但施工做法不同的各个施工过程的工程量(m、m^2、m^3、t);

$S_1,S_2,\cdots,S_n$——与 $Q_1,Q_2,\cdots,Q_n$ 相对应的产量定额(m^3/工日、m^2/工日、m/工日、kg/工日)。

【例16】 某住宅楼,其外墙装饰分别为挂贴蘑菇石、干挂花岗岩两种施工做法,其工程量分别为1 120 m^2 和7 828 m^2,所采用的时间定额分别是1.29 工日/m^2、0.862 工日/m^2,试计算其加权平均产量定额。

解:根据式(2.3.64)有

$$\overline{S}=(1\ 120+7\ 828)\div(1\ 120\times1.29+7\ 828\times0.862)$$
$$=8\ 948\div(1\ 444.8+6\ 747.736)=1.1(m^2/\text{工日})$$

②对于施工定额手册中没有列入的项目,如采用新工艺、新材料、新技术或特殊施工方法的施工过程,可参考类似项目或实测进行确定。

③对于水、电、暖、卫等设备安装工程,一般不需要计算劳动量和机械台班量,只考虑其与装饰装修工程进度上的配合。

④对于"其他工程"项目所需劳动量,可根据其内容和数量并结合施工现场的具体情况,以占劳动量的百分比(一般为10% ~20%)计算。

实习实作:某办公楼外墙装饰分别为白色水刷石、浅绿色马赛克、彩色干粘石三种施工做法。三种做法每层工程量分别为:白色水刷石 $Q_1=48\ m^2$,浅绿色马赛克 $Q_2=85\ m^2$,$Q_3=124\ m^2$。查定额,其产量定额分别为:$S_1=3.6\ m^2$/工日,$S_2=2.5\ m^2$/工日,$S_3=4.3\ m^2$/工日。试计算其加权平均产量定额。

7.确定各施工过程的持续时间

计算各施工过程的持续时间的方法有三种,分别是经验估计法、定额计算法和倒排计划法。

(1)经验估计法

在施工过程中,当遇到新技术、新材料、新工艺等无定额可循的工种时,可采用经验估计法。即根据过去的施工经验并按照实际的施工条件来估计项目的施工持续时间。在经验估计法中,为了提高其准确程度,往往采用"三时估计法",分别是完成该项目的最乐观时间、最悲观时间和最可能时间三种施工时间,然后利用三种时间,根据下式计算出该施工过程的工作持续时间。

$$m=(a+4c+b)/6 \qquad (2.3.65)$$

式中:m——该项目的施工持续时间;

a——工作的乐观(最短)持续时间估计值;

b——工作的悲观(最长)持续时间估计值;

c——工作的最可能持续时间估计值。

(2)定额计算法

这种方法是根据施工需要的劳动量或机械台班量以及配备的劳动人数来确定其工作的持续时间。其计算公式如下：

$$t=\frac{Q}{RSN}=\frac{P}{RN} \tag{2.3.66}$$

式中：t——某施工过程施工持续时间(小时、日、周等)；

Q——某施工过程的工程量(m、m^2、m^3 等)；

P——某施工过程所需的劳动量(工日)或机械台班量(台班)；

R——某施工过程所配的劳动人数(人)或机械数量(台)；

S——产量定额(m^3/工日、m^2/工日、m/工日、kg/工日)；

N——每天采用的工作班制。

在应用上述公式时必须确定施工班组的人数、机械台班数和工作班制。

提示：确定施工班组人数时需考虑最小劳动力组合人数、最小工作面和可能安排的工人人数等因素，以达到最高的劳动生产率。与施工班组人数确定情况相似，在确定机械台数时，也应考虑机械生产率、施工工作面、可能安排台数及维修保养时间等因素。一般情况下，当工期允许、劳动力和机械周转使用不紧张、施工工艺无连续要求时，可采用一班制施工。当工期较紧或为了提高施工机械的周转，或工艺上要求连续施工时，某些施工过程可考虑采用两班制或三班制进行施工。

【例17】　某建筑物地下土石方工程，劳动量需850个工日，采用一班制施工，每班出勤人数为15人，试求施工持续时间。

解：按式(2.3.66)有

$$t=\frac{P}{RN}=\frac{850}{15\times 1}=57(\mathrm{d})$$

(3)倒排计划法

此方式是根据规定的工程总工期及施工方式、施工经验，先确定各分部分项工程的施工持续时间，再按各分部分项工程所需的劳动量或机械台班量，计算出每个施工过程的施工班组所需的工人人数或机械台班数。其计算公式如下：

$$R=\frac{P}{Nt} \tag{2.3.67}$$

式中：R——某施工过程所配备的劳动人数(人)或机械数量(台)；

P——某施工过程所需要的劳动量(工日)或机械台班量(台班)；

t——某施工过程持续时间(小时、日、周等)；

N——每天采用的工作班制。

提示：一般情况下，计算时按一班制考虑。如果计算出的每天所需的施工人数、机械台数超过了本单位的现有数量或不能满足每小时工作的要求，则应根据具体情况（施工现场条件、工作面的大小、最小劳动力组合等）在技术和组织上采用积极主动的措施，如组织平行立体交叉施工，某些施工过程采用多班制施工。如工期太紧，施工时间不能延长，也可考虑多班组、多班制施工。在施工进度计划的执行过程中，当进度与计划发生偏差时，对施工过程应不断地进行计划→执行→检查→调整→重新计划，真正达到指导施工的目的，增加计划的实用性。

【例18】 某单位工程的基础工程，需要总劳动量358个工日，则当工期为22 d时，求所需工人的人数。

解：按式(2.3.67)有

$$R=\frac{P}{Nt}=358/22\approx17(\text{人})$$

本例中施工人数为17人，这些劳动人数、工作面是否满足要求，都需要经过分析研究后确定。现在实际采用的劳动量为22×17=374个工日，比计划劳动量多16个工日，相差不大。

8.施工进度计划初步方案的编制

在上述各项内容完成以后，可以进行施工进度计划初步方案的编制。在考虑各施工过程合理施工顺序的前提下，先安排主导施工过程的施工进度，并尽可能组织流水施工，力求主要工种的施工班组连续施工，其余施工过程尽可能配合主导施工过程，使各施工过程在工艺和工作面允许的条件下，最大限度地合理搭配、配合、穿插、平行施工。如装饰工程中的U形轻钢龙骨吊顶工程，一般由固定吊挂件、安装调整龙骨、安放面板、饰面处理等施工过程组成，其中安装调整龙骨是主导施工过程。在安排施工进度计划时，应先考虑安装调整龙骨的施工进度，而固定吊挂件、安放面板、饰面处理等施工过程的进度均应在保证安装调整龙骨施工进度和连续性的前提下进行安排。

9.检查和调整施工进度计划

在编制施工进度计划的初始方案后，还需根据合同规定、经济效益及施工条件等对施工进度计划进行检查、调整和优化。首先检查工期是否符合要求，资源供应是否均衡，工作队是否连续作业，施工顺序是否合理，各施工过程的搭接以及技术间歇是否符合实际情况；然后进行调整，直至满足要求；最后编制正式施工进度计划。

1)施工工期的检查与调整　施工进度计划安排的施工工期，首先应满足施工合同的要求，其次应具有较好的经济效果，即安排工期要合理，并非越短越好。当工期不符合要求时应进行必要的调整。

2)施工顺序的检查与调整　施工进度计划安排的顺序应符合建筑装饰装修工程施工的客观规律，应从技术、工艺、组织等方面检查各个施工过程的安排是否合理，如有不当之处，应予修改或调整。

3)资源均衡性的检查与调整　施工进度计划的劳动力、机械、材料等的供应与使用,应避免过分集中,尽量做到均衡。这里主要讨论劳动力消耗的均衡问题。劳动力消耗的均衡与否,可以通过劳动力消耗动态图来分析。如图2.3.61(a)中出现短时间高峰,即短时间施工人数剧增,相应需增加各项临时设施为工人服务,说明劳动力消耗不均衡。图2.3.61(b)中出现劳动力长时间的低陷,如果工人不调出,将发生窝工现象;如果工人调出,则临时设施不能充分利用,同样也属于劳动力消耗不均匀。图2.3.61(c)中出现短时期的低陷,即使是很大的低陷,也是允许的,只需把少数工人的工作重新安排一下,窝工情况就能消除。

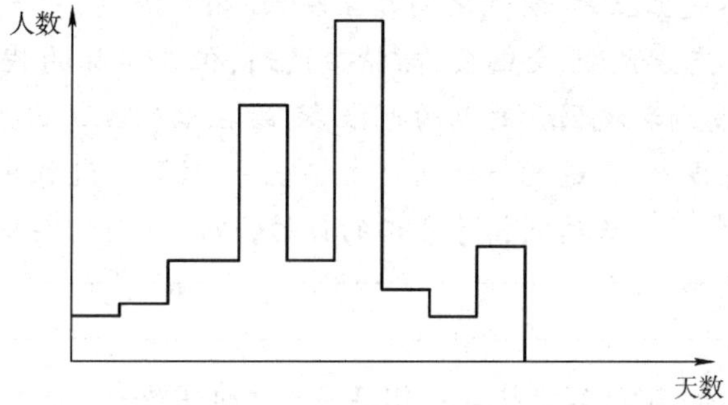

(a)

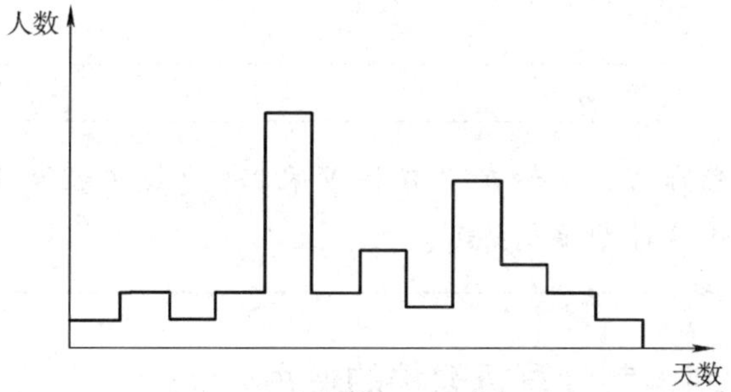

(b)

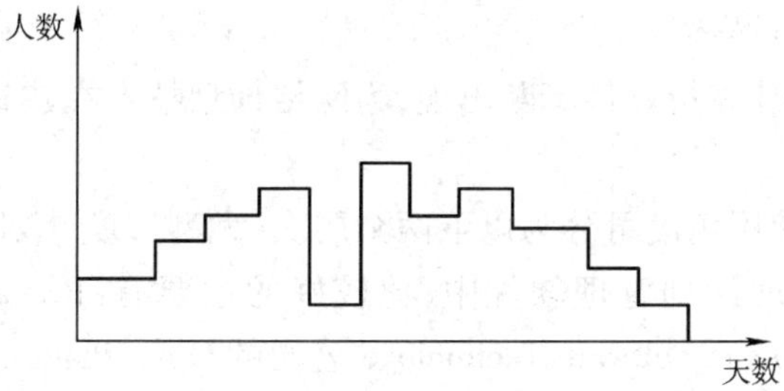

(c)

图2.3.61　劳动力消耗动态图

(a)短时期高峰　(b)长时期低陷　(c)短时期低陷

劳动力消耗的均衡性可以用均衡系数来表示:

$$K = R_{max}/R \tag{2.3.68}$$

式中：K——劳动力均衡系数；

R_{max}——施工期间工人的最大需用量；

R——施工期间工人的平均需用量，即为总工期所需人数除以施工总工日数。

劳动力均衡系数一般应控制在 2 以下，超过 2 则不正常。K 愈接近 1，说明劳动力安排愈合理。如果出现劳动力不均衡现象，可通过调整次要施工过程的施工人数、施工过程的起止时间以及重新安排搭接等方法来实现均衡。

注意：建筑工程是一个很复杂的过程，会受到各种条件和因素的影响，每个施工过程的安排都不是孤立的，它们之间相互联系、相互依赖、相互影响。在编制施工进度计划时，虽然周密考虑、充分预测、全面安排、精心计划，但在实际的装饰装修工程施工中受到客观条件的影响较大，受到环境因素的制约也很多，故在编制施工进度计划时应留有余地。在施工进度计划的执行过程中，当进度与计划发生偏差时，对施工过程应不断地进行计划→执行→检查→调整→重新计划，真正达到指导施工的目的，增加计划的实用性。

阅读理解：阅读《建筑工程施工组织实务》中的实务一，分析其施工组织进度计划的编制。

实习实作：由教师给出工程项目资料或依据《建筑工程施工组织实务》中的实务一，学生进行进度计划编制练习。

2.3.6.5 施工进度计划编制计算机软件的使用

1. 网络计划计算机应用现状

近十几年来，网络计划计算机软件不断出现，为网络计划技术在建筑施工中的应用开辟了广阔的前景。

进度计划管理软件从使用角度可分为以下两个层次：大型进度计划管理软件和中、小型进度计划管理软件。大型进度计划管理软件中，比较好的主要有：Primavera 公司的 Primavera Project Planner（即 P3），Welcom Software Technologe 公司的 Open Plan，Computer Aided Management 公司的 PARISS Enterprise，Applied Business Technologe 公司的 Project Workbench。大型进度计划管理软件之间的区别主要在于它们的容量和使用的网络协调多个项目的能力不同。

施工场地布置软件操作1
（操作流程介绍）

施工场地布置软件操作1
（操作流程介绍）

施工场地布置软件操作2
（地形地貌、建筑外围、交通枢纽）

施工场地布置软件操作2
（地形地貌、建筑外围、交通枢纽）

施工场地布置软件操作3
（拟建建筑、塔吊）

施工场地布置软件操作3
（拟建建筑、塔吊）

施工场地布置软件操作4
（堆场、加工棚、施工机械）

施工场地布置软件操作4
（堆场、加工棚、施工机械）

施工场地布置软件操作5
（生活区－活动板房、停车坪）

施工场地布置软件操作5
（生活区－活动板房、停车坪）

施工场地布置软件操作6
（安全体验区、水电等）

施工场地布置软件操作6
（安全体验区、水电等）

中、小型进度计划管理软件目前常用的种类很多，主要有：Microsoft 公司的 Project 4/98/2000/2003，Primavera 公司的 Primavera Sure Trak Project Planner，Scitor 公司的 Project Scheduler，Symantec 公司的 Time Line，Computer Associates 公司的 CA Super Project，Leach Management Systems 公司的 CS Project，Asta Development Corporation Limited 公司的 ASTA Power Project。我国国内开发的进度计划管理软件基本属于该层次。市场上能够看到的国内软件主要有：西安智通软件公司开发的智通软件，北京梦龙科技开发公司的智能化项目管理软件 PEPT，大连同洲电脑有限公司的 Tz Project，清华大学和同济大学等开发的进度计划管理软件。国内软件的共同特点是结合我国的实际情况，使用中文界面，有些软件提供单代号、双代号网络图的转换，一般均可输出国内比较通行的双代号网络图。

国内外各类网络计划管理软件功能各异，但总体性能上有如下特点。

①都包括了进度计划时间参数计算和关键线路分析，以及资源均衡和优化等基本内容。

②具有图像屏幕显示、编辑、修改和输出功能，图形的显示和输出大致有5类：横道图、网络图（可带时标）、资源直方图、曲线和其他图形。

③具有网络结构的自我生成功能，它可使上机的数据输入大大简化，实现数据共享。例如，自动识别工程设计的CAD工程图，从中提取网络计划所需的数据，自动生成网络计划等。

④具有网络的更新记录功能，帮助网络计划查询、比较、调整和更新。

⑤普遍采用屏幕菜单和窗口技术，给用户带来很大方便。

此外，有些软件还具备费用和进度综合管理功能，开发了决策网络、随机网络、搭接网络等新型网络技术。

2. 网络计划软件的主要功能

网络计划技术在我国各行各业有着广泛运用，为了适应不同领域、不同层次、不同目标、不同对象的用户需要，立足于技术先进性、操作简单化，网络计划软件应覆盖面广、功能完善、使用方便，同时结合我国的现行管理体系，推动施工管理水平向更高阶段发展。

为此，网络计划软件系统应具备下列功能。

①原始数据的输入和校验。

②检查工作的逻辑关系，确定工作节点位置号。

③编辑网络计划，包括多阶网络、协调总网络与子网络之间的关系。

④网络计划时间参数的计算，关键线路的判别。

⑤日历时间的转换。

⑥网络计划的优化，主要有工期优化、时间优化和资源优化。

⑦工程实际进度的统计分析。

⑧实际进度与计划的动态比较。

⑨工程进度变化趋势预测。

⑩资源调配和平衡，提供资源动态曲线。

⑪提供具有时间坐标的网络图和相应的横道图计划。

⑫各种图形和表格编辑、检索、统计、修改、输出等功能。

上述功能随着网络计划技术的发展和我国施工管理水平的提高，还有待进一步拓展。

3. 施工组织设计计算机应用的发展趋势

目前网络计划计算机的应用方兴未艾，在国内外正形成一个热门领域。新一代的网络进度计划管理软件正朝着以下方面发展。

①依托专家系统、人工智能、仿真和计算机辅助设计等现代化技术，实现由CAD系统设计结果自动生成施工网络计划，并实施项目进度管理的智能化。

②综合运用项目投资、进度、质量、合同等管理手段，将它们相互沟通，进行综合管理，整体协调，从单项管理职能逐步向项目管理综合信息系统方向发展。

③推广应用新一代网络和群体网络的计算机软件，适应不同领域、不同层次的管理要求，延展深度，拓宽广度，无论对宏观控制还是微观协调，都能运用自如。

④由于实际施工生产过程中的变化及不可预见性等因素，网络计划工具要适应及时调整、

修改的需要，与实际情况达到最大限度结合。

⑤重视更高更强的用户化要求：一是简便性，要求操作简单，易学易懂；二是连接性，即网络计划软件与其他软件之间有适当的接口，可进行数据传输。

⑥完善软件功能与实际管理手段的统一性。对同一问题，现有软件的处理方式与管理者要求不尽相同，实用性较差。新一代软件要考虑现有的运行体制，适应当代技术和管理水平的发展，其功能应是各级管理者所期望，并能确实付诸实施的。

⑦向工程设计和施工全过程拓展。向工程设计和施工全过程拓展，是要实现设计和施工CAD系统的集成化。集成化的要领最初提出于机械CAD，主要是指：CAD + MIS（Management Information System，管理信息系统）；CAPP（Computer Aided Process Planning，计算机辅助工艺）+ MIS；CAM（Computer Aided Manufacturing，计算机辅助制造）+ MIS。这就是CIMS（Computer Integrated Manufacturing System，计算机集成制造系统），其功能包括市场预测、产品设计、加工制造、生产管理等机械设计、制造全过程。CIMS思想应用到土木工程领域，就是要实现建设规划、设计、施工以及维护管理等的有机组织，这也就是人们常说的计算机辅助工程（Computer Aided Engineering，CAE）。

4. 智通软件施工组织设计集成系统介绍

（1）软件概况

施工平面图布置绘制软件是西安智通软件公司自主开发的矢量图绘制软件，采用先进高效的图形引擎、美观友好的用户界面、简单便捷的操作方式，降低操作人员对电脑知识的要求，快速、美观出图，符合绘制施工平面布置图的特点和要求，是在准备时间短而对文档要求极高的投标和高水平施工组织设计中施工平面图设计的理想工具。软件主要特点如下。

1）丰富便捷的属性设置　每个对象都可以定义属性，且软件为对象提供了丰富的属性设置，包括文本、线条、填充、阴影以及其他属性。

2）通用的操作方式　每个对象都可以进行移动、编辑、复制、粘贴、缩放、组合等操作，而且软件也提供对对象操作的撤销与恢复。

3）便捷的新建功能　软件提供了齐全的工具条，有直线、箭线等标准操作，还提供了直线字线、圆弧字线、多线、边缘线、标注、塔吊、斜文本等专业的新建对象操作。

4）不失真的无级缩放　矢量图的最大优点就是图形的无级缩放，图形的自由放大、缩小可以保证图形的质量。

5）简单易用的图层　任何对象都是绘制在图层上的，可以将已绘制好的对象置于合适的图层，并根据需要设置它们的状态为隐藏、可编辑、只显示等。这对于绘制复杂的平面图来说是很实用的功能。

6）Visio样式的图库操作　软件采用Visio样式的图库，通过鼠标拖曳进行使用与维护，大大提高了图库元素的使用效率以及图库维护的便捷。软件提供了建筑企业使用的图元库（根据国家规范），有地形地貌、动力设施、堆场、交通设施、控制点、施工机械以及其他。使用它们可以大大减少工作量。

7)方便的调整与打印功能　使用平面图绘制系统的意义:智通平面图绘制系统是计算机信息技术应用于工程实践的成果,作为先进生产力的标志,软件技术代替手工劳动和有规律性的脑力劳动已是社会发展的趋势。在各行业软件日渐深入应用的情况下,标书制作系统软件可以简化或替代大量的文档编辑、整理等手工劳动,从而彻底地改变了行业传统的工作方式。

(2)基本知识

a. 系统环境

◎首先,检查您的主机:至少应该是 586 机型,VGA 显示器,Microsoft 兼容鼠标,32 MB 内存,8 倍速光驱以上,“标书制作系统”的最小化安装需要硬盘 80 MB 空间。若要打印标书,需配打印机。

◎“智通平面图制作系统”能运行在简体中文版的 Windows 95/98/NT/2000/ME 以及 Windows XP 等多种操作系统环境中,同时插件需要安装 Office 97 以上版本。不能运行在 Dos/Windows 3. x 环境下。检查 Windows 系统是否符合要求。

b. 快速安装

◎进入 Windows 系统后,将“智通施工组织设计制作系统”安装光盘放入光驱,“智通施工组织设计制作系统”的安装程序会自动运行。

◎点击“智通施工组织设计制作系统”进入软件的安装界面,根据安装程序的提示逐步完成“智通施工组织设计制作系统”的安装过程。

◎安装完毕后,将“智通施工组织设计制作系统”安装盘妥善放好,以备后用。“智通施工组织设计制作系统”本身的运行不需要安装盘。

c. 启动“智通施工组织设计制作系统”

◎双击桌面上“平面图制作系统[Ver 5. 0]”图标,这样,程序便开始启动并运行了。

◎点击“开始/程序/智通软件”的程序组,选择“平面图制作系统[Ver 5. 0]”, 这 样,程序便像双击了桌面上“平面图制作系统[Ver 5. 0]”图标一样开始启动运行。

(3)窗口介绍

1)程序窗口　如图 2. 3. 62 所示。

图形元件区:显示系统所自带的图形元件。

用户作业区:时时显示用户画图所看到的效果,所见即所得。

元件属性区:用户可以对所选用的图形元件进行属性的设置。

2)程序窗口介绍　启动“智通平面图制作系统”后,进入系统程序窗口,程序窗口由下列内容组成:标题栏、菜单栏、工具栏、元件区、属性栏。

①标题栏。标题栏位于窗口的最顶端,用于显示软件名称及版本、当前管理工程名称等信息,如图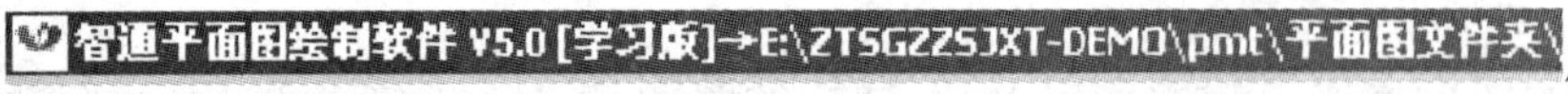

所示。在标题栏的右端分别设有[最小化]、[还原]、[最大化]、[关闭]等命令按钮。用鼠标右键点击标题栏或用鼠标左键点击标题栏左侧,控制菜单图标会弹出一个下拉菜单,其内容包括[最小化]、[还原]、[最大化]、[关闭]等命令,与标题栏右端的按钮相对应。

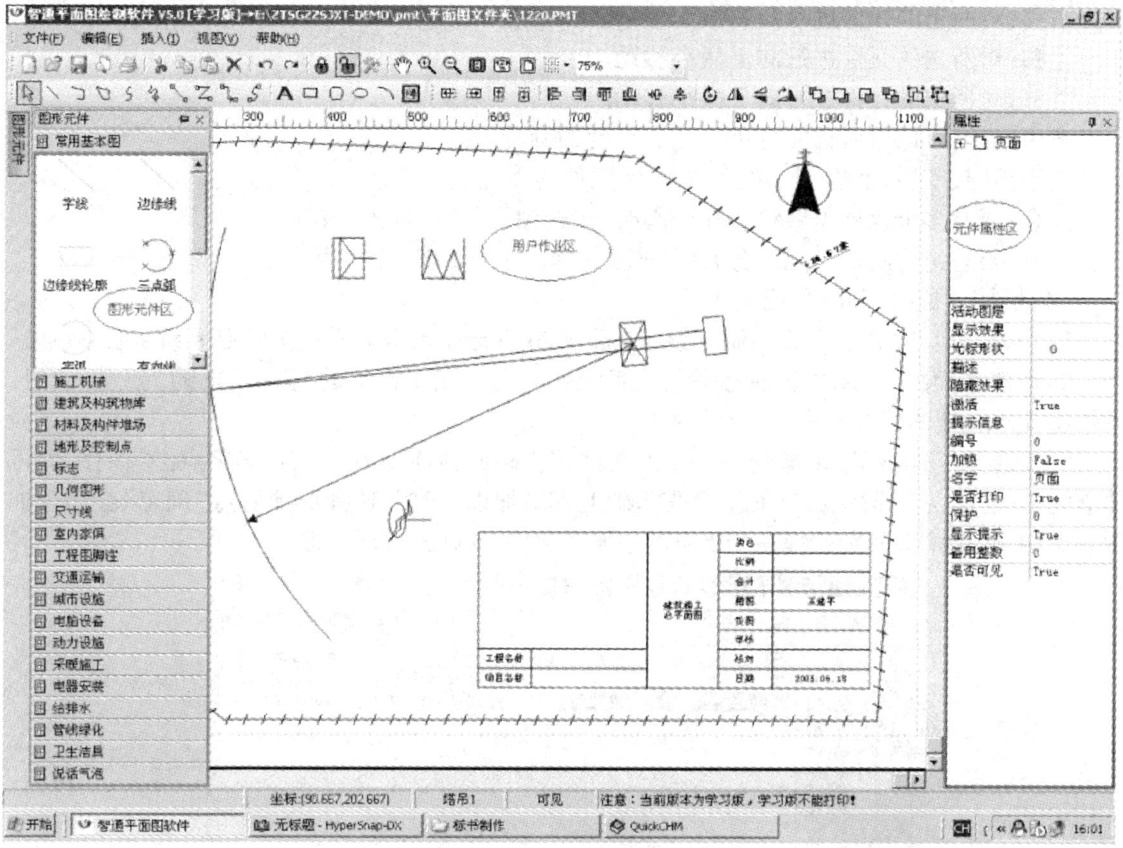

图 2.3.62　程序窗口

②菜单栏。菜单是可供使用者选择命令的项目表，菜单栏位于标题栏的下面，只有系统程序窗口才有。使用者通过不同的菜单命令，进行软件的各项操作。菜单栏上的菜单称为主菜单，由下列项目构成：文件（F）、编辑（E）、插入（I）、视图（V）、帮助（H）。菜单名下方都可拉出一个下拉菜单（未被激活前处于关闭状态），这些命令称为菜单命令，用这些命令可以完成各种操作。

③工具栏。工具栏位于菜单栏的下面，是由一些图标按钮组织在一起的，每个按钮与一项常用功能相对应。在软件中称之为系统快捷按钮，如图 2.3.63 所示。

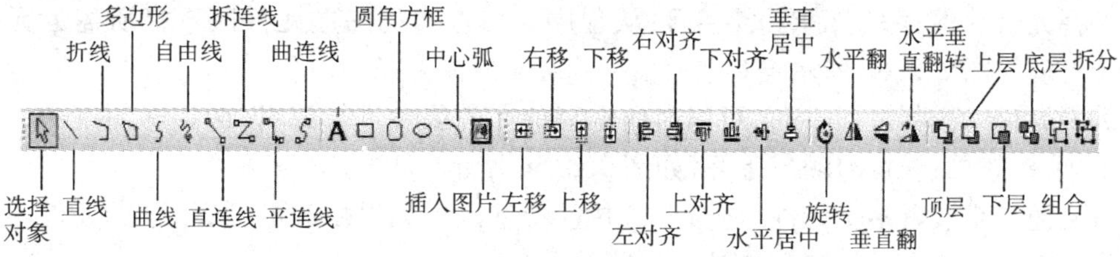

图 2.3.63　系统快捷按钮

把光标放到相应的位置，系统会自动弹出几个按钮的命令。常用的命令如下。

左移：对所选的元件进行向左微小移动。

右移:对所选的元件进行向右微小移动。

上移:对所选的元件进行向上微小移动。

下移:对所选的元件进行向下微小移动。

自由旋转:可以对所选元件进行任意角度的旋转。

置于顶层、底层、上层、下层:可以设置元件的重叠显示位置。

组合:当有多个元件需要组合在一起时,先选中元件,再点该按钮即可。

拆分:当有组合的多个元件分开时,先选中元件,再点该按钮即可。

(4)操作方法(以新建平面图为例)

1)登录　启动“智通平面图制作系统”后,本软件会弹出智通平面图绘制系统界面。

2)新建平面图　启动“智通标书制作系统”后,点击菜单栏上的“文件”下的“新建”按钮,系统将提示新建的标书名称。

可以选择“新建平面图”建立一个空的文件,点“确定”后输入标书文件名字点击“保存”即可建立完毕;也可以选择在“已有的平面图基础上重新加以修改”,选择此项后点“确定”会出现如图 2. 3. 64 所示窗口,可能选择一个已有的平面图文件,再点击“打开”即可。

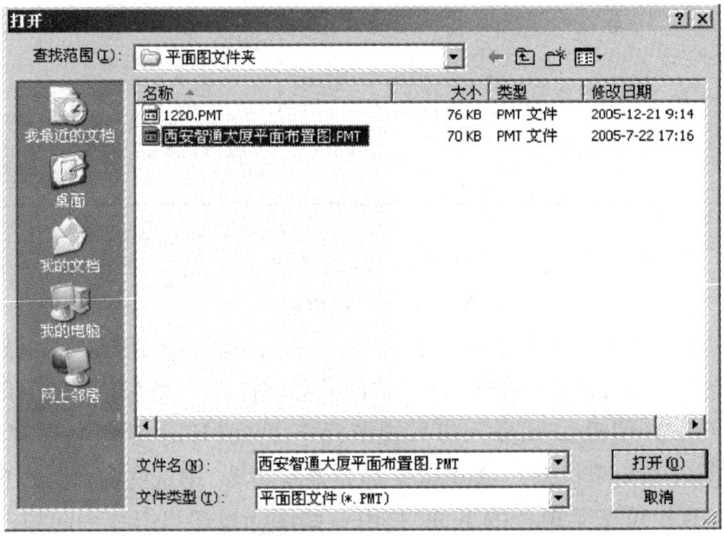

图 2. 3. 64　选择已有的平面图

3)选择元件　保存好平面图名字后,从程序窗口左边的图形元件区选择所需的元件,系统会自动出现如图 2. 3. 65 所示窗口。

4)编辑元件　选择好元件后,可以对所选择的元件属性进行编辑,例如透明度的处理、放大与缩小、重叠效果、线宽与颜色等等,如图 2. 3. 66 所示。

当需要把一个或者多个元件组合起来,并且希望以后如果修改的话,组合的元件不动,可以对这些元件进行组合并加锁,如图 2. 3. 67 所示。

在有些工程中,用到的图形可能会存在这样的情况,就是会有一定的偏斜,这时候就需要偏转,可以选择  按钮,对元件进行 360°的偏转。当需要微调时,软件里提供了左、右、上、下

移动功能，如图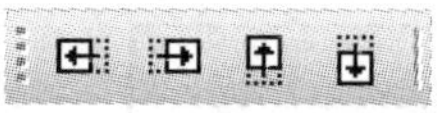。另外，软件还提供了无限次的撤销与恢复功能，软件元件里提供了水电、线段长度标注线等，在此不再一一介绍。

此时，如果整个平面图的元件已编辑完，还要对图形元件加以说明，并且对该工程进行一定的备注，可以从图形元件区里选择“工程图脚注”，里面提供了多种式样，可从其中选择一个，如图 2.3.68 所示。

平面布置图做完后，可以直接打印，还可以保存为图片形式等多种输出方式，以满足不同用户的需求。

活动建议：在机房准备好相关教学资源，通过同步教学，使学生边学边做，边做边学。

实习实作：学生进行施工组织进度计划编制相关软件的使用练习。

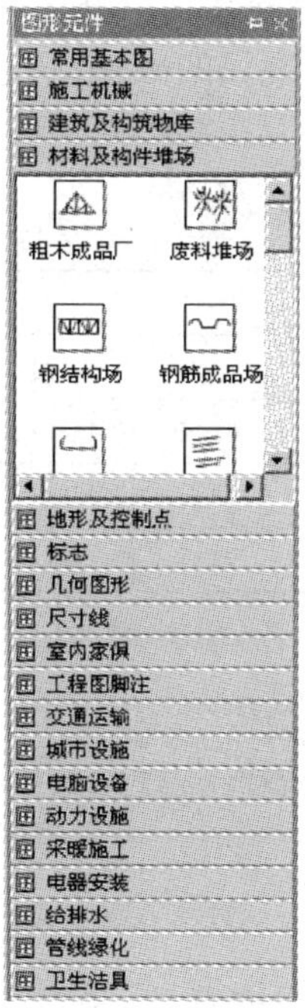

图 2.3.65　选择元件

图 2.3.66　编辑元件属性

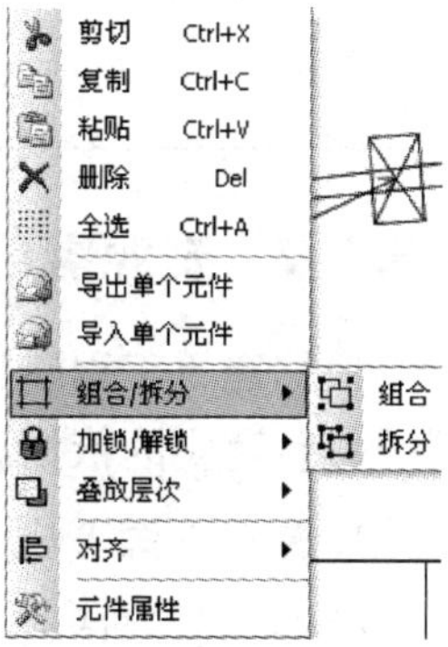

图 2.3.67　组合元件

<table>
<tr><td colspan="2" rowspan="6">图例区</td><td rowspan="8">建筑施工
总平面图</td><td>类总</td><td></td></tr>
<tr><td>比例</td><td>1:100</td></tr>
<tr><td>合计</td><td></td></tr>
<tr><td>画图</td><td>王建平</td></tr>
<tr><td>签图</td><td></td></tr>
<tr><td>审核</td><td></td></tr>
<tr><td>工程名称</td><td>西安智通大厦项目部</td><td>核对</td><td></td></tr>
<tr><td>项目名称</td><td>西安智通大厦项目部</td><td>日期</td><td>2005-06-18</td></tr>
</table>

图 2.3.68 工程图脚注

2.3.7 施工进度计划的支持性计划的编制

2.3.7.1 施工准备工作计划编制

施工准备是完成单位工程任务的重要环节，也是单位工程施工组织设计的一项重要内容。施工准备在开工前为开工创造条件，开工后为作业创造条件，贯穿于整个施工过程。施工准备工作计划的主要内容有：调查研究与收集资料、技术资料的准备、施工现场的准备、劳动力及物资的准备、冬雨季施工准备等。具体内容见学习情境 1 任务 3。

建筑工程施工准备工作计划的表格形式如表 2.3.18 所示。

表 2.3.18 施工准备工作计划表

<table>
<tr><td rowspan="3">序 号</td><td rowspan="3">施工准备工作项目</td><td colspan="2">工程量</td><td colspan="12">进度</td></tr>
<tr><td rowspan="2">单位</td><td rowspan="2">数量</td><td colspan="7">××月</td><td colspan="5">××月</td></tr>
<tr><td>1</td><td>2</td><td>3</td><td>4</td><td>5</td><td></td><td>1</td><td>2</td><td>3</td><td>4</td><td>5</td><td></td></tr>
<tr><td></td><td></td><td></td><td></td><td></td><td></td><td></td><td></td><td></td><td rowspan="2">…</td><td></td><td></td><td></td><td></td><td></td><td rowspan="2">…</td></tr>
<tr><td></td><td></td><td></td><td></td><td></td><td></td><td></td><td></td><td></td><td></td><td></td><td></td><td></td><td></td></tr>
</table>

2.3.7.2 资源需用量计划编制

根据建筑工程施工进度计划编制的各种资源需用量计划，是事先做好各种资源的供应、调度、平衡、落实的依据。它主要包括以下几方面。

1. *劳动力需用计划*

劳动力需用计划是劳动力平衡、调配和劳动力耗用量指标确定的依据，它是根据施工预算、劳动定额和进度计划编制的。其编制方法是将施工进度计划表上每天各项目的需用量累加。劳动力需用计划的表格形式如表 2.3.19 和表 2.3.20 所示。

表 2.3.19 劳动力需用量计划表

<table>
<tr><td rowspan="2">序号</td><td rowspan="2">项目名称</td><td rowspan="2">工作量</td><td rowspan="2">用工量</td><td rowspan="2">安排人数</td><td colspan="12">月份</td></tr>
<tr><td>1</td><td>2</td><td>3</td><td>4</td><td>5</td><td>6</td><td>7</td><td>8</td><td>9</td><td>10</td><td>11</td><td>12</td></tr>
<tr><td></td><td></td><td></td><td></td><td></td><td></td><td></td><td></td><td></td><td></td><td></td><td></td><td></td><td></td><td></td><td></td><td></td></tr>
</table>

表 2.3.20　劳动力动态计划表

年月旬/人数/工种	2015年																		
	1月	2月			3月			4月			5月			6月			7月		
	下旬	上旬	中旬	下旬	上旬	中旬	下旬	上旬	中旬	下旬	上旬	中旬	下旬	上旬	中旬	下旬	上旬	中旬	下旬
石工	0	80	350	350	300	20	0	0	0	0	0	0	0	0	0	0	0	0	0
放线工	2	4	8	8	8	8	8	8	8	8	4	4	4	4	4	2	2	2	0
木工	0	0	50	300	600	600	600	600	600	200	20	20	5	5	5	5	0	0	0
钢筋工	0	0	30	220	450	450	450	450	450	120	15	15	8	8	8	5	0	0	0
砼工	0	0	15	60	180	180	180	180	180	80	15	15	15	5	5	5	0	0	0
架子工	0	0	10	30	90	90	90	90	90	90	90	90	90	60	15	15	0	0	0
防水工	0	0	0	0	0	0	0	0	0	0	12	12	12	12	12	0	0	0	0
瓦工	0	5	20	20	20	20	20	20	100	150	150	150	150	80	20	20	5	5	0
电工(临电)	0	2	5	5	5	5	5	5	5	5	5	5	5	5	2	2	2	1	0
电焊工	0	2	15	15	15	15	15	15	15	15	5	5	5	5	5	2	2	0	0
油工	0	0	0	0	0	0	0	0	0	0	0	0	0	0	75	75	75	75	25
吊顶工	0	0	0	0	0	0	0	0	0	0	0	0	0	60	60	60	60	5	0
辅助工	2	5	15	25	25	25	25	25	25	25	25	25	25	25	25	25	15	2	0
机械工	0	1	5	5	8	8	8	8	8	8	8	8	8	8	8	5	0	0	0
合　计	4	99	523	1 038	1 701	1 421	1 401	1 401	1 481	701	349	349	327	277	244	224	161	90	25

2. 主要材料需用量计划

主要材料需用量计划是备料、供料和确定仓库、堆场面积及运输量的依据，它是根据施工预算、材料消耗定额和施工进度计划编制的。由于建筑工程所需物资的品种多、花样复杂，许多物资并不能从市场直接购进，而需从全国各地甚至国外厂家直接订购。因此，材料的需用量计划对工程施工的顺利进行起着非常重要的作用。其表格形式如表 2. 3. 21 和表 2. 3. 22 所示。

表 2. 3. 21　主要材料需用量计划表

序　号	材料名称	规　格	需用量		拟进场时间	备　注
			单位	数量		

表 2. 3. 22　主要工程量及资源需用量计划表

材料名称	用　量	单　位	材料名称	用　量	单　位
钢筋	2 265	t	外墙面砖	12 000	m^2
C30 混凝土	12 980	m^3	聚氨酯防水涂膜	9 800	m^2
C25 混凝土	4 150	m^3	乳胶漆	89 000	m^2
砌块	4 100	m^3	压型钢板坡屋面	7 000	m^2
防滑地砖	4 500	m^2	铝扣板吊顶	1 700	m^2
抛光地砖	32 500	m^2	硅钙板吊顶	8 700	m^2
地砖踢脚板	18 000	m	内墙砖	6 000	m^2
胶合板门	220	m^2			

3. 施工机具需用量计划

施工机具需用量计划主要反映施工所需的各种设备的名称、规格、型号、数量以及使用时间，它是根据施工方案、施工方法和施工进度计划编制的。其表格形式如表 2. 3. 23 和表 2. 3. 24 所示。

表 2. 3. 23　施工机具需用量计划表

序　号	名　称	规　格	需用量		来　源	使用起止时间	备　注
			单位	数量			

表 2.3.24　主要施工机械设备需用量计划表

设备名称	数量	制造年份	自有/租赁	参　数
H3/30C 塔吊	1	1997	自有	臂长 60 m,79.5 kW
QT80A 塔吊	1	2001	自有	臂长 50 m,55.5 kW
QT80A 塔吊	1	2000	自有	臂长 40 m,55.5 kW
HBT60 混凝土输送泵	3	1996	自有	75 kW
JS500 强制式混凝土搅拌机	3	1999	自有	38 kW
龙门架	5	2001	自有	33 kW
JS350 砂浆搅拌机	3	1999	自有	30 kW
交流电焊机	12	1999	自有	37.5 kVA
柴油发电机	1	2002	自有	300 kVA
钢筋对焊机	4	1999	自有	100 kVA
空压机	5	1999	自有	6 m^3/0.8
钢筋切割机	4	1997	自有	ϕ40 mm
钢筋弯曲机	4	1998	自有	ϕ40 mm
钢筋调直机	2	1998	自有	7.5 kW
插入式混凝土振捣器	20	1999	自有	行星式
平板式混凝土振捣器	2	1998	自有	
圆盘锯	2	1999	自有	
圆刨	2	1993	自有	双面压刨、平刨
砂轮机	2	1998	自有	
手锤	4		自有	4 磅
蛙式打夯机	3	1997	自有	3 kW

4. 构配件需用量计划

构件和加工成品、半成品需用量计划用于组织落实加工单位和货源进场时间,它是根据图纸、施工方案方法和施工进度计划要求编制的。其表格形式如表 2.3.25 所示。

表 2.3.25　构件需用量计划表

序号	名称	规格	图号	需用量		使用部位	加工单位	拟进场日期	备注
				单位	数量				

阅读理解:阅读《建筑工程施工组织实务》一书中的实务一,分析其资源需用量计划的编制。

【任务3小结】

任务3介绍了流水施工的应用、网络计划技术、施工进度计划及其支持性计划的编制等。流水施工、网络计划是施工进度计划的重要表现形式，学生要熟练掌握其方法的应用；网络计划计算机软件的出现，为建筑施工进度计划的编制提供了极大的便利，学生要掌握相关软件的使用，学习时多加训练，初步具备建筑工程施工进度计划编制的基本技能，为后续内容的学习奠定基础。

习　题

一、单项选择题

1. 流水施工中，流水节拍是指(　　)。

A. 一个施工过程在各个施工段上的总持续时间

B. 一个施工过程在一个施工段上的持续工作时间

C. 一个相邻施工过程先后进入流水施工段的时间间隔

D. 施工的工期

2. 无节奏流水施工只能用(　　)进行组织。

A. 分别流水法　　B. 间歇流水法

C. 依次流水法　　D. 异节奏流水法

3. 某住宅楼由六个单元组成，其基础工程施工时，拟分成三段组织流水施工，土方开挖总量为9 600 m^3，选用两台挖土机进行施工，采用一班作业，两台挖掘机的台班产量定额均为100 m^3，则流水节拍应为(　　)d。

A. 32　　B. 16　　C. 48　　D. 8

4. 流水施工的横道计划能够正确地表达(　　)。

A. 工作之间的逻辑关系　　B. 关键工作

C. 关键线路　　D. 工作开始和完成的时间

5. 组织等节奏流水施工的前提是(　　)。

A. 各施工过程施工班组人数相等　　B. 各施工过程的施工段数目相等

C. 各流水组的工期相等　　D. 各施工过程在各段的持续时间相等

6. 某工程由A、B、C三个施工过程组成，划分为四个施工段，流水节拍分别为3 d、3 d、6 d，组织异节奏流水施工，该项目工期为(　　)d。

A. 21　　B. 48　　C. 30　　D. 20

7. 不属于无节奏流水施工的特点是(　　)。

A. 所有施工过程在各施工段上的流水节拍均相等

B. 各施工过程的流水节拍不等且无规律

C. 专业工作队数目等于施工过程数目

D. 流水步距一般不等

8. 在单代号网络计划中，设 A 工作的紧后工作有 B 和 C，总时差分别为 3 d 和 5 d，工作 A、B 之间的间隔时间为 8 d，工作 A、C 之间的间隔时间为 7 d，则工作 A 的总时差为(　　)d。

A. 9　　B. 10　　C. 11　　D. 12

9. 已知相邻两工作 A、B，A 工作时间为 4 d，最早开始时间为 2 d，B 工作时间 5 d，且 $FTF_{AB}=4$ d，则 B 工作最早开始时间为(　　)d。

A. 6　　B. 5　　C. 2　　D. 1

二、多项选择题

1. 异节奏流水施工的特点是(　　)。

A. 每一个施工过程在各施工段上的流水节拍都相等

B. 不同施工过程之间的流水节拍互为倍数

C. 专业工作队数目等于施工过程数目

D. 流水步距彼此相等

E. 专业工作队连续均衡作业

2. 组织流水施工的时间参数有(　　)。

A. 流水节拍　　B. 流水步距　　C. 流水段数　　D. 施工过程数　　E. 工期

3. 下列关于无节奏流水施工的说法正确的是(　　)。

A. 每一个施工过程本身在各施工段上的作业时间完全相等

B. 每一个施工过程本身在各施工段上的流水节拍不完全相等

C. 每一个施工过程本身在各施工段上的流水节拍完全相等

D. 每一个施工过程本身在各施工段上的作业时间不完全相等

E. 只能按分别流水法进行组织

4. 无节奏流水施工用分别流水法进行组织要做到(　　)。

A. 各施工队工作连续　　B. 各施工队的流水强度相等

C. 施工队之间用确定最小流水步距的办法

D. 保证不产生工艺矛盾　　E. 施工队之间的施工顺序必须调整

三、简答题

1. 简述什么是流水节拍、流水步距。

2. 简述什么是自由时差、总时差。

3. 简述组织流水施工时，施工段划分的原则。

4. 简述压缩关键工作应考虑的因素及压缩方法。

5. 简述资源优化的方法及其优化步骤。

6. 简要介绍施工进度计划的作用有哪些。

7. 简述施工进度计划编制的依据、步骤。

8. 施工准备工作计划的主要内容有哪些？

9. 雨季施工应做好哪些方面的准备工作？

10. 开工前施工单位要做好的资源需用量计划编制包括哪些，其编制依据有哪些？

四、综合分析题

1. 某现浇钢筋混凝土工程包括支模板、绑扎钢筋、浇筑混凝土三项施工过程，其流水节拍分别为 $t_{模}=4$ d，$t_{筋}=4$ d，$t_{砼}=2$ d，支模板与绑扎钢筋在每一施工段上要有 1 d 的搭接时间。试按流水施工原理组织施工，绘出横道进度计划表。

2. 某混合基础工程包括挖基坑、做垫层、砌基础、回填土四项施工过程，划分为三个施工段，每一施工过程在各施工段上的作业时间如下表所示，做垫层与砌基础之间至少有 1 d 的间歇时间。试组织流水施工，绘出横道进度计划表。

（单位：d）

施工段 施工过程	Ⅰ	Ⅱ	Ⅲ
挖基坑（A）	4	4	3
做垫层（B）	2	3	3
砌基础（C）	4	3	4
回填土（D）	2	2	2

3. 某装饰装修工程分为三个施工段，施工过程及其延续时间为：砌围护墙及隔墙 12 d，内外抹灰 15 d，安铝合金门窗 9 d，喷刷涂料 6 d。拟组织瓦工、抹灰工、木工和油工四个专业队组进行施工。试绘制双代号网络图。

4. 计算下图中各节点的时间参数。

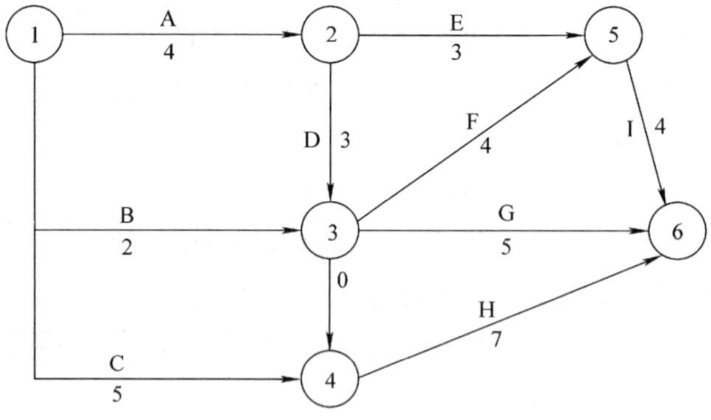

5. 根据下表所示工作之间的逻辑关系，绘制双代号网络图并计算各工作时间参数。

施工过程	A	B	C	D	E	F	G	H	I	J	K
紧前工作	—	A	A	B	B	E	A	D、C	E	F、G、H	I、J
紧后工作	B、C、G	D、E	H	H	F、I	J	J	J	K	K	—
作业时间（d）	2	3	2	4	4	3	2	5	2	3	1

6. 已知工作之间的逻辑关系如下表所示，试绘制单代号网络图。

工作	A	B	C	D	E	G	H
紧前工作	C、D	E、H	—	—	—	D、H	—

7. 已知工作之间的逻辑关系如下表所示，试绘制单代号网络图。

工作	A	B	C	D	E	G	H	I	J
紧前工作	E	H、A	J、G	H、I、A	—	H、A	—	—	E

综合实训

实训一：某分部工程由支模板、绑钢筋、浇混凝土三个施工过程组成，该工程在平面上划分为四个施工段组织流水施工，各施工过程在各个施工段上的持续时间均为 5 d。

问题：

(1)根据该工程持续时间的特点，可按哪种流水施工方式组织施工？简述该种流水施工方式的组织过程。

(2)该工程项目流水施工的工期应为多少天？

(3)若工作面允许，每一段绑钢筋均提前一天进入施工，该流水施工的工期应为多少天？

实训二：参加社会实践，了解目前常用施工进度计划编制计算机软件的使用情况。

任务 4　施工现场平面布置

2.4.1　施工现场平面布置简介

扫一扫看课件

单位工程施工平面图设计 1

扫一扫听微课

单位工程施工平面图设计 1

施工现场平面布置是指根据项目总平面布置图、施工部署方案以及施工进度计划等，在施工现场中将拟建建筑物施工过程中所需的机械、材料加工场及堆场、临时设施等与拟建建筑物在平面上的相对位置关系合理、经济地确定。

施工现场平面布置的好坏对于现场施工部署的行动方案能否顺利实施有重大意义，同样，对于现场进行有组织、有计划的文明施工也起关键作用。

2.4.1.1 施工现场平面布置内容

施工现场平面布置的内容如下。

①根据设计图纸或现场踏勘,确定施工现场内地形等高线、测量基准点等。

②根据设计图纸,确定施工现场已有或拟建建筑物在现场的平面位置及尺寸,确定施工用地范围。

③确定施工现场的场内道路、水、电等接入位置,确定施工现场场内道路、临时用水、临时用电在施工现场的走向和尺寸。

④确定为拟建建筑物施工服务的临时设施、施工机械、各种建筑材料的加工堆放场地在施工现场的平面布置及尺寸。

⑤确定取土及弃土场位置等。

2.4.1.2 施工现场平面布置依据

施工现场平面布置的依据如下。

①设计资料,包括建筑总平面图、地形图、区域规划图、建设项目范围内一切已有的和拟建的地下管网位置资料等。

②现场踏勘资料,包括施工场地状况及场地主要出入口交通状况。

③建设地区及建设项目的概况,包括建设地区的自然条件和技术经济条件,建设项目拟采用的施工工艺、施工程序及施工进度计划等。

④各种资源需用量计划,包括工人、建筑材料、施工机械及机具等在各个施工阶段的需用量。

⑤各种生产、生活临时设施需用量。

⑥国家及地方关于施工现场文明、安全施工的法律、法规等。

2.4.1.3 施工现场平面布置原则

施工现场平面布置的原则如下。

①在满足施工的前提下,尽量节约施工用地,尤其是少占或缓占农田。若建设项目分期分批施工,应考虑分阶段征用土地,尽量利用荒地,少占良田。

②在满足施工需要和文明施工的前提下,尽可能减少临时设施的投资,尽量利用可供施工使用的已有设施和拟建永久性建筑设施。

③在保证场内道路畅通和满足材料堆放要求的前提下,建筑材料的堆放场地尽量布置在使用地点附近,以减少场内运输,特别是减少场内二次搬运。

④在满足施工进度前提下,平面布置应尽量减少各专业施工队伍在施工过程中的相互干扰。

⑤满足国家及地方对施工现场文明施工、安全防护和环境保护的要求。

阅读理解：阅读《建筑工程施工组织实务》一书实务一中的施工现场平面布置，领会施工现场平面布置原则。

2.4.2　施工现场平面布置步骤和方法

2.4.2.1　施工现场平面布置的基本步骤

施工现场平面布置的基本步骤：引入场外道路，设置大门──→布置大型建筑施工机械──→布置材料堆放场地、仓库──→布置加工厂──→布置场内道路──→布置行政与生活福利设施──→布置临时水、电管网及其他动力设施。

2.4.2.2　施工现场平面布置的方法

1. 场外道路的引入

场外道路的引入首先应从考虑大宗材料、成品、半成品、大型设备等进入工地的运输方式着手。主要材料进入施工场地的方式一般为铁路、公路或水路，其中以公路为主。

当由铁路运输时，应从永久性铁路专线布置主要运输干线，而且考虑提前修筑以便为施工服务，引入时应注意铁路的转弯半径和竖向设计。当由水路运输时，应考虑码头的吞吐能力，并应在码头附近设置转运仓库。当由公路运输时则应先布置临时引入道。

特别提示：临时引入道应考虑以下几点要求：

①临时引入道应尽量短；

②临时引入道应避免受到滑坡、山洪等自然灾害的危害；

③临时道路引入点应结合施工场地布置合理确定，方便施工场地内材料、机械的进出；

④临时引入道应结合运输能力合理确定路宽及路面等级。

2. 大型建筑施工机械的选择与平面布置

建筑施工中的大型机械主要包括塔式起重机、自行式起重机、井架、门架以及混凝土泵等。

(1)塔式起重机的选择与布置

塔式起重机是常用的垂直运输机械，常用的塔式起重机有轨道式、附着式和内爬式三种类型，它们各自具有不同的优缺点，应根据工程具体情况和塔吊的优缺点选择确定其合适的类型。

1)塔式起重机的选择　选择塔式起重机时，应考虑以下三个参数：幅度、起重量、吊钩高度。

①幅度，又称回旋半径或工具半径，是指塔式起重机中心至吊钩中心的水平距离，包括最大幅度和最小幅度两个参数。

②起重量，包括最大幅度时的起重量和最小幅度时的最大起重量两个参数。起重量是由吊物、吊索、铁扁担和容器等的重量所组成，在选择塔式起重机时应根据不同的起吊类型和方法来确定起吊重量，一般应使起吊重量≥1.1～1.3倍的吊物重量。

③吊钩高度，是指塔轨或塔基至吊钩中心的垂直距离。在选择塔式起重机时，应使塔吊吊钩最大高度≥房屋高＋吊物高＋脚手架超房屋高＋3.5 m。

2）塔式起重机的布置　塔式起重机的布置应满足以下几点要求。

①塔式起重机布置的最佳状态是使建筑物平面都处在塔式起重机的服务范围内，并避免出现“盲区”。塔式起重机的服务范围（以轨道式为例）是指以塔式起重机轨道两端有效行驶端点的轨道中心为圆点，用最大回旋半径画出两个半圆，再连接两个半圆即为塔式起重机服务范围，如图2.4.1所示。“盲区”是指塔式起重机服务范围以外的部分，如图2.4.2中所示的阴影部分。

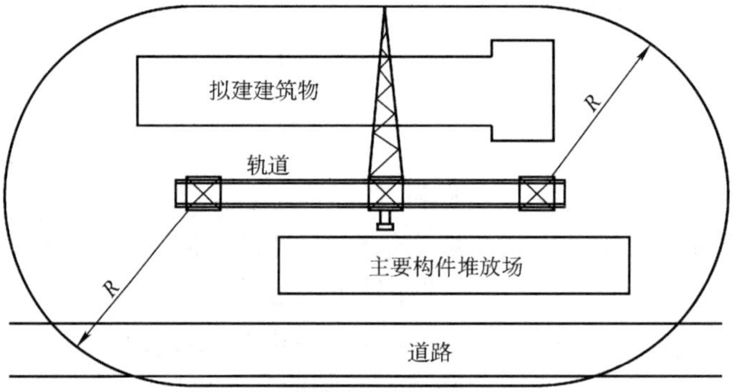

图2.4.1　塔式起重机服务范围示意图

②如果不能避免“盲区”，也应使“盲区”越小越好，一般要求“死角”平推距离不大于1 m，如图2.4.2所示，并使最重、最高、最大的构件不出现在“盲区”内。

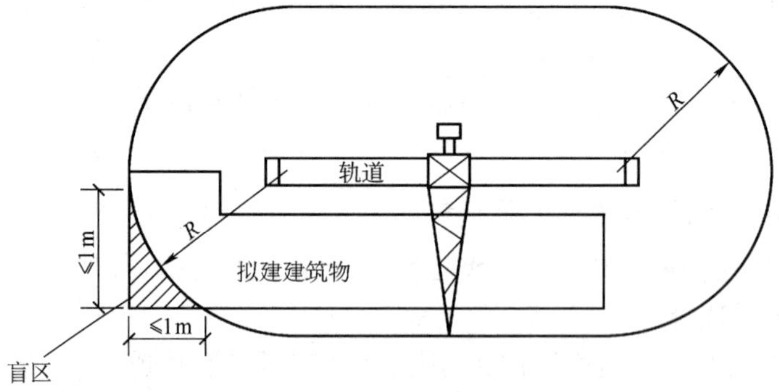

图2.4.2　塔式起重机布置盲区示意图

③塔式起重机的生产效率应满足施工进度计划的要求。

④布置多台塔式起重机时，塔臂高度要错开，以防碰撞。

⑤轨道塔式起重机轨道离建筑物一般不应少于3.5 m，拟建建筑物靠近街道时，塔轨布置尽量靠近内侧。

(2)其他大型建筑机械的平面布置

①布置混凝土泵的位置时，应考虑混凝土泵管的输送距离、混凝土罐车行走方便等。

②布置井架、门架等固定式垂直运输设备时，应根据建筑物的平面形状、高度、材料的重量，结合机械负荷能力和服务范围，做到便于运输，便于组织流水施工，便于楼层和地面的短距离运输。

③对于履带式和轮胎式起重机的行驶路线布置要考虑吊装顺序、构件重量、建筑物的平面形状及高度、堆放场位置及吊装方法等。

3.材料堆场、仓库的平面布置与面积计算

(1)材料堆场、仓库的平面布置

仓库和材料通常应根据不同材料、设备和运输方式设置在运输方便、位置适中、运距较短并且安全防火的地方。

当采用铁路运输时，仓库通常沿铁路线布置，并且要留有足够的装卸前线，如果没有足够的装卸前线，必须在附近设置转运仓库。布置铁路沿线仓库时，应将仓库设置在靠近工地的一侧，以免内部运输跨越铁路。同时，仓库不宜设置在弯道处或坡道上。

当采用水路运输时，一般应在码头附近设置转运仓库，以缩短船只在码头上的停留时间。

当采用公路运输时，仓库的布置较为灵活，一般中心仓库布置在工地中央或靠近使用的地方，也可以布置在工地入口处。砂石、水泥、石灰、木材等仓库或堆场应布置在搅拌站、预制场和木材加工厂附近；砖、瓦和预制构件等直接使用的材料应该直接布置在使用对象附近，以免二次搬运。工业项目建筑工地还应考虑主要设备的仓库(或堆场)，一般笨重设备应尽量放在车间附近，其他设备可布置在外围或其他空地上。

(2)材料堆场、仓库的面积计算

材料堆场、仓库面积的大小，可按材料储备量和系数法等两种方法计算确定，然后根据工程具体情况选取其中适合的数值。

①材料储备量计算法的计算公式如下：

$$F=\frac{Q}{PK_3} \tag{2.4.1}$$

式中：F——仓库需要面积(m^2)；

Q——材料储备量，用于全工地时为Q_1，用于单位工程时为Q_2，按表2.4.1取用；

P——每平方米仓库面积上的材料储备量，按表2.4.1取用；

K_3——仓库面积利用系数，按表2.4.1取用。

表 2.4.1　仓库及堆场面积计算数据参考指标

材料名称	单位	储备天数 n(d)	每平方米储备量 P	堆置高度(m)	仓库面积利用系数 K_3	仓库类型、保管方法
槽钢、工字钢	t	40～50	0.8～0.9	0.5	0.32～0.54	露天、堆垛
扁钢、角钢	t	40～50	1.2～1.8	1.2	0.45	露天、堆垛
钢筋(直筋)	t	40～50	1.8～2.4	1.2	0.11	露天、堆垛
钢筋(盘筋)	t	40～50	0.8～1.2	1.0	0.11	棚或库约占 20%
钢管 ϕ200 以上	t	40～50	0.5～0.6	1.2	0.11	露天、堆垛
钢管 ϕ200 以下	t	40～50	0.7～1.0	2.0	0.11	露天、堆垛
薄中厚钢板	t	40～50	4.0～4.5	1.0	0.57	仓库或棚、堆垛
五金	t	20～30	1.0	2.2	0.35～0.40	仓库、料架
钢丝绳	t	40～50	0.7	1.0	0.11	仓库、堆垛
电线、电缆	t	40～50	0.3	2.0	0.35～0.40	仓库或棚、堆垛
木材、原木	m^3	40～50	0.8～0.9	2.0	0.40～0.50	露天、堆垛
成材	m^3	30～40	0.7	3.0	0.40～0.51	露天、堆垛
胶合板	张	20～30	200～300	1.5	0.40～0.52	仓库、堆垛
木门窗	m^2	3～7	30	2.0	0.40～0.53	仓库或棚、堆垛
水泥	t	30～40	1.3～1.5	1.5	0.45～0.60	仓库、堆垛
砂、石子(人工堆)	m^3	10～30	1.2	1.5	—	露天、堆垛
砂、石子(机械堆)	m^3	10～30	2.4	3.0	—	露天、堆垛
块石	m^3	10～30	1.0	1.2	—	露天、堆垛
红砖	千块	10～30	0.5	1.5	—	露天、堆垛
玻璃	箱	20～30	6～10	0.8	0.45～0.60	仓库、堆垛
卷材	卷	20～30	15～24	2.0	0.35～0.40	仓库、堆垛
沥青	t	20～30	0.8	1.2	0.35～0.41	露天、堆垛
电石	t	20～30	0.3	1.2	0.35～0.42	仓库、
油脂	t	20～30	0.45～0.8	1.2	0.35～0.43	仓库、料架
炸药、雷管	t	10～30	0.7	1.0	0.35～0.40	仓库、料架
水电及卫生设备	t	20～30	0.35	1.0	0.32～0.54	库、棚各约占 1/4
多种劳保用品	件	—	250	2.0	0.40～0.50	仓库、料架

②系数计算法的计算公式如下：

$$F=\phi m \tag{2.4.2}$$

式中：ϕ——系数，按表 2.4.2 取用；

m——计算基数，按表 2.4.2 取用。

表 2.4.2　按系数计算仓库面积参考资料

名称	计算基数 ϕ	单位	系数 m
仓库(综合)	按全年平均人数(工地)	m^2/人	0.7～0.8
水泥库	按当年水泥用量的 40% ～50%	m^2/t	0.7

续表

名称	计算基数 ϕ	单位	系数 m
其他仓库	按当年工作量	m^2/万元	1~1.5
五金杂品库	按年建安工作量	m^2/万元	0.1~0.2
土建工具库	按高峰年(季)平均全员人数	m^2/人	0.1~0.2
水暖器材库	按年平均在建建筑面积	m^2/100 m^2	0.2~0.4
电气器材库	按年平均在建建筑面积	m^2/100 m^2	0.3~0.5
化工油漆危险品库	按年建安工作量	m^2/万元	0.05~0.1
三大工具堆场(脚手、跳板、模板)	按年平均在建建筑面积	m^2/100 m^2	1~2

4.加工厂平面布置及面积计算

(1)加工厂的平面布置

扫一扫看课件

单位工程施工平面图设计2

扫一扫听微课

单位工程施工平面图设计2

1)混凝土搅拌站　混凝土搅拌站可以采用集中布置、分散布置、集中与分散相结合布置三种方式。

当运输条件较好,而且又有足够的混凝土输送设备时,可以采用集中布置的方式。这样可以提高搅拌站机械化、自动化程度,从而节约劳动力,保证重点工程和大型建筑物、构筑物的施工需要。同时,由于管理专业化,混凝土质量有保证。但是集中布置也有不足之处,一般集中布置时,运距较短,必须备有足够的翻斗汽车,在灌筑地点要增设卸料台,有时还要进行二次搅拌。

此外,大型工程的建筑物和构筑物的类型多,混凝土的品种、强度等级也多,要在同一时间同时供应几种强度等级不同的混凝土较难调度。因此,最好采用集中与分散相结合的布置方式。根据建设工程分布的情况,适当设计若干个临时搅拌站,使其与集中搅拌站有机配合。而集中搅拌站也应设几台较小型的搅拌机,这样,不仅能充分满足单一等级的大量混凝土的供应,同时,也能适应当地搅拌零星的多等级的混凝土,以满足各方面的需要。

特别提示:混凝土搅拌站的布置选点应注意以下几点:

①搅拌站的位置应尽量布置在场区下风向的空地;

②搅拌站的位置与生活、办公等临时设施的距离应尽可能远一点,以免噪声污染;

③搅拌站附近要有足够的空地以布置砂石堆场;

④与施工道路紧密结合,使进、出料的交通运输比较方便。

注意:若利用城市的商品混凝土搅拌站,只要考虑其供应能力和运输设备能否满足需要,并及时做好订货联系即可,工地则可不考虑布置搅拌站。

2)预制加工厂　一般设置在施工场地的空闲地带,如材料进场专用线转弯的扇形地带或场外临近处。

3)钢筋加工厂　对于需进行冷加工、对焊、点焊的钢筋和大片钢筋网,宜设置中心加工厂,其位置应靠近预制构件加工厂;对于小型加工件、简单机具型的钢筋加工,可在靠近使用地点的分散的钢筋加工棚里进行。

4)木材加工厂　一般原木、锯木的堆场布置在铁路专用线、公路或水路沿线附近;木材加工厂亦应设置在这些地段附近;锯木、成材、细木加工和成品堆放应按工艺流程布置。

5)砂浆搅拌站　由于砂浆使用量一般较小、较分散,可以分散设置在使用地点附近。

6)金属结构、锻工、电焊和机修等车间　由于它们在生产上联系密切,应尽可能布置在一起。

(2)加工厂的面积计算

不同类型的加工厂面积可按表 2.4.3 查取。

表 2.4.3　临时加工厂需用面积参考指标

加工厂名称	年产量	年产面积指标	总占地面积(m^2)
混凝土搅拌站	<3 200 m^3 <4 800 m^3 <6 400 m^3	0.022 m^2/m^3 0.021 m^2/m^3 0.02 m^2/m^3	按砂石堆场考虑
临时混凝土预制厂	<1 000 m^3 <2 000 m^3 <3 000 m^3 <5 000 m^3	0.25 m^2/m^3 0.20 m^2/m^3 0.15 m^2/m^3 0.125 m^2/m^3	2 000 3 000 4 000 <6 000
半永久性预制厂	<3 000 m^3 <5 000 m^3 <10 000 m^3	0.60 m^2/m^3 0.40 m^2/m^3 0.30 m^2/m^3	9 000 ~ 12 000 12 000 ~ 15 000 15 000 ~ 2 0000
钢筋加工厂	200 t 500 t 1 000 t	0.35 m^2/t 0.25 m^2/t 0.20 m^2/t	280 ~ 560 380 ~ 750 400 ~ 800
原木加工厂	<15 000 m^3 <24 000 m^3 <30 000 m^3	0.0 244 m^2/m^3 0.0 199 m^2/m^3 0.0 181 m^2/m^3	1 800 ~ 3 600 2 200 ~ 4 800 3 000 ~ 5 500
综合木加工厂	200 m^3 500 m^3 1 000 m^3 2 000 m^3	0.30 m^2/m^3 0.25 m^2/m^3 0.20 m^2/m^3 0.15 m^2/m^3	100 200 300 400
粗木加工厂	5 000 m^3 10 000 m^3 15 000 m^3	0.12 m^2/m^3 0.10 m^2/m^3 0.09 m^2/m^3	1 350 2 500 3 750
细木加工厂	5 000 m^3 10 000 m^3 15 000 m^3	0.0 140 m^2/m^3 0.0 114 m^2/m^3 0.0 106 m^2/m^3	7 000 10 000 14 300

5. 场内道路的布置

场区临时道路的布置应按照以下要求进行。

①若已有规划和铁路者,应首先按永久性交通线路布置路基。

②没有永久性路基者,临时铁路应尽量靠近场区的一边或两边布置,铁路长度以达到主货堆场为准;临时铁路以建筑物的布局为基本网格,布置成环形。

③有条件时最好将出入口分开设置,如果出入口合并设置,应设有 10 m 以上的独立主干

道，以减少出入口处的交叉干扰。

④在满足施工需要的前提下，场地道路网的布置应使其长度尽量缩短，以减少临时费用开支。

⑤长度超过100 m的无分支岔口的直干道或主干道尽端，应在适当地点设置回车场。

⑥在布置场区施工道路时，应与仓库、堆场、工棚等临时设施综合考虑，即场区道路网格的空当宽窄，应与安排何种临时设施结合起来考虑。

⑦对于道路宽窄，双车道可按8 m考虑，单车道可按4 m考虑，并在道路两侧设置排水沟。

6. 行政与生活福利设施布置及面积确定

(1)行政与生活福利设施的平面布置

行政与生活福利设施应根据工程具体情况按如下要求进行布置。

①尽量利用附近已有的建筑物或新建成的永久性建筑物为施工服务，其不足部分再修建一些临时建筑物。

②在考虑当地气候条件和工期长短的前提下，要本着节约、适用和拆迁方便的原则，分别选择帐篷、活动房屋或简易房屋等结构形式。

③为方便职工使用，食堂、浴室和诊所可设在工地内部；而传达室、办公室和汽车库可设在工地内部或毗邻地带；职工宿舍可设在工地内部或附近地区，尽量减少上下班时间；小卖部可设在生活区或工人上下班经过的地方。

(2)行政与生活福利设施面积确定

行政与生活福利设施建筑面积，是根据建筑工程性质、工程量、工期要求、施工条件及组织方法等，依据建筑工程劳动定额，先确定工地年(季)高峰平均职工人数，然后再按现行定额或实际经验数据，计算出需要的工地临时行政业务、居住及文化生活用房的面积。其计算方法是将该临时性建筑物的使用人数乘以相应的使用面积定额。

行政与生活福利设施建筑面积计算指标按表2.4.4选取。

表2.4.4　行政与生活福利临时设施建筑面积指标参考

行政与生活福利建筑物名称		单位	面积定额	备　注
办公室		m^2/人	3.5	办公室使用人数按干部人数的70%计算
单身宿舍	单房通铺	m^2/人	2.6~2.8	
	双房床	m^2/人	2.1~2.3	
	单房床	m^2/人	3.2~3.5	
家属宿舍		m^2/人	2.5	
食堂兼礼堂		m^2/人	0.9	
医务室		m^2/人	0.06(小于30 m^2)	
理发室		m^2/人	0.03	
浴室		m^2/人	0.10	
俱乐部		m^2/人	0.10	
商店		m^2/人	0.03(小于40 m^2)	

7. 临时水、电管网及其他动力设施的布置及计算

(1)现场临时供水、供电的布置

水、电管网的布置顺序一般是：首先确定水源和电源，可以在场外引入，也可以在工地内部设置；然后沿主干道布置主管和主线，再由支线与各用户接通。现场临时供水、供电的布置应注意如下几点。

①尽量利用已有的和提前修建的永久线路。

②临时总变电站应设在高压线进入工地处，避免高压线穿过工地。临时自备发电设备应设置在现场中心或靠近主要用电区域。

③临时水池、水塔应设在用水中心和地势较高处。管网一般沿道路布置，供电线路应避免与其他管道设在同一侧，主要供水、供电管线采用环状网管，孤立点可设枝状网管。

④管线过路处均要套铁管，一般电线用 $\phi51 \sim \phi76$ mm 铁管，电缆用 $\phi102$ mm 铁管，并埋入地下 0.6 m 处。

⑤过冬的临时用水管须埋在冰冻线以下或采取保温措施。

⑥排水沟沿道路布置，纵坡不小于 0.2%，过路处须设涵管，在山地建设时应有防洪设施。

⑦消火栓间距不大于 120 m，距离拟建房屋不小于 5 m、不大于 25 m，距离路边不大于2 m。

⑧各种管道布置的最小净距离应符合有关规定。

(2)现场临时供水的计算

现场临时供水计算主要包括临时供水量的计算和供水网路管径的计算。

1)临时供水量的计算　现场临时供水主要包括工程用水、机械用水、工地生活用水、生活区用水和消防用水。

①工程用水量计算公式如下：

$$q_1 = K_1 \frac{\sum Q_1 N_1}{T_1 t} \times \frac{K_2}{8 \times 3\,600} \tag{2.4.3}$$

式中：q_1——施工工程用水量(L/s)；

K_1——未预计的施工用水系数，取 1.05 ~ 1.15；

Q_1——年(季)度工程量(以实物计算单位表示)；

N_1——施工用水定额，查表 2.4.5；

T_1——年(季)度有效作业日(d)；

t——每天工作班数(班)；

K_2——用水不均衡系数，查表 2.4.6。

表 2.4.5　施工用水量(N_1)定额

用水名称	单位	耗水量(L)	用水名称	单位	耗水量(L)
浇筑混凝土全部用水	m^3	1 700 ~ 2 400	抹灰工程全部用水	m^3	30
搅拌普通混凝土	m^3	250	砌耐火砖砌体(包括砂浆搅拌)	m^3	100 ~ 150

续表

用水名称	单位	耗水量(L)	用水名称	单位	耗水量(L)
搅拌轻质混凝土	m^3	300~350	浇砖	千块	200~250
混凝土自然养护	m^3	200~400	浇硅酸盐砌块	m^3	300~350
混凝土蒸汽养护	m^3	500~700	抹灰(不包括调制砂浆)	m^2	4~6
模板浇水湿润	m^2	10~15	楼地面抹砂浆	m^2	190
搅拌机清洗	台班	600	搅拌砂浆	m^3	300
人工冲洗石子	m^3	1 000	石灰消化	t	3 000
机械冲洗石子	m^3	600	原土地坪、路基	m^2	0.2~0.3
洗砂	m^3	1 000	上水管道工程	m	98
砌筑工程全部用水	m^3	150~250	下水管道工程	m	1 130
砌石工程全部用水	m^3	50~80	工业管道工程	m	35

表2.4.6 施工用水不均衡系数

系数号	用水名称	系数
K_2	现场施工用水 附属生产企业用水	1.50 1.25
K_3	施工机械、运输机械 动力设备	2.00 1.05~1.10
K_4	施工现场生活用水	1.30~1.50
K_5	生活区生活用水	2.00~2.50

②机械用水量计算公式如下：

$$q_2 = K_1 \times \sum Q_2 N_2 \times \frac{K_3}{8 \times 3\ 600} \tag{2.4.4}$$

式中：q_2——施工机械用水量(L/s)；

K_1——未预计的施工用水系数，取1.05~1.15；

Q_2——同一种机械台数(台)；

N_2——施工机械台班用水定额，参考表2.4.7中的数据换算求得；

K_3——施工机械用水不均衡系数，查表2.4.6；

其余符号同前。

表2.4.7 施工机械用水量(N_2)定额

机械名称	单 位	耗水量(L)	机械名称	单 位	耗水量(L)
内燃挖土机	m^3·台班	200~300	拖拉机	台·昼夜	200~300
内燃起重机	t·台班	15~18	汽车	台·昼夜	400~700
蒸汽起重机	t·台班	300~400	锅炉	t·h	1 050
蒸汽打桩机	t·台班	1 000~1 200	点焊机50型	台·h	150~200

续表

机械名称	单　位	耗水量(L)	机 械 名 称	单　位	耗水量(L)
内燃压路机	t・台班	12～15	点焊机 75 型	台・h	250～300
蒸汽压路机	t・台班	100～150	对焊机、冷拔机	台・h	300
蒸汽机车	台・昼夜	10 000～20 000	凿岩机	台・min	8～12
内燃机动力装置	kW・台班	160～400	木工厂	台・台班	20～25
空压机	m^3/(min・台班)	40～80	锻工厂	炉・台班	40～50

③工地生活用水量计算公式如下：

$$q_3 = \frac{P_1 N_3 K_4}{8 \times 3\ 600t} \tag{2.4.5}$$

式中：q_3——施工工地生活用水量(L/s)；

P_1——施工工地高峰昼夜人数(人)；

N_3——施工工地生活用水定额，见表 2.4.8；

K_4——施工工地生活用水不均衡系数，查表 2.4.6；

其余符号同前。

表 2.4.8　生活用水(N_3、N_4)定额

用水名称	单　位	耗水量(L)	用水名称	单　位	耗水量(L)
盥洗、饮用用水	L/人	25～40	学校	L/学生	10～30
食堂	L/人	10～15	幼儿园、托儿所	L/幼儿	75～100
淋浴带水池	L/人	50～60	医院	L/病床	100～150
洗衣房	L/(人・斤)	40～60	施工现场生活用水	L/人	20～60
理发室	L/(人・斤)	10～25	生活区全部生活用水	L/人	80～120

④生活区用水量计算公式如下：

$$q_4 = \frac{P_2 N_4 K_5}{24 \times 3\ 600} \tag{2.4.6}$$

式中：q_4——生活区生活用水(L/s)；

P_2——生活区居住人数；

N_4——生活区昼夜全部生活用水定额，查表 2.4.8；

K_5——生活区生活用水不均衡系数，查表 2.4.6；

其余符号同前。

⑤消防用水量计算。消防用水量 q_5 可根据消防范围及发生次数按表 2.4.9 取用。

表 2.4.9　消防用水量 q_5 定额

用水名称	火灾同时发生次数	单位	用水量(L)
居住区消防用水:			
5 000 人以内	一次	L / s	10
10 000 人以内	二次	L / s	10 ~ 15
25 000 人以内	二次	L / s	15 ~ 20
施工现场消防用水:			
施工现场在 25 hm^2 以内	二次	L /s	10 ~ 15
每增加 25 hm^2			5

⑥施工工地总用水量的计算。施工工地总用水量 Q 可按以下组合公式计算:

当$(q_1+q_2+q_3+q_4)\leqslant q_5$ 时,则

$$Q=q_5+\frac{1}{2}(q_1+q_2+q_3+q_4) \tag{2.4.7}$$

当$(q_1+q_2+q_3+q_4)>q_5$ 时,则

$$Q=q_1+q_2+q_3+q_4 \tag{2.4.8}$$

当工地面积小于 5 hm^2,而且$(q_1+q_2+q_3+q_4)<q_5$ 时,则

$$Q=q_5$$

特别提示:最后计算出的总用水量还应增加10%,以抵偿不可避免的水管漏水损失。

2)供水网路管径的计算　现场临时供水网路需用管径可按下式计算:

$$d=\sqrt{\frac{4Q}{\pi v\times 1\,000}} \tag{2.4.9}$$

式中:d——配水管直径(m);

Q——施工工地总用水量(L/s);

v——管网中的水流速度(m/s),一般生活及施工用水取 1.5 m/s,消防用水取 2.5 m/s。

(3)现场临时用电量计算

1)临时用电量计算　建筑施工现场临时供电,包括施工动力用电和照明用电两部分,其用电量可按下式计算:

$$P_{计}=(1.05\sim 1.1)\left(K_1\frac{\sum P_1}{\cos\varphi}+K_2\sum P_2+K_3\sum P_3+K_4\sum P_4\right) \tag{2.4.10}$$

一般施工建筑现场多采用一班制,较少采用两班制,因此,综合考虑动力用电约占总用电量的90%,室内外照明用电约占10%,则上式可简化为

$$P_{计}=1.1\left(K_1\frac{\sum P_1}{\cos\varphi}+K_2\sum P_2+0.1P_{计}\right)$$

$$= 1.24\left(K_1 \frac{\sum P_1}{\cos\varphi} + K_2 \sum P_2\right) \tag{2.4.11}$$

式中：$P_{计}$——计算用电量(kW)；

1.05～1.1——用电不均衡系数；

$\sum P_1$——全部施工动力用电设备额定用电量之和，根据施工现场机械设备动力用电量计算(kW)；

$\sum P_2$——电焊机额定容量(kVA)，根据施工现场使用电焊机容量计算；

$\sum P_3$——室内照明设备额定用电量之和(kW)；

$\sum P_4$——室外照明设备额定用电量之和(kW)；

K_1——全部施工动力用电设备同时使用系数，按表2.4.10取用；

K_2——电焊机同时使用系数，按表2.4.10取用；

K_3——室内照明设备同时使用系数，按表2.4.10取用；

K_4——室外照明设备同时使用系数，按表2.4.10取用；

$\cos\varphi$——用电设备功率因素，施工最高为0.75～0.78，一般为0.65～0.75。

表2.4.10　同时使用系数

用电名称	数量	使用系数	
		K	数值
电动机	3～10台	K_1	0.7
	11～30台		0.6
	30台以上		0.5
加工厂动力设备			0.5
电焊机	3～10台	K_2	0.6
	10台以上		0.5
室内照明		K_3	0.8
室外照明		K_4	1.0

2）变压器容量计算　现场附近有10 kV或6 kV高压电源时，一般多采取在工地设小型临时变电所，装设变压器将二次电源降至380 V/220 V，有效供电半径一般在500 m以内。大型工地可在几处设变压器(变电所)。需要的变压器容量可按下式计算：

$$P_{变} = 1.05P_{计} \tag{2.4.12}$$

式中：$P_{变}$——变压器容量(kVA)；

1.05——功率损失系数。

阅读理解：阅读《建筑工程施工组织实务》一书实务一中的施工现场平面布置，分析施工现场平面布置方法以及各分项指标的确定。

2.4.3　施工平面布置图的绘制

根据以上内容的布置要求和有关计算结果，绘制施工总平面图，其步骤如下。

2.4.3.1　确定图幅和绘图比例

图幅大小和绘图比例应根据工地大小、布置内容的多少来确定。图幅一般可选1～2号大小的图纸，比例尺一般采用1∶500到1∶2 000。

2.4.3.2　合理规划和设计绘图

施工总平面图除了要反映现场的布置内容外，还要反映周围的环境和面貌（如已有建筑物、场外道路等）。所以绘图时应合理规划和设计图面，并应留出一定的空余图面绘制指北针、图例及文字说明。

2.4.3.3　绘制建筑总平面图的有关内容

将现场测量的方格网、现场内外已建有的房屋、构筑物、道路和拟建工程等，按正确的图样绘制在图面上。

2.4.3.4　绘制工地需要的临时设施

根据布置要求及有关计算，将道路、仓库、加工厂、材料堆场和水、电管网等临时设施绘制在图面上。

2.4.3.5　形成施工总平面图

在进行各项内容的布置后，经分析比较、调整修改，形成施工总平面图，并作必要的文字说明，标上图例、比例尺、指北针。例如《建筑工程施工组织实务》一书实务一中某大学第二综合教学楼根据施工阶段绘制的基础阶段、主体阶段和装饰阶段施工总平面布置图。

实践活动：由教师给出建设项目资料或依据《建筑工程施工组织实务》一书中的实务一，学生进行施工现场起重机、运输机械、搅拌站、材料构件堆场、运输道路、临时设施、水电管网等分项的确定及布置练习。

【任务4小结】

任务4介绍了施工现场平面布置的依据、原则及内容；施工现场平面布置方法、步骤，包括，起重运输机械，搅拌站，材料、构件堆场，运输道路，临时设施，水、电管网等计算及布置；施工平面布置图的绘制。施工现场平面布置是建筑工程施工组织的重要组成部分，也是做好施工现场管理的重要保证，学生要能够正确进行施工现场平面布置，学习时多加训练。

习　题

简答题

1. 施工现场平面布置的内容有哪些？
2. 施工现场平面布置的基本步骤有哪些？
3. 选择塔式起重机应考虑哪几个方面的因素？
4. 塔式起重机平面布置应注意哪些问题？
5. 混凝土搅拌站的平面布置应注意哪些问题？
6. 材料堆场、仓库的面积计算方法有哪些？

综合实训

实训一：试根据《建筑工程施工组织实务》一书中的图 1.6.2 确定某大学第二综合教学楼在主体施工阶段使用几台塔式起重机。

实训二：试根据《建筑工程施工组织实务》一书中的图 1.6.3 找出某大学第二综合教学楼在装饰施工阶段 4 台龙门架位置。

实训三：由教师给出建设项目资料，在教师带领和组织下，进行施工现场平面布置，然后分小组（每组 5 ~ 8 人）完成，各小组间按施工现场平面布置标准互检，再由教师点评并打分。

任务 5　技术组织措施以及技术经济分析

2.5.1　技术组织措施的确定

技术组织措施是指在技术、组织方面对保证工程质量、安全、经济和文明施工等所采用的方法。它是施工组织设计编制者带有创造性的工作。

2.5.1.1　保证工程质量措施

保证工程质量就是要对施工组织设计的工程对象经常发生的质量通病制订防范措施。保证工程质量的措施可以从以下方面考虑。

1. 技术保证措施

①加强技术管理,认真贯彻各项技术管理制度。

②做好文件与资料的控制工作,由专人负责管理工程所需的各种文件和资料,保证使用资料的有效性。

③对与工程质量有关的质量记录由项目部设专人统一进行管理,以保持质量记录的系统性和可控性,质量记录除文字资料外,对重点部分用声像资料、照片予以保存存档,实现可追溯性。

④严格按国家质量体系文件要求以及公司质量手册、程序文件进行质量控制,对项目部质量体系进行定期检查,确保质量体系的有效运行,保证工程质量。

⑤做好各类管理人员、技术人员和操作人员的培训工作。

2. 物资保证措施

必须做好采购工作的控制,采购的材料、设备、成品、半成品应在合格的分供方中选择。对采购的材料、物资、成品、半成品进行标志和记录,防止材料混用和使用不合格材料以及不合格品进入下道工序。

3. 施工过程保证措施

①做好施工过程的控制,特别是关键过程和特殊过程的控制。

②对施工设备进行全过程安全管理,满足施工生产的需要,保证特殊过程连续施工,保证施工质量。

③对材料、构配件成品等进行规定的检验和试验,防止使用未经检验和试验或检验试验不合格的采购产品,避免不合格的产品转入下一道工序,验证最终产品是否符合规定要求。

④对施工全过程使用的检验、测量和试验设备进行周期检定、校准和维护,确保检验和试验结果符合规定要求的精度,满足施工生产需要,保证施工质量。

4. 纠正与预防不合格的保证措施

做好不合格品的控制。对已确定不合格的材料、施工半成品及最终产品进行标志、评审、处置,保证施工质量;对工程中已出现和潜在的不合格品原因进行分析,采取纠正和预防措施,从根本上消除产生不合格的因素,保证工程质量满足规定要求。

5. 物资搬运与交付保证措施

对进场物资进行合理搬运、储存,实施具体的搬运作业指导书,保证合格品供应,满足施工质量;对建安产品形成和最终交付过程实施有效的防护和保管措施,确保交付用户满足合同要求的建安产品。

6. 质量教育和质量交底保证措施

向各级生产人员明确分部、分项工程的质量等级,在每项工程开工前,进行质量标准交底和检查方法教育,做到管理人员、操作人员人人监督质量,各班组成员要自检、互检本工种质量,全体施工人员同心协力,坚持质量第一,狠抓严管,确保目标实现。

7. 样板工程保证措施

对主要分部、分项工程都要设计样板产品,使产品质量表现得直观,工人所创造的各部件也就有了更明显的要求和比照，如装饰时设样板间，砌筑时设计样板施工段。各分部、分项工程在大面积施工前，都要以样板活开路，并以样板为最低标准，如此抓下去以保证工程质量。

2.5.1.2 安全保卫措施

①成立安全生产监督机构。

②做好各项安全交底，严格执行安全生产制度，所有施工人员班前禁止喝酒，在施工现场醒目位置设安全生产宣传牌，搭设的各类脚手架须经安全员验收合格后方准使用。

③各类电动设备和工具必须有可靠、有效的安全接地措施，禁止带病运转，传动部分应有防护罩，触保器应每天调试，并做好记录；加强晚间施工照明管理，严禁乱拉乱接电线，遵守现场用电制度。

④特殊工作必须经过培训，并持有上岗证，教育全体职工遵章守纪，执行安全规程。

⑤主配楼隔层配置灭火器等设备，并挂于楼梯间醒目处，灭火设备应请专业消防人员当场指导使用，专人管理。

⑥施工现场和大小仓库均禁止吸烟。

⑦工地白天黑夜均设保卫人员，建立巡防制度。

2.5.1.3 施工进度控制措施

项目建设要在保证质量和安全的基础上，确保施工进度，以总进度为依据，按不同施工阶段、不同专业工种分解为不同的进度分目标，以各项技术、管理措施为保证手段，进行施工全过程的动态控制。

1. 强化进度计划管理

工程开工前，必须严格根据施工招标书的工期要求，提出工程总进度计划，并对其是否科学、合理，能否满足合同规定工期要求等问题，进行认真细致论证；在工程施工总进度计划的控制下，对于施工过程，坚持逐月(周)编制出具体的工程施工计划和工作安排并对其科学性、可行性进行认真的推敲；工程计划执行过程，如发现未能按期完成工程计划，必须及时检查分析原因，立即调整计划和采取补救措施，以保证工程施工进度计划的实现。

2. 施工进度的控制

施工进度计划的控制是一个循环渐进的动态控制过程，施工现场的条件和情况千变万化，项目经理部要及时了解和掌握与施工进度有关的各种信息，不断将实际进度与计划进度进行对比，一旦发现偏差，要及时分析原因及其对后续工作产生的影响，并采取各种有效措施进行调整。

①建立严格的《工序施工日志》制度，逐日详细记录工程施工情况。

②坚持每周定期召开一次工程施工协调会议，听取关于工程施工进度问题的汇报，协调工程施工外部关系，解决工程施工内部矛盾，对其中有关施工进度的问题，提出明确的计划调整意见。

③各级施工负责人必须“干一观二计划三”，提前为下道工序的施工，做好人力、物力和机

械设备的准备，确保工程一环扣一环地紧凑施工。

④预防和克服影响进度的诸多因素，保证施工进度目标的实现。在施工生产中，影响进度的因素纷繁复杂，如设计变更、技术、资金、机械、材料、人力、水电供应、气候、组织协调等。要保证进度目标的实现，就必须采取各种措施预防和克服上述影响进度的诸多因素。

⑤实行工种流水交叉，循序跟进的施工程序；发扬技术力量雄厚的优势，大力应用、推广"三新项目"，运用1SO 9002国际标准、TQC、网络计划、计算机等现代化的管理手段或工具为工程的施工服务。

2.5.1.4　降低成本措施

可采取以下措施降低成本。

①正确选择施工方案，精心组织施工，合理使用劳动力、机具和各种材料，提高管理水平。

②认真调查研究市场行情，摸清材料价格信息，选择优质价廉的材料。

③进场材料必须严格检查数量，对必须防潮的材料一定要采取防雨、防水措施；钢筋采用焊接或机械连接，充分利用短钢筋；建筑内粉刷落地砂浆及时收回使用，实行文明施工。

④木模板表面涂隔离剂，利于脱模，增加模板周转次数。

⑤加强周转材料的管理与利用，防止浪费、丢失。

⑥提高劳动生产率，减少工日消耗；改善劳动组合，提高单位时间产量；认真编制作业计划，加强经济核算；制定质量奖罚制度，充分调动广大员工的积极性，缩短工期。

⑦提高机械利用率，加强机械设备维修保养。

⑧狠抓施工质量，主体施工要确保垂直度和楼面平整度，防止垂直度和楼面平整度偏差过大，造成抹灰、找平层超厚费工费料。坚持按施工规范施工，确保工序一次成优，杜绝返工。

实习实作：依据所给单位工程分小组讨论保证施工质量、施工安全、施工进度和降低成本的措施。

2.5.1.5　风险分析及控制

项目的风险管理是指通过风险识别、风险分析和风险评价等认识项目风险，并以此为基础合理制订各种风险应对措施，对项目风险实行有效控制，妥善处理风险事件造成的不利后果，以最小的投入保证项目总体目标实现的管理工作。施工管理风险规划应包括以下内容：风险识别、风险分析、风险评价、风险回应、落实风险管理责任人。

风险责任人通常与风险的防范措施相联系。应根据上述内容编制风险分析表。其一般格式见表2.5.1。

表 2.5.1　风险分析表

风险名称	风险影响范围	导致风险发生的条件	风险损失	风险发生的可能性	风险损失期望	风险预防措施	责任人

注意：对特大或特别严重的风险需进行专项风险规划。

2.5.1.6　文明施工保证措施

可采取以下措施保证文明施工。

①工程实施时按当地建设工程现场文明施工管理的相关规定执行。

②建立健全文明施工检查考评制度，项目部每周进行一次自检，同时要配合监理部门对文明施工的检查。项目经理部指派专人主抓文明施工及环境保护工作，并将文明施工和环境保护工作开展的成效与各专业班组和管理人员的效益挂钩。

③项目部临时用地按相关标准进行布置，四周设置排水沟。严格执行用地管理，临时工程等设施均安排于计划用地红线内。

④根据施工平面图规划生活用房和施工用房，在工地门口设置明显的标示牌，标明建设工程名称、规模，建设、设计、监理、施工单位名称，建设单位工地总代表，施工单位总负责人与总工程师的姓名，工程开竣工日期，施工许可证批准文号等内容。并应同时设置统一规格（高 80 cm，宽 50 cm）的施工标牌，简称“七牌二图”。

提示：“七牌二图”是指：安全生产十大禁令牌、施工现场“十不准”牌、安全生产十大纪律牌、十项安全技术措施牌、防火须知牌、工程概况牌、安全生产计数牌、工地施工总平面图、卫生防火平面布置图。

⑤施工场地出入口应设置洗车槽，出场地的车辆必须冲洗干净。施工场地道路必须平整畅通，排水系统良好。

⑥场地内的管线应严格按设计和安全规定架设，并严加管理，杜绝乱搭乱接；做好电器设备的防雨防雷措施，定期对保护零线、重复接地的接地电阻进行测试，以确保施工用电的安全。建立工地文明、卫生防火责任制，落实到人。

⑦施工人员及管理人员均应佩戴胸卡上岗，上岗时必须戴安全帽，并做好施工现场的安全保卫工作，采取必要的防盗措施，建立门卫值班制度并设专职保安值勤。非施工人员不得擅自进入施工现场，施工人员着装不合安全规定的也不准进入施工现场。

⑧现场弃土及施工垃圾应及时清除，注意搞好工地及四周的环境卫生，创造良好的生活、施工卫生条件。

⑨材料、机具要分类堆放整齐，应合理有序并设置标示牌；现场的废料应及时清运，场地在干燥大风时应注意洒水降尘。

⑩将日常整理列入文明施工管理的日常工作中，做到作业人员离开，作业面干净整洁。

⑪施工现场设置的办公室、材料房、宿舍、厨房、冲凉房、厕所等都必须挂牌，并要张贴管理规定。施工现场办公室要经常保持整洁有序，不准兼作宿舍用，在内墙上要挂“四牌四表二图一板”。

提示：“四牌四表二图一板”是指：技术（质量）责任制度牌、安全责任制度牌、消防责任制度牌、文明施工责任制度牌、工程概况表、天气晴雨表、管理人员表、施工进度表、施工平面图、形象进度图、记事板。

⑫做好施工现场的卫生管理工作，环境应经常保持卫生整洁，厕所要建在指定地点并有防蝇灭蛆、洗水槽、自动冲水等设施。生活垃圾要在指定地点倒放，生活废水通过指定的污水沟排放，不准随地大小便，不准乱扔脏物，保持现场的卫生和清洁。

⑬工地饭堂与工棚应分开，厨房必须保持卫生、通风、明亮，房内安装排气扇，以保证房内通风良好。炊事员上岗应持有效的健康合格证和岗位培训合格证，生熟品严格分开，餐具用后应立即洗刷干净并按规定消毒。

⑭施工现场要严格按照安全防火相关规定派专人负责，建立起安全防火管理制度和台账（包括施工现场防火平面布置图），设置符合要求的消防设施，配备足量的消防器材设备，并保持完好的备用状态，建立高效率的义务消防队，切实搞好施工现场的安全防火工作。

⑮工程完工后，按要求及时拆除所有围挡及临时建筑设施、安全防护设施和其他临时工程，并将工地周围环境清理整洁，做到工料清、场地净。

2.5.1.7　环境保护措施

1. 施工期间噪声的防治措施

现场施工噪声主要来自施工机械，为了能有效地降低施工噪声，应从以下几点着手。

①必须采取相应措施以使施工噪声符合国家环保局颁发的《建筑施工场界噪声限值》（GB 12523）要求。土石方施工阶段的噪声限值为：昼间 75 dB，夜间 55 dB。

②在可供选择的施工方案中尽可能选用噪声小的施工工艺和施工机械。

③将噪声较大的机械设备布置在远离施工红线的位置，减少噪声对施工红线外的影响。

④对噪声较大的机械，在中午及夜间休息时间应停机，以免影响附近居民休息。

2. 施工期间粉尘（扬尘）的污染防治措施

土石方施工和施工车辆行驶会引起尘土飞扬，使附近的总悬浮颗粒物超过环境空气质量标准。为了注重环保工作，应采取以下措施。

①配备足够数量的洒水车以保证将汽车行走施工道路的粉尘（扬尘）控制在最低限度。

②定时派人清扫施工便道路面，减少尘土量；对可能扬尘的施工场地定时洒水，并为在场的作业人员配备必要的专用劳保用品。

③汽车进入施工场地应减速行驶，避免扬尘；对易于引起粉尘的细料或散料应予遮盖或适

当洒水,运输时亦应予遮盖。

3. 施工期间水污染(废水)的防治措施

①加强对施工机械的维修保养,防止机械使用的油类渗漏进入地下水中或市政下水道。

②施工人员集中居住点的生活污水、生活垃圾(特别是粪便)要集中处理,防止污染水源,厕所需设化粪池。

③冲洗集料或含有沉淀物的操作用水,应设置过滤沉淀池或采取其他处理措施。

4. 施工期间固体废物的防治措施

①注意环境卫生,施工项目用地范围内的生活垃圾应倾倒至围墙内的指定堆放点,不得在围墙外堆放或随意倾倒,最后交环保部门集中处理。

②对施工期间的固体废弃物应分类定点堆放,分类处理。

③施工期间产生的废钢材、木材、塑料等固体废料应予回收利用。

④严禁将有害废弃物用作土方回填料。

5. 其他环保措施

①建立环境保护管理小组,做好日常环境管理,并建立环保管理资料。

②建立健全环境工作管理条例,施工组织设计中应有相应环保内容。

③对地下管线应妥善保护,不明管线应事先探明,不允许野蛮施工作业。施工中如发现文物应及时停工,采取有效封闭保护措施,并及时报请业主处理,任何人不得隐瞒或私自占有。

④建立公众投诉电话,主动接受群众监督。

⑤施工期间应防止水土流失,做好废料石的处理,做到统筹规划、合理布置、综合治理、化害为利。

观看录像:说明施工安全的重要性和施工污染的危害。

阅读理解:阅读《建筑工程施工组织实务》一书中的实务一,分析其技术组织措施。

2.5.2 建筑施工组织技术经济分析

2.5.2.1 技术经济分析目的

技术经济分析的目的是论证施工组织设计在技术上是否可行,在经济上是否合算,通过科学的计算和分析比较,选择技术经济效果最佳的方案,为不断改进和提高施工组织设计水平提供依据,为寻求增产节约途径和提高经济效益提供信息。技术经济分析既是单位工程施工组织设计的内容之一,也是必要的设计手段。

2.5.2.2 技术经济分析要求

技术经济分析的要求如下。

①全面分析。要对施工的技术方法、组织方法及经济效果进行分析,对施工的具体环节及全过程进行分析。

②作技术经济分析时应抓住施工方案、施工进度计划和施工平面图三大重点,并据此建立技术经济分析指标体系。

③在作技术经济分析时,要灵活运用定性方法和有针对性地应用定量方法。在作定量分析时,应对主要指标、辅助指标区别对待。

④技术经济分析应以设计方案的要求、有关的国家规定及工程的实际需要为依据。

2.5.2.3 技术经济分析重点

技术经济分析应围绕质量、工期、成本三个主要方面。选用某一方案的原则是:在质量能达到优良的前提下,工期合理,节约成本。

对于单位工程施工组织设计,不同的设计内容,应有不同的技术经济分析重点。

①基础工程应以土方工程、现浇混凝土、打桩、排水和防水、运输进度与工期为重点。

②结构工程应以垂直运输机械选择、流水段划分、劳动组织、现浇混凝土支模、绑筋、混凝土浇筑与运输、脚手架选择、特殊分项工程施工方案和各项技术组织措施为重点。

③装饰工程应以施工顺序、质量保证措施、劳动组织、分工协作配合、节约材料及技术组织措施为重点。

单位工程施工组织设计的技术经济分析重点是:工期、质量、成本,劳动力使用,场地占用和利用,临时设施,协作配合,材料节约,新技术、新设备、新材料、新工艺的采用等。

2.5.2.4 技术经济分析方法

1. 定性分析方法

定性分析法是根据经验对单位工程施工组织设计的优劣进行分析。例如,工期是否适当,可按一般规律或施工定额进行分析;选择的施工机械是否得当,主要看它能否满足使用要求、机械提供的可能性等;流水段的划分是否适当,主要看它是否给流水施工带来方便;施工平面图是否合理,主要看场地是否合理利用等。定性分析法比较方便,但不精确,不能优化,决策易受主观因素制约。

2. 定量分析方法

1)多指标比较法　该方法简便实用,使用较多。比较时要选用适当的指标,注意可比性。有两种情况要区别对待。

①一个方案的各项指标明显地优于另一个方案,可直接进行分析比较。

②几个方案的指标优劣有穿插,互有优势,则应以各项指标为基础,将各项指标的值按照一定的计算方法进行综合后得到一个综合指标进行分析比较。其计算式参见学习情境2中式(2.2.1)。

2)单指标比较法　该方法多用于建筑设计方案的分析比较。

2.5.2.5　技术经济分析指标

单位工程施工组织设计中，技术经济指标应包括：工期指标、劳动生产率指标、质量指标、安全指标、成本率、主要工程工种机械化程度、三大材料节约指标等。这些指标应在单位工程施工组织设计基本完成后进行计算，并反映在施工组织设计文件中，作为考核的依据。施工组织设计技术经济分析指标可在图2.5.1所列的指标体系中选用。其中，主要的指标如下。

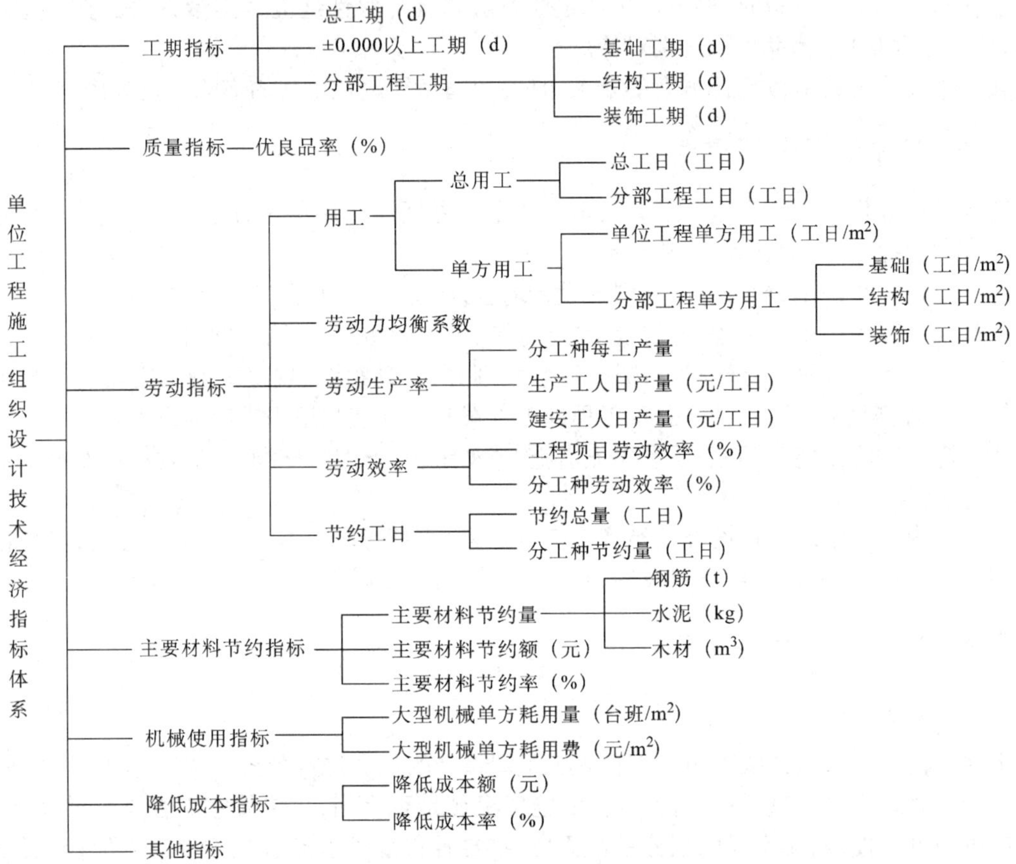

图2.5.1　单位工程施工组织设计技术经济分析指标体系

①总工期指标，即从破土动工至竣工的全部日历天数。

②质量优良品率，是在施工组织设计中确定的控制目标，主要通过保证质量措施实现，可分别对单位工程、分部分项工程进行确定。

③单方用工，反映劳动的使用和消耗水平。不同建筑物的单方用工之间有可比性。

$$单方用工=\frac{总用工量(工日)}{建筑面积(m^2)} \tag{2.5.1}$$

④主要材料节约指标，主要材料节约情况随工程不同而不同，靠材料节约措施实现。可分

别计算主要材料节约量、主要材料节约额或主要材料节约率。

$$\text{主要材料节约量}=\text{技术组织措施节约量}$$

或

$$\text{主要材料节约量}=\text{预算用量}-\text{施工组织设计计划用量} \tag{2.5.2}$$

$$\text{主要材料节约率}=\frac{\text{主要材料计划节约额(元)}}{\text{主要材料预算金额(元)}}\times 100\%$$

或

$$\text{主要材料节约率}=\frac{\text{主要材料节约量}}{\text{主要材料预算用量}}\times 100\% \tag{2.5.3}$$

⑤大型机械耗用台班数及费用。

$$\text{大型机械单方耗用台班数}=\frac{\text{耗用总台班(台班)}}{\text{建筑面积}(\mathrm{m}^2)} \tag{2.5.4}$$

$$\text{单方大型机械费}=\frac{\text{计划大型机械台班费(元)}}{\text{建筑面积}(\mathrm{m}^2)} \tag{2.5.5}$$

⑥降低成本指标。

$$\text{降低成本额}=\text{预算成本}-\text{施工组织设计计划成本} \tag{2.5.6}$$

$$\text{降低成本率}=\frac{\text{降低成本额(元)}}{\text{预算成本(元)}}\times 100\% \tag{2.5.7}$$

小组讨论：分小组讨论《建筑工程施工组织实务》一书中实务一技术经济分析的目标和方法。

【任务5小结】

任务5介绍了建筑工程施工组织设计技术组织措施，主要包括保证工程质量、安全、进度措施，降低成本措施，风险分析及控制、文明施工及环境保护措施等内容；介绍了建筑施工组织设计技术经济分析的目的、要求、重点以及分析方法和分析指标等。技术组织措施以及技术经济分析是建筑工程施工组织的重要组成内容，是做好施工现场管理的重要保证，也是衡量建筑施工组织合理与否的重要依据，学生要能够正确制订技术组织措施并正确进行技术经济分析。

习　题

简答题

1. 简述保证工程质量的措施有哪些。
2. 简述保证工期的技术措施。

3. 简述项目风险管理的内容。

4. 施工现场办公室内墙上要挂“四牌四表二图一板”，简述其具体内容。

5. 简述单位工程施工组织设计技术经济分析的方法、重点。

综合实训

实训一：调查一建筑工地，收集、分析并体会其采取的主要技术组织措施及其技术经济分析。

实训二：某大酒店建筑面积25 868 m^2，东西两侧高8层，中间高12层，绿琉璃瓦屋顶，花岗石墙面。内有客房300套、大小餐厅及商店、娱乐场所等；地下室一层，并连接地下车库，外观豪华壮观。该屋面结构相当复杂，承担该屋面防水施工的队伍，持有相关部门颁发的防水专业资质证书，施工人员的主要队长、班组长和操作骨干均经过建筑防水专业培训班的培训，并持有防水专业施工人员的岗位证书，经工程监理验证后，复印件归入技术档案。

问题：

(1)此大酒店施工现场管理的总体要求是什么？

(2)施工项目经理对此工程进行项目管理，应注意哪些基本要求？

(3)对宾馆来说，消防非常重要，这里的消防给水、灭火系统内容应包括哪些？

任务6　单位工程施工组织编制实例

施工组织设计是由承建单位根据自身的实际情况和工程项目的特点，在施工前依据合同、法规、设计、施工、技术、经济、人力、物力、时间、所处环境及社会资源关系等方面所作的一个总的部署和统筹安排，在施工全过程起导向作用。因此合理的施工组织设计可以起到保证施工组织顺畅、技术合理，确保顺利完成合同约定内容，降低成本，为承建单位创造更大的利润空间的作用。

本任务根据具体的施工组织实例，介绍如何编制一本完整的施工组织设计，在施工组织设计中如何根据工程特点进行有效的组织和配备相关资源，如何协调参建各方的关系，如何确定主要分部分项工程的施工方法，如何制订完成施工各项工作的保证措施。

2.6.1　编制说明

本施工组织设计根据×××大学3、4号住宅楼工程的合同文件、施工图纸和现行规范、标准、图集编制而成，适用于本工程的施工过程管理。

根据本工程的特点和实际环境情况制订了具体的施工方案，施工总进度计划，主要施工机械设备计划，劳动力计划，主要资源配置计划，主要分部分项工程施工方法，确保工程质量、工期、安全和文明施工的技术组织措施，施工总平面布置，对施工现场环境保护管理措施，防止扰民措施，成本降低措施等。

另外在本施工组织设计中，制订了应用新技术、新材料、新工艺、新设备的推广应用计划。采用信息化施工技术，用现代电脑网络技术对施工全过程进行动态管理，不断推动施工技术的发展。

2.6.2　编制依据

本工程施工组织设计依据国家和重庆市现行规范、标准、法律、法规，结合施工单位企业标准和成功的管理经验以及与业主方的施工合同和该工程的设计文件编制而成。下面介绍相关依据。

2.6.2.1　合同及设计文件

合同及设计文件见表2.6.1。

表2.6.1　合同及设计文件

项　目	文件名称	时　间
合　同	×××工程建设工程施工合同	2015年7月
设计文件	建施01~16	2015年1月
	结施01~16	2015年1月
	电施01~34	2015年1月
	水施01~33	2015年1月
	弱电施01~10	2015年1月
	通施01~02	2015年1月
	施工图审查意见	2015年6月

2.6.2.2　主要规范、规程

主要规范、规程见表2.6.2。

表2.6.2　主要规范、规程

类　别	规范、规程名称	编　号
国家	《建设工程项目管理规范》	GB/T 50326—2006
国家	《混凝土结构工程施工质量验收规范》	GB 50204—2015
国家	《地下防水工程质量验收规范》	GB 50208—2011
国家	《砌体结构工程施工质量验收规范》	GB 50203—2011
国家	《住宅装饰装修工程施工规范》	GB 50327—2001
国家	《屋面工程质量验收规范》	GB 50207—2012

续表

类　别	规范、规程名称	编　号
国家	《建设工程文件归档整理规范》	GB/T 50328—2014
国家	《工程测量规范》	GB 50026—2007
国家	《火灾自动报警系统施工及验收规范》	GB 50166—2007
国家	《建筑给水排水及采暖工程施工质量验收规范》	GB 50242—2002
国家	《建筑电气工程施工质量验收规范》	GB 50303—2015
行业	《建筑工程冬期施工规程》	JGJ/T 104—2011
建设部	《施工现场临时用电安全技术规范》	JGJ 46—2005
行业	《建筑施工扣件式钢管脚手架安全技术规范》	JGJ 130—2011

2.6.2.3　主要标准

主要标准见表 2.6.3。

表 2.6.3　主要标准

类　别	标 准 名 称	编　号
国家	《建筑工程施工质量验收统一标准》	GB 50300—2013
行业	《钢筋焊接接头试验方法标准》	JGJ/T 27—2014
国家	《混凝土质量控制标准》	GB 50164—2011
国家	《混凝土强度检验评定标准》	GB 50107—2010
行业	《建筑工程饰面砖粘结强度检验标准》	JGJ/T 110—2008
国家	《砌体工程现场检测技术标准》	GB/T 50315—2011
行业	《采暖居住建筑节能检验标准》	JGJ/T 132—2009
行业	《建筑施工安全检查标准》	JGJ 59—2011

2.6.2.4　主要法律法规

主要法律法规见表 2.6.4。

表 2.6.4　主要法律法规

类　别	名　称
国家	《中华人民共和国建筑法》
国家	《中华人民共和国环境保护法》
地方	《见证取样规程》
行业	《建设工程质量管理条例》
地方	《重庆市建设工程质量条例》
地方	《重庆市施工现场管理有关文件和标准》

2.6.2.5　主要图集

主要图集见表 2.6.5。

表 2.6.5　主要图集

类　别	名　称	编　号
国家	《国家建筑标准设计》	01J300、01J304
国家	《结构构造标准图集》	03G101
地方	《西南地区建筑标准设计通用图集》	2001 年版合订本(1)
地方	《西南地区建筑标准设计通用图集》	2001 年版合订本(2)

2.6.3　工程概况

工程概况见表 2.6.6 ~ 表 2.6.12。

2.6.3.1　工程简介

表 2.6.6　工程情况

项　目	内　容
项目名称	×××大学3、4号住宅楼工程
工程地址	重庆市×××区
业主名称	×××大学
设计单位	×××建筑设计研究院
勘察单位	重庆×××地质勘察院
结构类型	大开口剪力墙结构
工程类别	二类高层建筑
耐火等级	一级
建筑面积	22 505 m^2
层数	19
建筑高度	79.284 m
承包范围	基础工程、主体工程、初装修、电气设备安装、给排水工程
合同质量要求	合格
合同工期	450 d
建筑功能	住宅楼

2.6.3.2 建筑设计概况

表 2.6.7 建筑设计概况

项 目	部 位	内 容
标高	设计 ±0.00	相当于绝对标高 217.600
墙体	剪力墙	钢筋混凝土
	填充墙	±0.00 以下为 240 厚 MU10 页岩砖砌体,以上为 200 页岩空心砖砌体
内装修	楼、地面	地砖、水泥砂浆
	内墙	水泥砂浆、乳胶漆、彩釉砖、内墙涂料
	顶棚	水泥砂浆、乳胶漆、内墙涂料
外装修	面砖、外墙涂料、红色英红瓦	
门窗	窗	塑钢窗、百叶窗
	门	木门、自闭防火门、地弹门、玻璃滑拉门
防水	地下室外墙	抗渗混凝土(S_8)
	屋面	991P 型丙烯酸酯防水卷材、WL 高强防水卷材、聚苯乙烯硬泡沫塑料板
	卫生间、厨房	991—JS 防水涂料

2.6.3.3 结构设计概况

表 2.6.8 结构设计概况

项 目	内 容	
结构形式	基础结构形式	条形基础、柱下独立基础、片筏基础
	主体结构形式	大开口剪力墙结构
建筑物地基	持力层为中风化砂质泥岩	饱和单轴抗压强度标准值为27.30 MPa
混凝土强度等级	基础垫层	C20
	筒体底板、挡土墙	C35 S8
	条形基础、柱下独立基础、片筏基础	C25
	柱、梁	C35
	剪力墙	C40、C35、C30
	梁、板	C30
抗震	抗震设防烈度	6 度
	抗震等级	二级
	抗震设防类别	丙类
设计使用年限	50 年	
钢筋类别	HPB225、HRB335、HRB400	

2.6.3.4　给排水设计概况

表 2.6.9　给排水设计概况

项　目	内　容			
用水量	最高日用水量	667 m^3/d	最大小时用水量	27.79 m^3/d
供水区划分	高压区	八层至屋顶水箱	水源及压力由恒压变流量供水装置供水	
	低压区	地下一层至七层	水源及压力由市政自来水给水管网提供	
排水系统	室内	采用污废水合流		
	室外	采用雨污水分流		
	污水处理	经无能耗处理池处理后排入市政管道		
消防系统	室外消防用水量		20 L/s	
	室内消火栓用水量		30 L/s	

2.6.3.5　强电系统设计概况

表 2.6.10　强电系统设计概况

项　目	内　容
供电电源	10 kV 高压电缆专用回路
变配电所位置	地下车库
备用电源	容量 520 kW/650 kVA 的一台发电机组
设备用电电压	三相五线制:380/220 V;使用电压:电力为 380 V,照明单相为 220 V
防雷	二类防雷建筑,接地电阻小于 1 Ω

2.6.3.6　弱电系统设计概况

表 2.6.11　弱电系统设计概况

编　号	内　容
1	火灾自动报警系统
2	电视电话系统
3	网络及综合布线系统
4	小区智能系统

2.6.3.7 现场施工条件

表 2.6.12 现场施工条件

项 目	内 容
环境、地貌	场地较平坦
地上、地下物情况	无障碍物、无不良地质情况、无地下水
三通一平状况	道路、水、电均已接通,场地已整平
现场水、电源供应点	水源在场地北侧,电源在场地的东北角

2.6.4 施工部署

2.6.4.1 施工组织机构

1. 项目组织体系

某单位作为该工程的总承包方,将组建精干的项目管理班子,并选派具有丰富施工能力及总承包管理经验的国家一级项目经理担任本工程项目经理,同时选派 1 名优秀的高级工程师担任总工程师,1 名优秀工程师担任项目副经理,共同组成项目经理部领导层。经理部下设:工程部、总务部、物资设备部、合约部和财务部五个职能部门。组织体系见图 2.6.1 项目组织体系图。

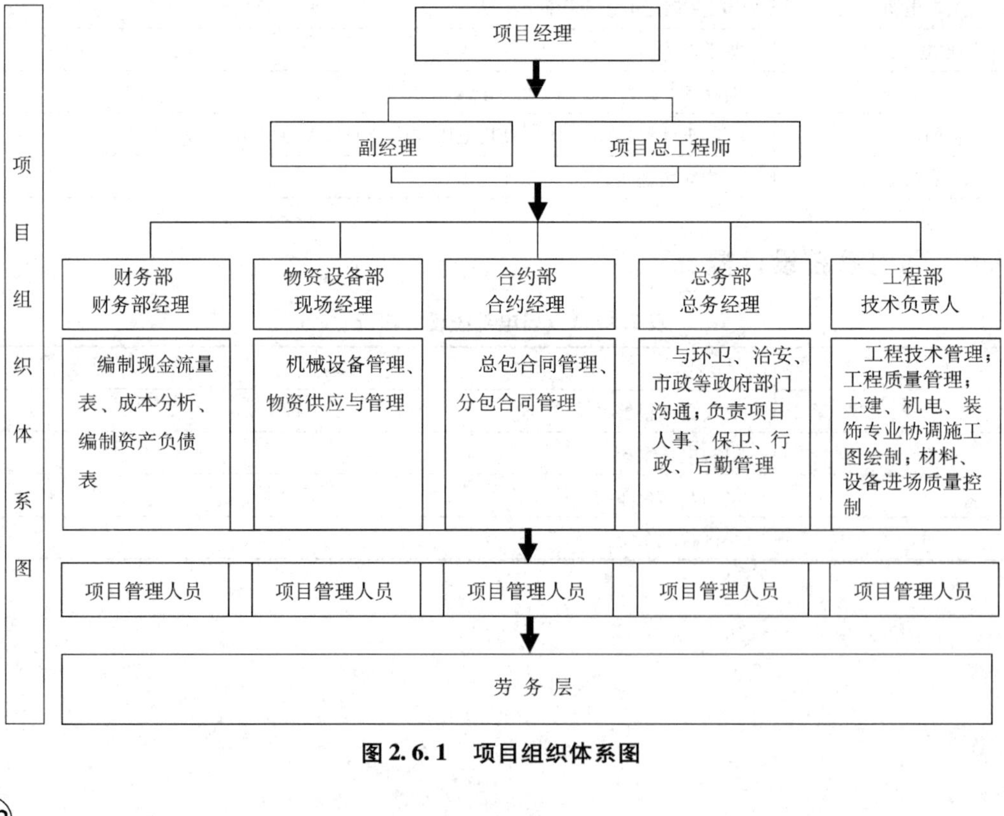

图 2.6.1 项目组织体系图

2. 项目人员配备

根据公司《工程项目管理责任目标考核与奖励办法》的规定，本项目管理人员配备见表2.6.13。

表2.6.13　项目人员配备表

编号	姓名	职务	职称	编号	姓名	职务	职称
1	×××	项目经理	高级工程师	7	×××	合约部经理	造价师
2	×××	总工程师	高级工程师	8	×××	总务部经理	工程师
3	×××	项目副经理	高级工程师	9	×××	质量员	工程师
4	×××	工程部经理	工程师	10	×××	土建施工员	助理工程师
5	×××	财务部经理	会计师	11	×××	电气施工员	助理工程师
6	×××	物资设备部经理	经济师	12	×××	水暖施工员	助理工程师

3. 部门职责分配

1）工程部　负责编制施工进度总计划、月计划、周计划；负责施工生产调度，协调分包施工；负责安全生产、文明施工、规划、临时水电、总平面管理等；负责大型机械及垂直运输设备调度；负责统计工作；记录施工日志。负责土建、机电安装、装饰等专业的技术管理；负责各专业、各工种之间施工协调图的绘制；解决工程中的技术问题和技术变更，进行方案编制、技术交底；控制项目施工质量，进场材料、设备的质量；制订安全防护措施并负责检查验收；负责工程技术资料的收集整理；负责检验试验工作。

2）总务部　负责与环卫、治安、市政等政府职能部门沟通，负责项目人事、保卫、行政、后勤管理。

3）物资设备部　负责各类材料的确认与采购供应；负责工程机械配备、使用及维护保养；负责周转工具的供应、运输与保管。

4）合约部　负责总包合同管理；负责分包及采购供应合同的签订与管理，工程量统计、预结算工作；负责甲方指定的分包工程的结算与工程付款的审核；负责成本核算、做好日常成本控制与管理。

5）财务部　负责工程款的收支工作，保证工程有充足资金运转；及时分析、编制现金流量表，控制资金流向；负责日常财务工作。

2.6.4.2　工程管理目标

工程管理目标见表2.6.14。

表2.6.14　工程管理目标

编号	项　目	目　　标
1	工期目标	工期为450 d
2	质量目标	确保工程一次交验合格，争创优质结构工程

续表

编号	项 目	目 标
3	安全生产目标	确保无重大工伤事故,杜绝死亡事故
4	文明施工目标	达到重庆市安全文明样板工地标准,争创安全文明工地
5	消防目标	杜绝消防事故发生
6	环境管理目标	达到 ISO 14001 国际环保认证的要求

2.6.5 施工方案的确定

2.6.5.1 施工流水段划分

1. 流水施工段划分

本工程的特点是地下部分为整体地下室,地上为两栋结构完全一致的塔楼,并且每栋楼标准层建筑面积为 608.56 m^2,很适合每栋每层楼作为一个流水施工段进行施工,因此 3 号楼和 4 号楼分别各为一个流水施工段。

2. 施工起点及流向

为了方便施工,本工程从靠近南侧大门的 3 号楼开始施工,3 号楼的每一层都作为流水施工的第一施工段,4 号楼作为第二施工段。每个工种施工在 3 号楼上的流水段结束后再转入 4 号楼施工。

2.6.5.2 施工顺序

1. 总体施工顺序

按照先地下、后地上,先土建、后安装,先主体、后围护,先结构、后装修的总施工顺序原则进行部署,见图 2.6.2。

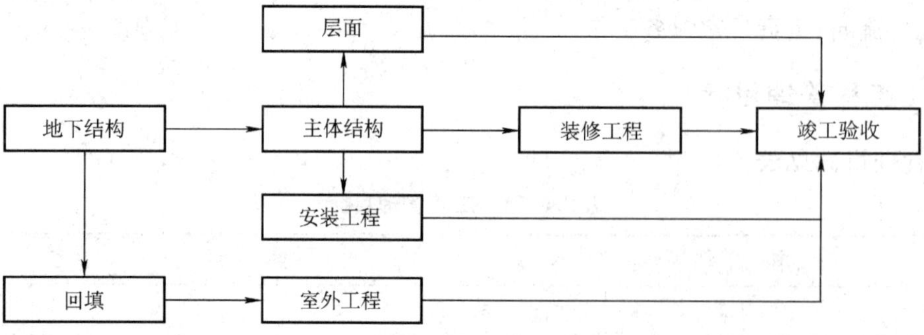

图 2.6.2 总体施工顺序

2. 地下结构施工顺序

地下结构施工顺序：基槽开挖→钎探、清渣→垫层浇筑→底板防水→防水保护层→基础及底板钢筋放线→基础及底板钢筋绑扎→基础底板混凝土浇筑→基础底板混凝土养护→测量放线→地下一层墙柱钢筋绑扎→地下一层墙柱支模→地下一层内架搭设→地下一层顶板、梁支模→地下一层顶板、梁钢筋绑扎→地下层顶板、梁混凝土浇筑→梁板混凝土养护。

3. 地上结构施工顺序

地上结构施工顺序：放线→墙、柱钢筋绑扎→墙、柱支模→满堂脚手架搭设→梁、板模块支设→梁、板钢筋绑扎→墙、柱、梁、板混凝土浇筑→混凝土养护。

4. 装修阶段施工顺序

装修阶段施工顺序：抹灰→楼地面→门、窗框安装→门、窗框抹灰收口→门、窗扇安装→刮腻子→油漆、涂料。

2.6.5.3　大型机械选用

1. 塔吊

本工程选用2台QTZ 315型塔吊，分别布置在两栋主楼南侧，塔吊参数见表2.6.15。通过计算满足本工程需要。

表2.6.15　QTZ 315型塔吊参数

编　号	项　目	参　数	编　号	项　目	参　数
1	公称起重力矩	315 kN·m	7	回转速度	0.37/0.73 r/min
2	最大起重量	3 t	8	变幅速度	22/33 m/min
3	工作幅度	38/42 m	9	顶升速度	0.6 m/min
4	独立式高度	27 m	10	平衡重	4/5 t
5	附着式高度	100 m	11	工作温度	-20～+40 ℃
6	起升速度	7/40/60 m/min	12	功率	50 kW

2. 混凝土泵

考虑混凝土浇筑量，选择两台HBT 60输送泵，其中一台备用。通过计算，输送量能满足本工程需要。输送泵参数见表2.6.16。

表 2.6.16　HBT 60 输送泵参数

编　号	项　目	参　数	编　号	项　目	参　数
1	最大输送量	60 m^3/h	3	出口最大压力	16 MPa
2	电机功率	110 kW			

3. 施工电梯

在砌筑及装饰期间，在两栋塔楼各设 1 台 SCD120/120 施工电梯来配合垂直运输。主要性能参数见表 2.6.17，满足本工程施工需要。

表 2.6.17　SCD120/120 施工电梯参数

编　号	项　目	参　数	编　号	项　目	参　数
1	载重	1.2 t	3	载人数	12 人/笼
2	功率	30 kW	4	最大提升高度	80 m

4. 砂浆搅拌机

在砌筑和装修期间，设 2 台 JZC 350 型砂浆搅拌机，配合砌筑砂浆、抹灰砂浆搅拌。主要性能参数见表 2.6.18。

表 2.6.18　JZC 350 型搅拌机参数

编　号	项　目	参　数	编　号	项　目	参　数
1	出料容量	350 L	3	平均搅拌能力	12 ~ 14 m^3/h
2	功率	5.5 kW	4	拌和时间	2 min

2.6.5.4　主要施工方法确定

1. 基础及底板

由于基础为浅基础，并且底板有防水要求，因此基础和底板同时施工。

2. 主体结构

1）模板　因为结构形式为大开口剪力墙，因此模板采用 15 mm 厚木胶板加工成木制边框的大模板，墙、柱模板配置 3 个施工段（即一层半）的模板量；梁板模板采用配置两层半，即 5 个施工段的模板量；顶板支撑体系采用扣件式钢管脚手架，配置数量同梁板模板。

2）钢筋　钢筋为现场调直加工。

3）混凝土　采用商品混凝土。

4）主体结构施工　由于层高较低，从一层开始都是标准层，因此采取梁板柱混凝土同时浇筑的方法施工。

5)外脚手架　采用双排全封闭悬挑脚手架,最下面6层为落地脚手架,从第7层开始为悬挑脚手架,每6层一挑,用工字梁悬挑。

2.6.6　施工进度计划

2.6.6.1　施工进度阶段目标控制

本工程开工日期为2015年9月15日。为保证能顺利完工,特对工程关键工作制定阶段性时间控制点,以指导每项工作的顺利开展,详见表2.6.19。

表2.6.19　阶段性节点时间控制表

序号	项　目	开始时间点	结束时间点	备注
1	土石方开挖	2015年10月03日	2015年11月06日	
2	地下结构	2015年10月26日	2015年12月12日	
3	主体结构	2015年12月01日	2016年04月02日	
4	填充墙砌筑	2016年02月08日	2016年04月22日	
5	外墙面砖	2016年05月09日	2016年08月06日	
6	内墙抹灰	2016年03月23日	2016年07月11日	
7	竣工交付	2016年10月15日	2016年10月29日	

为了贯彻空间占满时间连续、均衡协调有节奏、力所能及留有余地的原则,保证工程按照总控计划完成,需要采用主体和安装、主体和装修、安装和装修立体交叉施工。

为保证各分部、分项工程均有时间保证工程施工进度和施工质量,编制工程施工进度总控计划时,要确立各阶段的目标时间,阶段目标时间不能更改。施工设备、资金、劳动力在满足阶段目标的前提下进行配备。

2.6.6.2　结构验收时间表

为了使上部结构正在施工而下部的安装、装修插入施工,需要将结构按3次进行分阶段验收。结构验收的详细时间见表2.6.20。

表2.6.20　结构验收时间

结 构 部 位	验 收 时 间
地基与基础结构	2016年01月05日
10层以下结构	2016年02月05日
主体结构	2016年04月30日

2.6.6.3　施工总进度计划

施工总进度计划见图2.6.3。

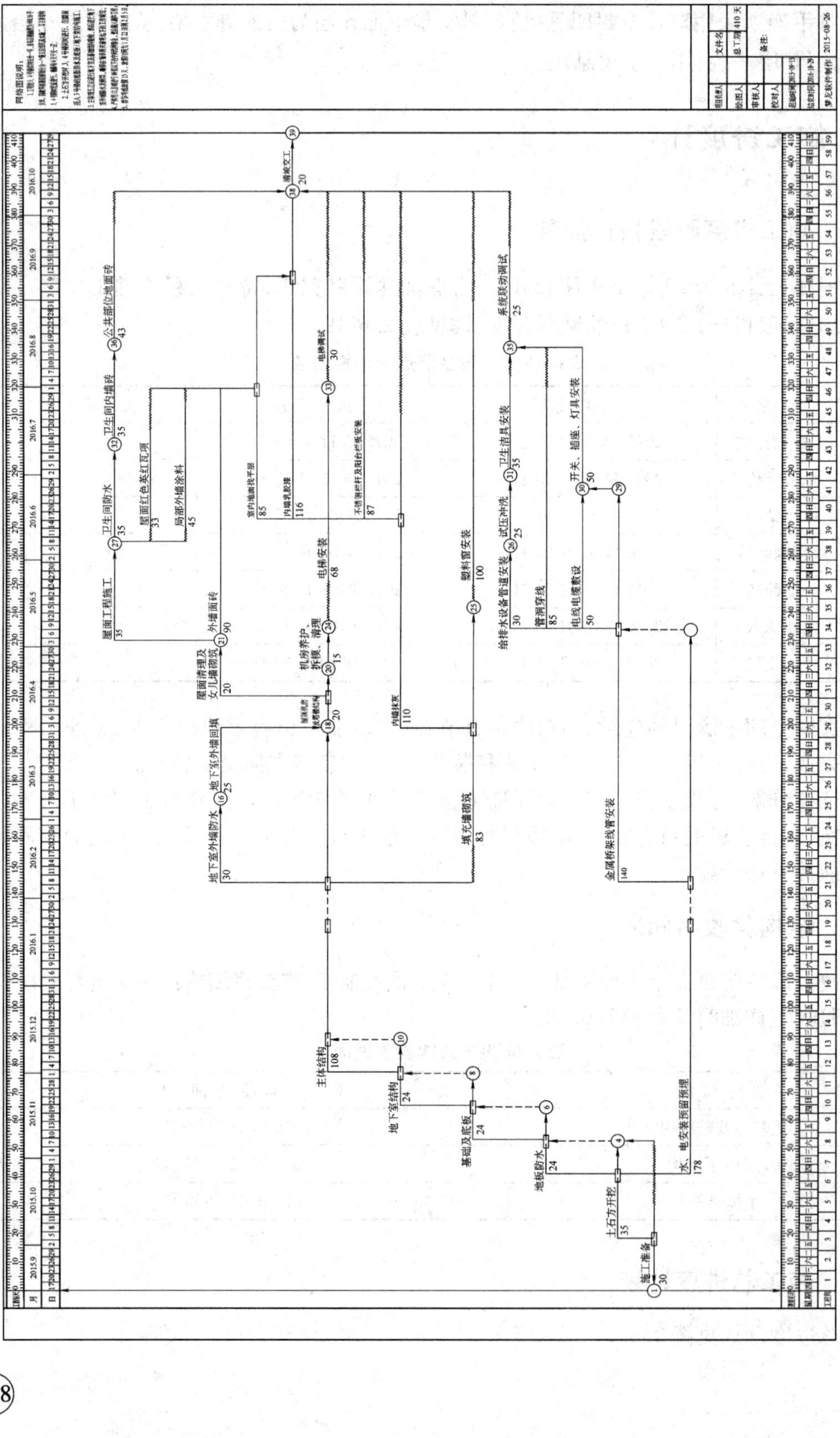

图 2.6.3 ×××大学3,4号住宅楼施工总进度网络计划

2.6.7　施工准备

2.6.7.1　技术准备

1. 图纸会审及专项施工方案编制计划

图纸会审及专项施工方案编制计划如表2.6.21所示。

表2.6.21　图纸会审及专项施工方案编制计划

项　　目	责任部门	截止日期	责任人
图纸会审	项目工程部	2015年10月12日	项目总工
防水施工方案	项目工程部	2015年9月20日	项目技术负责人
地基基础施工方案	项目工程部	2015年9月25日	项目技术负责人
主体结构施工方案	项目工程部	2015年9月25日	项目技术负责人
外脚手架施工方案	项目工程部	2015年9月26日	项目技术负责人
安装施工方案	项目工程部	2015年9月26日	项目技术负责人
屋面施工方案	项目工程部	2015年10月28日	项目技术负责人
室内初装修方案	项目工程部	2015年9月25日	项目技术负责人

2. 检验批划分

为便于验收，从地基基础阶段、主体结构阶段到内装饰装修，本工程检验批的划分按每个流水施工段为一个检验批；屋面工程按两栋楼各一个检验批；外墙面砖为每栋楼的每六层为一个检验批；门窗每栋每六层为一个检验批。

3. 样板间计划

为了保证工程质量，必须确保样板先行的制度，为了有效地贯彻样板间制度，特制订样板间计划，见表2.6.22。

表2.6.22　样板间计划表

样板项目		样板部位	样板施工时间
钢筋工程	底板	1段	2015年10月5日
	墙	1层1段	2015年11月25日
	梁、板	1层1段	2015年11月28日
模板工程	墙	1层1段	2015年11月25日
	梁、板	1层1段	2015年11月28日
	卫生间	2层1段	2016年8月5日
	屋面	1段	2016年7月15日
初装修样板间		2层1段	2016年6月10日

4. 坐标点的引入

项目经理部进场后，规划部门将建筑的轴线桩引入施工现场，并且将城市水准点引入现场，以此水准点控制工程的标高。项目经理部测量人员将轴线桩引到现场四周固定的房屋墙面上，作为施工轴线的投测点。

2.6.7.2 现场准备

1. 临时用电设计

(1)用电负荷计算、变压器选择

根据各专业施工机电设备计划提供的用电设备功率(容量),计算负荷为:

$$P = 1.05 \times (K_1 \sum P_1/\cos\varphi + K_2 \sum P_2 + K_3 \sum P_3)$$

其中,利用系数分别取定为:$K_1 = 0.5, K_2 = 0.5, K_3 = 0.8, \cos\varphi = 0.75$。

$$\sum P_1(\text{电动机总功率}) = 100(\text{塔吊}) + 110(\text{混凝土泵}) + 60(\text{电梯}) + 11(\text{搅拌机}) = 281\ \text{kW}$$

$$\sum P_2(\text{电焊设备总功率}) = 100(\text{闪光对焊}) + 75(2\text{台交流电焊机}) = 175\ \text{kW}$$

$$\sum P_3(\text{其他}) = 20\ \text{kW}$$

故

$$P = 1.05 \times (0.5 \times 281/0.75 + 0.5 \times 175 + 0.8 \times 20) = 300.2\ \text{kVA}$$

根据临时用电负荷变化大的特点,本工程用电量可选用一台容量不小于350 kVA的变压器。用电引线按业主指定线路从其变配电室接驳引入。

(2)应急发电机组

考虑到意外停电因素影响,本工程配置一台柴油发电机组(160 kW),在停电时,供办公室照明、地面保安照明、楼层照明、混凝土连续浇筑应急用电。

(3)配电方式

临时用电系统根据各种用电设备的情况,采用三相五线制树干式与放射式相结合的配电方式。地平面电缆暗敷设于电缆沟内,楼内干线电缆沿内筒壁卡设,干线电缆选用XV型橡皮绝缘电缆。施工配电箱采用统一制作的标准铁质电箱,箱、电缆编号与供电回路对应。

2. 临时用水设计

(1)室外消火栓给水系统

本系统的设置旨在保护施工现场、主体建筑低层部分及邻近建筑物。采用临时高压消防给水系统。拟设临时消防泵,平时管网内的水压为市政水压,仅能满足施工生产用水的需要,不能满足消防需要,一旦发生火灾,立即启动消防水泵,临时加压使管网内的流量和水压达到消防要求。本工程室外消火栓系统用水量为20 L/s。

本设计沿土建开挖线外围成环形敷设室外消火栓系统给水主管,环管各处按用水点需要预留甩口,并按不小于60 m的间距布置室外地下式消火栓,消火栓规格为SX100—1.6,为节约工程投资,设计室外消防与室内消防合用一台水泵,室外给水环管与室内消防及生产用水管之间设阀门,该阀门平时常闭,当着火须启动室外消火栓时立即打开消防泵,互做备用。消火栓设昼夜明显标志,消火栓周围3 m范围内不得堆放其他物品。

(2)室内消防及生产给水系统

室内消火栓用水量设计为15 L/s。设临时泵房,将市政水加压后送至主楼内。采用两台加压泵,一台为生产用水加压泵,另一台为临时满足室内消防及室外消防用。

两栋楼的各楼层预留孔洞设一根DN100竖管供主楼施工及消防用,竖管隔层设DN65室内消火栓,并预留甩口,以供施工用水。室内消火栓设计采用19 mm喷嘴,ϕ65栓口,25 mm长麻质水龙带。

(3)给水布设

从建设单位指定位置接入水源,管径 DN100,并做水表井。在施工现场敷设 DN100 生产消防环线。从环线引管径 DN40 支管,枝状分布,分供办公室、大门冲洗用水。楼层设施工及消防用竖管,隔层设消火栓,从竖管引 DN32 支管,加阀门,用软管引至施工作业面,供施工生产用水。

(4)排水

施工现场沿道路设排水沟,现场道路、材料堆场硬化,并向排水沟找坡,雨、废水排到排水沟内。在大门处设冲洗水池,冲洗混凝土泵车。沉淀池定期清理。

(5)用水量计算

①现场施工用水量 q_1。

$$q_1 = \frac{K_1 \times \sum Q_1 \times N_1 \times K_2}{8 \times 3\ 600}$$

式中:K_1——未预计的施工用水系数,取 1.15;

Q_1——每日工程量,按浇筑混凝土 150 m^3 考虑;

N_1——施工用水定额,取养护混凝土全部用水 400 L/m^3;

K_2——用水不均衡系数,取 1.5。

$$q_1 = 1.15 \times 150 \times 400 \times 1.5/8 \times 3600 = 3.59\ L/s$$

②消防用水量 q_3。

$$q_3 = 10\ L/s(\text{查表})$$

③总用水量 Q。由于

$$q_1 = 3.59\ L/s < q_3$$

所以

$$Q = q_3 = 10\ L/s$$

④上水管径 D 选择。

$$D = \sqrt{\frac{4Q}{\pi v \times 1\ 000}} = \sqrt{\frac{4 \times 10}{3.14 \times 2.5 \times 1\ 000}} = 71\ mm$$

根据计算得知,上水管径 ϕ80 能满足施工要求。

3. 现场临时设施

1)现场条件　施工现场三通一平,已初步具备进场条件。

2)主出入口　根据施工现场条件,利用现有的门作为 1 个主出入口。大门处设门卫室。所有进入施工现场人员必须佩戴胸卡。

3)场内道路及加工厂　在现场沿围墙设环形道路。为了保证排入市政管线的水符合要求,现场内地面全部用 100 mm 厚 C15 混凝土硬化处理。

4)围墙　围墙高 1 800 mm,均采用本公司的标志围墙。

5)厕所　厕所设在业主提供的临舍内,设水冲式厕所和浴室。

6)办公区　办公区设在业主提供的临舍内,内设空调、电脑、桌椅等办公设备。

7)垃圾堆放区　在施工现场的出入口附近设垃圾堆放区,所有建筑垃圾集中堆放,定期外运。

8)材料堆放区　充分利用现有条件设材料堆放区,主要有钢筋堆放及加工区、模板堆放区、木材房及木工房、钢管堆放区、水电材料堆放区、砂石堆料场、水泥库等，详见图2.6.4。

9)现场绿化　施工现场将创造一切条件进行绿化。在现场种花、种草，使现场有一个良好的施工环境。

10)工程介绍和规章规程牌　办公室、机械库房、操作场所、墙边路边设置工程及相关各方介绍牌和各种安全制度、管理制度、规章制度、操作规程。

11)标语标志　工地现场设置文明施工和安全标语、标志，警示牌以及道路标识、场所标志、物料标志，连同上述工程介绍和规章制度牌，达到既实用又美观的目的，给人留下一种井井有条的印象，使整个工地处于一派蓬勃向上的气氛当中。

2.6.7.3　生产准备

1. 主要材料使用计划

主要材料使用计划见表2.6.23。

表2.6.23　主要工程量及资源需用量计划

材料名称	用量	单位	材料名称	用量	单位
钢筋	1 300	t	空心砌块	2 600	m^3
C40混凝土	620	m^3	乳胶漆	1 000	kg
C35混凝土	700	m^3	地面砖	1 200	m^2
C30混凝土	5 700	m^3	铸铁排水管	1 000	m
水泥	2 250	t	塑钢窗	1 100	m^2
砂子	5 000	t	防水卷材	1 550	m^2
石子	1 200	t	防水涂料	2 500	m^2
外墙面砖	24 000	m^2	不锈钢栏杆	210	m

2. 主要周转材料加工订货计划

根据由施工方案所确定的周转材料的配置方案计算所需模板及脚手架需用量，然后根据施工进度计划制订周转材料的加工订货计划，结果见表2.6.24。

表2.6.24　周转材料加工订货计划

编号	名称	数量	进场时间	退场时间
1	竹胶板	9 000 m^2	2015年11月	2016年4月
2	脚手管	500 t	2015年11月	2016年4月
3	扣件	120 000个	2015年11月	2016年4月
4	木枋	260 m^3	2015年11月	2016年4月

3. 劳动力调配计划

某单位属大型施工企业，施工人员多，实行管理和劳务两层分离的管理模式，建立了双向选择机制。结合施工总进度计划及各阶段施工总体安排，根据本工程工作量大及各专业具体情况，采取“紧密配合、动态管理、合理穿插”的劳动力组织形式，在项目劳动力配置上，坚持“计划管理、定向输入、双向选择、统一调配、合理流动”的既定方针，以劳务承包合同和任务书管理为纽带，确保进场施工人员的积极性，最大限度地发挥其主观能动性，组织优质高速的施工，确保每一项计划的完成。各阶段劳动力供应计划见表2.6.25。

表 2.6.25　劳动力计划表

年月 / 人数 / 工种	2015年								2016年																			
	9		10		11		12		1		2		3		4		5		6		7		8		9		10	
	上	下	上	下	上	下	上	下	上	下	上	下	上	下	上	下	上	下	上	下	上	下	上	下	上	下	上	下
放线工	0	2	2	2	2	2	2	2	2	2	2	2	2	2	2	2	2	2	2	2	2	2	2	2	2	2	2	2
石工	0	0	50	50	50	20	0	0	0	0	0	0	0	0	0	0	0	0	0	0	0	0	0	0	0	0	0	0
钢筋工	0	0	0	30	30	50	50	50	50	50	50	50	50	50	20	5	5	0	0	0	0	0	0	0	0	0	0	0
木工	0	0	0	50	50	80	80	80	80	80	80	80	80	80	30	10	10	0	0	0	0	0	0	0	0	0	0	0
砼工	0	0	5	15	15	30	30	30	30	30	30	30	30	30	30	10	5	0	0	0	0	0	0	0	0	0	0	0
架子工	0	0	0	5	5	20	20	20	20	20	20	20	20	20	20	20	20	20	20	20	20	20	10	5	5	5	0	0
瓦工	0	20	20	20	5	0	0	0	0	0	0	0	0	40	60	60	60	80	80	80	80	80	20	20	10	10	5	5
防水工	0	0	0	0	0	0	0	0	0	0	0	10	10	10	0	0	0	10	10	10	10	0	0	0	0	0	0	0
电工	0	2	2	5	5	8	8	8	8	8	15	15	15	15	15	15	15	15	15	15	15	15	15	15	15	15	10	5
水工	0	2	2	5	5	5	5	5	5	5	5	5	5	5	5	5	5	5	12	12	12	12	12	12	12	12	8	2
电焊工	0	0	0	2	2	8	8	8	8	8	8	8	8	8	8	8	8	8	8	5	5	2	2	0	0	0	0	0
油工	0	0	0	0	0	0	0	0	0	0	0	0	0	0	0	0	0	0	0	10	10	10	10	20	20	20	10	5
室内装修工	0	0	0	0	0	0	0	0	0	0	0	0	0	0	0	0	0	0	0	30	30	30	30	50	50	50	30	5
辅助工	0	5	5	5	5	8	8	8	8	8	8	8	8	8	8	8	8	8	8	8	8	8	8	8	8	8	8	8
机械工	0	0	2	5	8	8	8	8	8	8	8	8	8	8	10	10	10	10	10	10	10	6	6	6	6	6	6	6
合　计	0	31	88	194	182	239	219	219	219	219	219	226	236	236	276	208	153	148	158	165	202	185	115	138	128	128	79	37

4. 机械设备使用计划

①大型机械设备进出场计划。根据施工方案所选定的大型机械设备及施工进度计划的安排制订大型机械设备的进出场计划，结果见表 2.6.26。

表 2.6.26 大型机械设备进出场计划

机械名称	进场时间	退场时间	进场形象进度
塔吊	2015 年 10 月 15 日	2016 年 07 月 10 日	土石方施工期间
混凝土泵	2015 年 10 月 24 日	2016 年 06 月 28 日	基础底板施工前
砂浆搅拌机	2016 年 04 月 01 日	2016 年 11 月 22 日	砌筑工程施工前
施工电梯	2016 年 03 月 25 日	2016 年 11 月 01 日	砌筑工程施工前

②中小型机械设备使用计划见表 2.6.27。

表 2.6.27 中小型机械设备使用计划

设备名称	数量	制造年份	自有/租赁	参数
交流电焊机	2	2009	自有	37.5 kVA
钢筋对焊机	1	2009	自有	100 kVA
空压机	2	2009	自有	6 m^3/0.8
钢筋切割机	2	2007	自有	ϕ40 mm
钢筋弯曲机	2	2008	自有	ϕ40 mm
钢筋调直机	1	2008	自有	7.5 kW
插入式混凝土振捣器	10	2009	自有	行星式
平板式混凝土振捣器	2	2008	自有	
圆盘锯	2	2009	自有	
圆刨	2	2003	自有	双面压刨、平刨
砂轮机	1	2008	自有	
手锤	4		自有	4 磅
倒链	8		自有	2 t
千斤顶	4		自有	5 t
蛙式打夯机	3	2007	自有	3 kW
高压水泵	2	2008	自有	100 m 扬程
电动套丝机	2	2011	自有	TQ3A
台式钻床	2	2009	自有	
电动试压泵	2	2006	自有	0 ~ 2.5 MPa
卷板机	1	2008	自有	
咬口机	2	2007	自有	
液压煨弯机	1	2005	自有	WC27—108
接地电阻测试仪	1	2011	自有	ZC—8

2.6.8　施工总平面布置及管理

2.6.8.1　施工总平面布置

根据施工总进度计划的安排，在不同的施工阶段，现场的机具设备及加工场等会有不同的位置，因此在布置的时候应根据基础阶段、主体阶段、装饰装修阶段进行动态布置和管理。详见图2.6.4。

2.6.8.2　总平面管理

1. 总平面管理原则

根据施工总平面设计，以充分保障各阶段的施工重点、保证进度计划的顺利实施为目的。在工程施工前，办公室制订详细的大型机具使用及进退场计划，主材及周转材料生产、加工、堆放、运输计划。同时制订以上计划的具体实施方案，严格执行，奖罚分明，实施施工平面的科学、文明管理。

2. 平面管理体系

由工程部负责总平面的使用管理，现场实施总平面使用调度会制度，根据工程进度及施工需要对局部平面的使用进行协调与调整。

3. 平面管理计划的制订

施工平面科学管理的关键是科学的规划和周密详细的具体计划，在工程进度网络计划基础上形成主材、机械、劳动力的进退场计划，以确保工程进度，充分、均衡地利用平面为目标，制订出符合实际情况的平面管理实施计划，进行动态调控管理。

4. 平面管理计划的实施

根据工程进度计划的实施调整情况，分阶段发布平面管理实施计划，包含时间计划表、责任人，计划执行中应不定期召开调度会，经充分协调、研究后发布计划调整书，确保平面管理计划实施。

总平面计划制订好后，各单位和各分包商必须按照总平面计划实施，不经允许，不得随意调整位置。

5. 平面管理措施

根据施工现场及工程施工进度计划，将采取以下措施进行现场总平面的管理和控制。

①根据不同施工阶段、施工内容及施工特点，合理布置各专业的预制场，减少二次搬运。

②抓好已领主材和已到设备的堆放，按主材、设备使用对象对各施工队进行包干清理。

③对工程废料进行及时清理，统一堆放。

④实行评分考核的方式，每周进行一次场地管理检查，以评分方式进行现场管理评审，强化各施工队的管理意识。

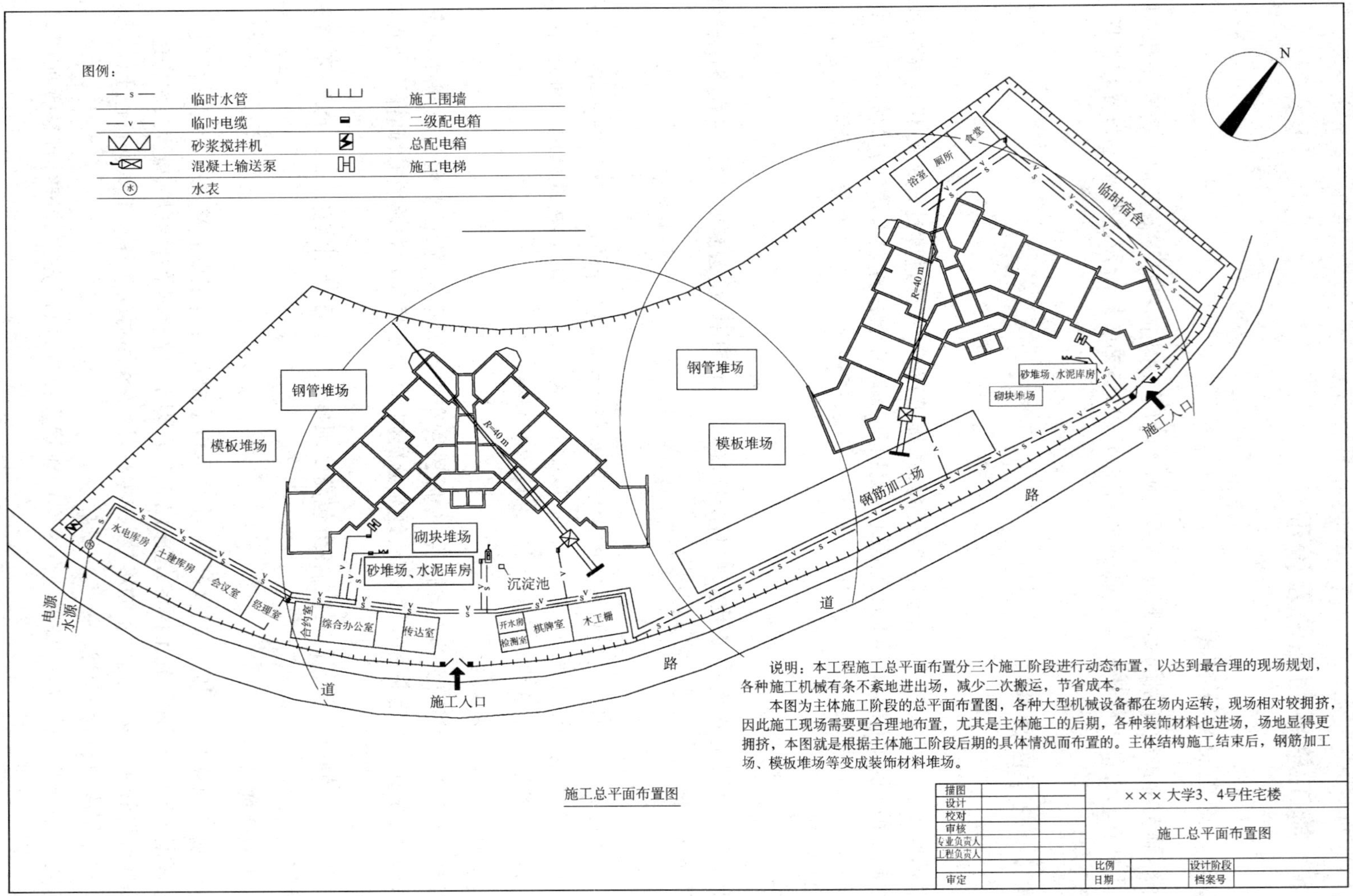

图 2.6.4　施工总平面布置图

2.6.9　主要分部分项工程施工方法

2.6.9.1　施工测量

本工程场区占地面积大，建筑物平面形状较复杂，剪力墙多，基础形式为条形基础和柱下独立基础，因此测量放线是本工程施工的重点之一。

1. 平面控制网布设

根据工程场区特征，建立以平面控制网和高程控制网组成的立体控制网，为有效地给工程的每个构件定位创造保证条件。

①依据平面布置与定位原则，每栋楼共设置二横二纵4条主控制线，分别为距Ⓒ轴1.0 m，距Ⓗ轴1.0 m，距①轴0.8 m，距⑨轴0.8 m。

②主控轴线定位时，均布置引线，横轴东侧以及纵轴北侧投测到围墙上，横轴西侧、纵轴南侧设置定位桩。墙上、地面引线均用红三角标出，以清晰明了。施测完成报监理单位和建设单位确认后，加以妥善保护。

③桩位必须用混凝土保护，并用红油漆做好测量标记（见图2.6.5）。

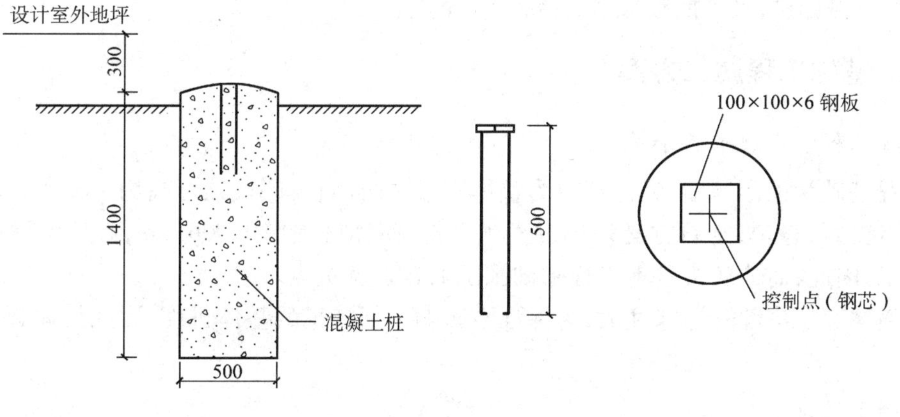

图2.6.5　桩埋设示意图

④控制线随结构逐层弹在外墙上，用以检查复核楼层放线。

2. 高程控制网的布设

为保证建筑物竖向施工的精度要求，根据规划局给定的路边高程点BM4 = 217.600 m，在场区内（包含3号、4号楼）建立高程控制网。先用水准仪进行复测检查，校测合格后，测设一条闭合水准路线，联测场区高程竖向控制点，以此作为保证竖向施工精度控制的首要条件，该点也作为以后沉降观测的基准点。

3. 土方开挖测量方法

①基坑开挖由①轴向㊲轴推进，高程分两次传递，在距槽底设计标高 1.5 m 的边坡上钉钢筋头，架设水准仪，随时校核槽底标高。

②开挖到槽底标高 30 cm 处，在基坑边Ⓗ轴 1.0 m 控制线处架设经纬仪，向基坑投测主控线，在木桩上钉铁钉，确定控制点，并用小白线拉通。然后，在基坑边②轴 1.0 m 控制线处架设经纬仪，以同样方法确定主控线。当纵横主控线投测交叉后，检查距槽边尺寸，确定槽宽，修整槽边。随挖土进度依次放出各主控线，并放出细部集水坑、消防水池等开挖边线。

4. 主体结构施工测量

①地下室墙体混凝土浇筑完毕后，根据场地平面控制网，校测建筑物轴线控制桩，使用经纬仪将轴控线引弹到结构外立面上。一层墙拆模后，再引弹至墙顶，并弹出外墙大角10 cm控制线。

②楼层上部结构轴线垂直控制采用内控点传递法。根据流水段的划分，每栋楼内设置 2 个内控点，组成自成体系的矩形控制方格。

③在浇筑一层顶板混凝土过程中，按照控制点预埋 100 mm × 100 mm × 3 mm 铁板。二层楼面放线，依据外墙及东、北侧围墙上可以通视的主轴控制线进行施测，铁板上用钢针划出纵、横轴交叉线，并将交叉点处钻出 2 mm 小孔作为标志。

④在上部各楼层结构相同的部位留 200 mm × 200 mm 的放线洞口，以便进行竖向轴线投测。预留洞不得偏位，且不能被掩盖，保证上下通视。

2.6.9.2 基础工程施工方案

1. 基础工程重点及难点分析

本工程基础为条形基础，筒体部位为整体底板，并且筒体底板顶标高为 -6.900 m，埋深较深，为保证持力层稳定，土石方必须通过人工开挖，筒体底板厚 1 000 mm，必须考虑按大体积混凝土施工，因此，筒体底板是本工程基础施工的难点及重点。

因为筒体部位局部开挖深度大，为保证不影响上部施工的整体进度，因此筒体必须提前插入施工。

2. 混凝土浇筑

第一次混凝土浇筑至条形基础顶标高处，预留墙体、柱子插筋。第二次浇筑至 300 mm 宽墙体顶标高处，即墙体截面变化处，这样便于支墙体模板。

3. 筒体底板混凝土施工措施(大体积混凝土施工措施)

本工程中心筒筏板基础厚度达到 1 000 mm，混凝土浇筑体积较大，且这两个部位属于本工程重点部位，这两个部位的质量优劣直接影响本工程质量评定，为确保施工质量，特采取以下措施保证施工质量 。

1)原材料控制　本工程采用商品混凝土，原材料不在现场堆放，给原材料的控制造成一定难度，因此必须加强对搅拌站原材料的监督，严格按某公司《物资控制程序》执行，每次浇筑混凝土前，必须严格控制检查搅拌站的原材料质量。

2）混凝土的浇捣 浇捣厚度按500 mm一层，一次性分两层连续浇筑。两台振捣棒振捣。使用插入式振捣器应快插慢拔，插点均匀排列，逐点移动，顺序进行，不得遗漏，每点振捣时间为20～30 s，做到均匀振实。总之要做到不再出现气泡，表面泛出灰浆为准，移动间距不大于振捣作用半径的1.5倍（一般为30～40 cm），振捣上一层时应插入下层5 cm，以消除两层间的接缝。一次性浇筑完毕，不得留施工缝。

3）混凝土表面处理 大体积混凝土表面浮浆较厚，在浇筑4～8 h内按标高用长刮尺刮平，在初凝前用铁滚筒碾压两遍，再用木抹子搓平，防止表面龟裂。干硬后浇水润湿，然后覆盖草袋养护。

4）混凝土的养护 根据前面计算，用2 cm厚的草袋可以满足保温需要。在表面干硬后加以覆盖和浇水，养护时间不得少于14昼夜。

2.6.9.3 负一层外墙防渗措施

本工程地下室外侧为挡土墙，是本工程的难点部位，处理不好会影响本工程的使用，因此，特采取如下防渗漏措施以保证工程质量。

1. ZY（1）型高性能混凝土膨胀剂试配情况

地下室外墙采用C35 S8防水混凝土，为进一步增加混凝土自身防水性能，便于施工操作，将坍落度选为14～16 cm。为此进行了该种混凝土的试配，确定了整个地下挡土墙ZY（1）型高性能膨胀混凝土的配比方案，采用泵送商品混凝土。

2. 混凝土浇筑

本工程地下挡土墙不留竖向施工缝，只按图纸留一道水平施工缝，施工缝处镶嵌3 mm厚止水钢板。

首次浇筑底板时，因混凝土量较大，施工时间长，冲洗模板水、混凝土自身泌水及养护水较多，故采取以下方法处理：底板向集水坑部位自然找坡，让泌水自然流入集水坑，然后人工排除坑内的水；集水坑浇筑完后及时收光，铺1层塑料薄膜，暂停养护（1.5 h左右），待初凝后再恢复已浇筑部分的养护工作；挡土墙混凝土浇筑不间断，连续浇筑，直至浇筑完毕。

3. 细部抗渗措施

①四周内模下ϕ12撑脚穿入底板（≤200 mm）。

②地下外墙板选用带止水钢板的对拉螺栓，间距750×600，止水钢板尺寸为2×80×80，止水钢板与螺栓必须满焊严密（穿墙套管采用相同处理方法），如图2.6.6所示。

③水平施工缝周圈加设封闭式厚3 mm的钢板止水带，止水带块与块之间用电焊条封满，且h_{min}≥5 mm。

2.6.9.4 外脚手架施工方案

①外脚手架沿每栋楼外围环绕一周。

②外施工脚手架采用双排扣件式悬挑脚手架，6层一挑，距结构边0.3 m，作为围护脚手

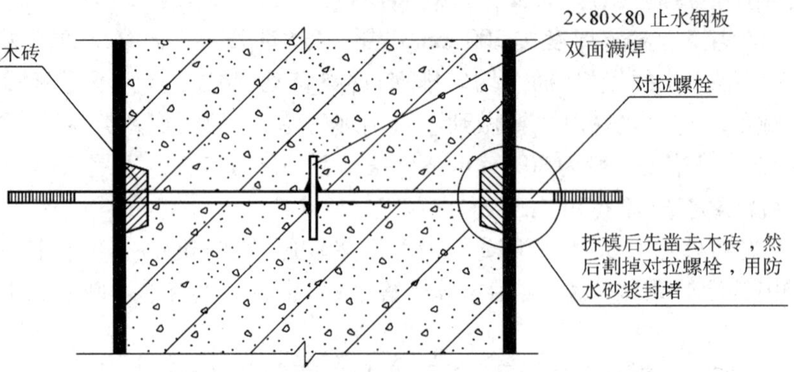

图 2.6.6　地下室外墙对拉螺栓做法

架。在脚手架转角处设剪力撑，并每隔 4 根立杆设一垂直剪力撑，外架随结构层升高而升高，外排立杆高于施工层 1.8 m，在 1.2 m 处拉一横杆作为围栏。

③脚手板采用钢筋焊接网脚手板，安全网采用密目式安全网，挂于外立杆内侧进行封闭。

2.6.10　质量保证体系及措施

2.6.10.1　施工质量保证体系

施工质量保证体系见图 2.6.7。

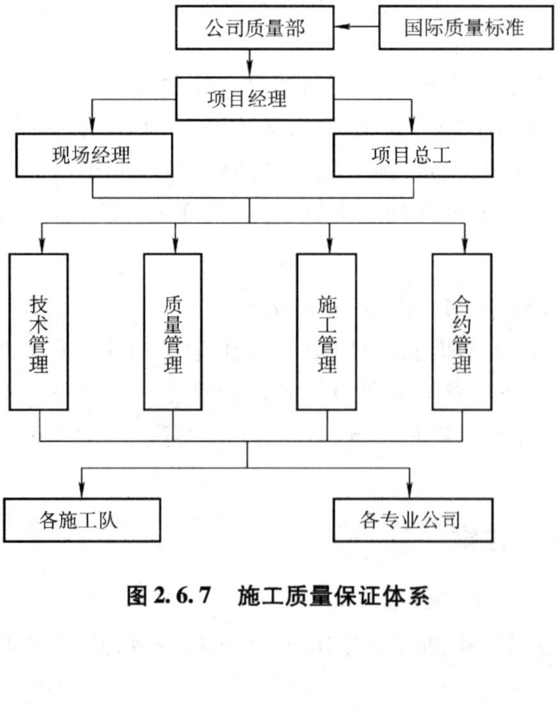

图 2.6.7　施工质量保证体系

2.6.10.2　施工质量控制措施

1. 事前控制阶段

事前控制阶段采用以下控制措施。

①建立完善的质量保证体系。

②编制质量计划。

③制定现场的各种管理制度。

④完善计量及质量检测技术和手段，并编制相应的检验计划。

⑤进行设计交底、图纸会审等工作。

⑥根据本工程特点确定施工流程、工艺及方法。

⑦对本工程将要采用的新技术、新结构、新工艺、新材料均要审核其技术审定书及运用范围。

⑧检查现场的测量标桩、建筑物的定位线及高程水准点等。

2. 事中控制阶段

事中控制阶段采用以下控制措施。

①严格执行工序间交换检查，做好各项隐蔽验收工作，加强交检制度的落实，对达不到质量要求的前道工序决不交给下道工序施工，直至质量符合要求为止。

②对完成的分部分项工程，按相应的质量评定标准和办法进行检查、验收。

③审核设计变更和图纸修改。

④如施工中出现特殊情况，隐蔽工程未经验收而擅自封闭，掩盖或使用无合格证的工程材料，或擅自变更替换工程材料等，主任工程师有权向项目经理建议下达停工令。

3. 事后控制阶段

事后控制阶段采用以下控制措施。

①事后控制是指对施工完毕的产品进行质量控制。按规定的质量评定标准和办法，对完成的单位工程、单项工程进行检查验收。

②整理所有的技术资料，并编目、建档。在保修阶段，对本工程进行维修。

2.6.11　工期保证体系及措施

2.6.11.1　工期保证体系

工期保证体系见图2.6.8。

2.6.11.2　工期保证措施

1. 合理的施工部署

①将本工程列为某单位的重点工程，全力以赴优先保重点，发挥某单位的集团优势，调集

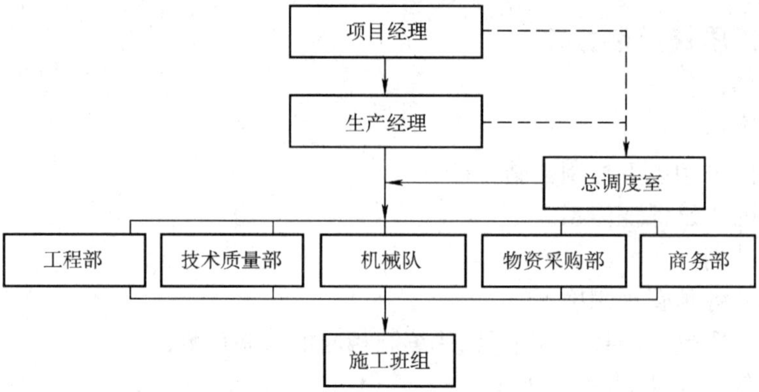

图 2.6.8　工期保证体系

精锐力量,加大人力、物力、财力投入,为确保施工顺利进行提供充分的资源保证。

②选派具有类似工程施工经验的管理人员和较高技术素质的施工队伍参加本工程施工,从人员素质上保证施工的顺利进行。

③应用科学的方法,合理配置各种资源、设备,统筹安排、合理调配,编制、优化总控制进度计划。

2. 合理地编制计划

①制定 6 个节点控制时间,确保总计划的实现。

②制订 2 级网络控制计划,即施工总体网络计划、结构施工进度计划、装饰施工进度计划、机电安装施工进度计划。

③依据总进度计划,项目总调度室编制月度进度计划,并于每天生产例会提出,经各专业队平衡认可后作为第二天的计划,发给各有关执行人。经过这样编制的计划确保了其可操作性及实用性。

3. 强化施工进度计划管理

①建立定期的生产计划例会制度,下达计划,检查计划完成情况,解决实际问题,协调各施工队之间的工作,统一有序地按总进度计划执行。

②以控制关键日期(里程碑)为目标,以滚动计划为链条,建立动态的计划管理模式。在总控制进度计划的指导下编制阶段、月、周、日等各级进度计划,一级保一级,绝不能拖延总控制进度计划。

③月进度计划、周进度计划的控制:采取多种形式的施工计划;三周滚动计划;日检查工作制;周汇报工作制;月分析调整制度;加强计划的严肃性。

4. 建立良好的外围环境,以保证施工的顺利开展

积极主动与各级政府主管部门联系,为施工提供方便。做细致的工作,争取有关人员的理解和支持,减少扰民和民扰,尽量延长工作时间。

2.6.12　安全文明保证措施

2.6.12.1　安全管理

1.安全保证体系

安全文明保证体系见图2.6.9。

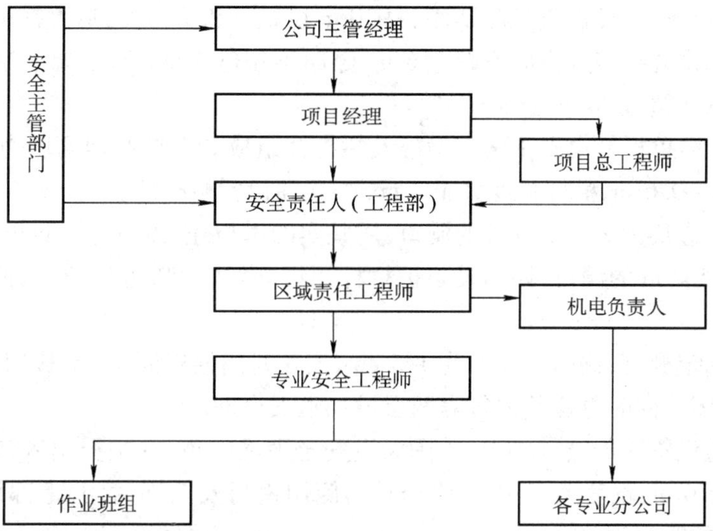

图2.6.9　安全文明保证体系

2.安全管理制度

采取以下安全管理制度。

①安全技术交底制。

②班前检查制。

③大型设备及脚手架验收制度。

④定期检查与隐患整改制。经理部每周要组织一次安全生产检查,对查出的安全隐患必须定措施、定时间、定人员整改,并做好安全隐患、整改消项记录。

⑤管理人员实行年审制。

⑥实行安全生产奖罚制与事故报告制。

3.安全教育

①安全教育的全员性。安全教育是企业所有人员上岗前的先决条件,任何人不得例外。

②安全教育的长期性。安全教育贯穿于每个工作的全过程,贯穿于每个工程施工的全过程,贯穿于施工企业生产的全过程。因此,安全教育的任务“任重而道远”,不应该也不可能是一劳永逸的。

③安全教育的专业性。安全生产的管理性与技术性结合,使得安全教育具有专业性要求。

4. 安全防护措施

采取以下安全防护措施。

①基坑防护。在 ±0.00 以下施工阶段，采用 ϕ48 钢管设置 1.2 m 高防护栏杆，内部挂设绿色安全网，防护栏杆设置横杆，立杆间距不超过 2 m，钢管上刷红白相间的警示标记。在基坑内设置上下坡道。坡道架子采用 ϕ48 钢管搭设，坡道用 50 mm 厚木板铺设，上钉防滑条，间距不超过 300 mm。

②外檐安全防护。在框架施工部位，用 2×14#槽钢背面焊接后，外挑脚挂绿色密目安全网，横杆刷红色防锈漆，立杆刷黄色防锈漆，每 30 m 设置一道剪刀撑，剪刀撑呈 45°~60°斜角。外挑脚手架与建筑物的拉节点横向不超过 6 m，竖向不超过 4 m。脚手架下端满铺脚手板，脚手板距建筑物距离不超过 20 cm。

③临边防护。防护栏杆由上下两道横杆及栏杆柱组成。上杆距地高度为 1.0~1.2 m，下杆离地高度为 0.5~0.6 m，横杆长度大于 2 m 时，必须设置栏杆柱。

④洞口防护。边长为 25~50 cm 的洞口，用坚实的木板盖，盖板应能防止挪动、移动，并设标志；边长为 50~50 cm 的洞口，四周设防护栏杆，具体做法同临边防护；边长大于 150 cm 的洞口铺设安全网。

电梯井设置固定栅门，栅门的高度为 175 cm，安装时离楼层面 5 cm，栅门应设成上下推拉式，靠自重自动关闭。同时电梯井内每隔两层设一道安全网。

⑤建筑物周边设置 3 m 宽外围架，外围架设安全平网一道，在主要出入口处设防护通道。防护通道长度大于 6 m，宽度大于洞口 50 cm，两侧用密目安全网封闭，上部设置两道木板防护，两道防护层间的距离为 50 cm。

⑥为确保工程安全，在现场设立足够的标志、宣传画、标语、指示牌、警告牌等。

2.6.12.2 文明施工

1. 文明施工目标

①保证达到“重庆市安全文明工地”要求并获得相关荣誉称号。

②做到“五化”：亮化、硬化、绿化、美化、净化。

2. 文明施工措施

①施工工地的大门和门柱高度为 2.5 m，大门采用 ϕ50 钢管及 0.5 厚铁皮焊接制作。

②施工现场周围使用高 2 m 压型钢板（0.6~0.8 mm 厚）围挡并涂刷宣传画或标语。

③在现场入口的显著位置设立重庆市建设行政主管部门规定的图及标语，内容包括现场施工总平面图、总平面管理，安全生产、文明施工、环境保护、质量控制、材料管理等规章制度，主要参建单位名称、工程概况等情况。

④建立文明施工责任制，划分区域，明确管理负责人，实行挂牌制，做到现场清洁整齐。

⑤施工现场地面全部采用 100 厚 C20 混凝土硬化地面，将道路与材料堆放场地用黄色油漆划 10 cm 宽黄线予以分割，在适当位置设置花草等绿化植物，美化环境。

⑥建场内排水管道沉淀池,防止污水外溢。

⑦针对施工现场情况设置宣传标语和黑板报,并适当更换内容,确实起到鼓舞士气、表扬先进的作用。

⑧现场使用的机械设备,要按平面固定点存放,遵守机械安全规程,经常保持机身等周围环境的清洁。机械的标记、编号明显,安全装置可靠。机械排出的污水要有排放措施,不得随地流淌。

⑨钢筋切断机、对焊机等需要护棚的机械,在搭设护棚时要做到牢固、美观,符合施工平面布置的要求。

⑩施工现场办公室、仓库、职工(包括民工)宿舍,要保持清洁卫生。

⑪工地食堂及临时卖饭处所,要整洁卫生,做到生熟食物隔离,要有防蝇防尘设施。

⑫施工现场设置临时厕所,厕所采用地砖地面、瓷砖墙面、石膏板吊顶,厕所由专人负责定期打扫。

⑬施工现场严禁居住家属,严禁居民家属、小孩在施工现场穿行、玩耍。

2.6.13 环境保护措施

2.6.13.1 施工现场防大气污染措施

1.施工现场防扬尘措施

施工垃圾使用封闭的专用垃圾道或采用容器吊运,严禁随意凌空抛撒造成扬尘。施工垃圾要及时清运,清运前要适量洒水以减少扬尘。

施工现场要在施工前做施工道路规划和设置,并尽量利用设计中永久性的施工道路。道路及其余场地地面要硬化。闲置场地要绿化。

水泥和其他易飞扬的细颗粒散体材料应尽量安排库内存放。露天存放时要严密苫盖,运输和卸运时要注意减少扬尘。

施工现场要制定洒水降尘制度,配备专用洒水设备及指定专人负责,在易产生扬尘的季节,应采取洒水降尘。

2.搅拌站的降尘措施

施工尽量采用商品混凝土,以减少搅拌扬尘。砂浆及零星混凝土搅拌要搭设封闭的搅拌棚,并在搅拌机上设置喷淋装置。

2.6.13.2 施工现场的水污染防止措施

1.现场搅拌机前台及运输车辆清洗处设置沉淀池

清洗现场搅拌机前台及运输车辆所排放的废水要排入沉淀池内,经二次沉淀后,方可排入市政污水管线或回收用于洒水降尘。未经处理的泥浆水,严禁直接排入城市排水设施。

2. 乙炔发生罐污水排放控制

施工现场由气焊所用乙炔发生罐产生的污水严禁随地倾倒，而要用专用容器集中存放，以免污染环境。

3. 食堂污水的排放控制

施工现场临时食堂要设置简易有效的隔油池，产生的污水经下水管道排放要经过隔油池。平时加强管理，定期掏油，防止污染。

4. 油漆油料库的防漏控制

施工现场要设置专用的油漆油料库，油库内严禁放置其他物资，库房地面和墙面要做防渗漏的特殊处理，储存、使用和保管要专人负责，防止油料的跑、冒、滴、漏，污染水体。

5. 其他

禁止将有毒有害废弃物用作土方回填，以免污染地下水和环境。

2.6.13.3　施工现场防噪声污染的各项措施

1. 人为噪声的控制措施

施工现场提倡文明施工，建立健全控制人为噪声的管理制度，尽量减少人为的大声喧哗，增强全体施工人员防噪声扰民的自觉意识。

2. 强噪声作业时间的控制

凡在居民稠密区进行强噪声作业的，严格控制作业时间，晚间作业不超过22时，早晨作业时间不早于6时，特殊情况需连续作业（或夜间作业）的，应尽量采取降噪措施，事先做好周围群众的工作，并报工地所在的区环保局备案后方可施工。

3. 强噪声机械的降噪措施

产生强噪声的成品加工、制作作业，应尽量放在工厂、车间完成，减少因施工现场的加工制作产生的噪声。

尽量选用低噪声或有消声降噪设备的施工机械。施工现场的强噪声机械（如搅拌机、电锯、电刨、砂轮机等）要设置封闭的机械棚，以减少强噪声的扩散。

4. 加强施工现场的噪声控制

加强施工现场环境噪声的长期监测，遵循专人监测、专人管理的原则，要及时对施工现场噪声超标的有关因素进行调整，达到施工噪声不扰民的目的。

2.6.13.4　其他污染的控制措施

①木模电锯加工产生的木屑、锯末必须当天清理，以免锯末刮到空气中。钢筋加工产生的钢筋皮、钢筋屑要及时清理。

②建筑物外围立面采用密目安全网，降低楼层内风的流速，阻挡灰尘进入施工现场周围的环境。

③照明灯具尽量选择既满足照明要求又不刺眼的新型灯具或采取措施使夜间照明只照射

施工区域而不影响周围居民休息。

④项目经理部要制订水、电、办公用品（纸张）的节约措施，通过减少浪费、节约能源达到保护环境的目的。

【任务6小结】

任务6介绍了×××大学住宅楼工程施工组织编制实例。通过前面建筑工程施工组织编制的介绍以及本实例的学习，学生应具备单位工程施工组织编制的基本技能。

综合实训

实训一：按8～10人为一组，分组讨论本案例中的下列问题。

①项目部是如何组建的？

②每个部门的职责是什么？

③制订施工进度计划时为什么要设置阶段性节点时间？

④采用了哪些大型机械设备？

⑤施工总平面是如何布置的？

⑥总平面中包含哪些内容？

⑦为了顺利实现工程目标，在施工时需要哪些方面的保证措施？每一种措施主要有哪些内容？

实训二：由教师给出建筑工程施工图纸、预算书、现场状况、资源配置情况、工程合同等资料，学生完成该工程施工组织编制，教师进行综合评定。

【学习情境2小结】

本学习情境介绍了建筑工程施工组织的编制。主要包括：工程概况的描述、施工部署与施工方案的确定、流水施工与网络计划技术、施工进度计划及其支持性计划的编制、施工现场平面布置、建筑工程施工组织技术组织措施以及技术经济分析等内容。

教学评估表

学习情境名称：＿＿＿＿＿＿＿班级：＿＿＿＿＿＿＿姓名：＿＿＿＿＿＿＿日期：＿＿＿＿＿＿＿

1.本表主要用于对课程授课情况的调查，可以自愿选择署名或匿名方式填写问卷。根据自己的情况在相应的栏目打“√”。

评估项目	评估等级				
	非常赞成	赞成	不赞成	非常不赞成	无可奉告
(1)我对本学习情境的学习很感兴趣					
(2)教师的教学设计好,有准备并能阐述清楚					
(3)教师因材施教,运用了各种教学方法来帮助我学习					
(4)学习内容能提升我编制建筑施工组织和组织其实施的技能					
(5)有实物、图片、音像等材料,能帮助我更好地理解学习内容					
(6)教师知识丰富,能结合施工现场进行讲解					
(7)教师善于活跃课堂气氛,设计各种学习活动,利于学习					
(8)教师批阅、讲评作业认真、仔细,有利于我的学习					
(9)我能理解并能应用所学知识和技能					
(10)授课方式适合我的学习风格					
(11)我喜欢这门课中的各种学习活动					
(12)学习活动有利于我学习该课程					
(13)我有机会参与学习活动					
(14)每个活动结束都有归纳与总结					
(15)教材编排版式新颖,有利于我学习					
(16)教材使用的文字、语言通俗易懂,有对专业词汇的解释、提示和注意事项,利于我自学					
(17)教材为我完成学习任务提供了足够信息,并提供了可以查找资料的渠道					
(18)教材通过讲练结合使我增强了技能					
(19)教学内容难易程度合适,紧密结合施工现场,符合我的需求					
(20)我对完成今后的典型工作任务所需具有的能力更有信心					

2. 您认为教学活动使用的视听教学设备:

合适□　　太多□　　太少□

3. 教师安排边学、边做、边互动的比例:

讲太多□　　练习太多□　　活动太多□　　恰到好处□

4. 教学进度:

太快□　　正合适□　　太慢□

5. 活动安排的时间:

太长□　　正合适□　　太短□

6. 我最喜欢本学习情境的教学活动是：

7. 我最不喜欢本学习情境的教学活动是：

8. 本学习情境我最需要的帮助是：

9. 我对本学习情境改进教学活动的建议是：

学习情境3　建筑工程施工组织实施

【学习目标】

知识目标	能力目标	权重
能正确表述建筑工程技术管理的内容、要求,技术管理机构和技术责任制以及相关的技术标准规程、技术原始记录和技术档案等内容	能正确建立健全技术管理机构和技术责任制,正确贯彻技术标准和技术规程以及完善技术原始记录和技术档案	0.1
能正确表述图纸会审、技术交底、技术复核、材料及构配件检验、质量检查和验收、技术组织措施、技术资料归档等技术管理制度以及技术开发和技术革新	能正确建立健全技术管理制度	0.1
能正确表述建筑工程质量控制基本原理,全面质量管理的基础工作、保证体系、统计分析方法以及建筑工程质量检验与验收等内容	能正确建立全面质量管理保证体系、选用质量管理统计分析方法以及正确进行建筑工程质量检验与验收	0.2
能正确表述建筑工程施工进度控制的作用、原理、程序及进度控制方法	能正确选用建筑工程施工进度控制方法	0.3
能正确表述建筑工程施工进度调整过程以及调整方法	能正确选用建筑工程施工进度调整方法	0.3
合　计		1.0

【教学准备】

工程项目资料、建筑工程施工组织实例、施工图纸、施工现场照片、施工组织管理挂图、企业案例、施工现场或实训场等。

【教学建议】

在建筑技能实训基地或施工现场,采用资料展示、现场实物对照、分组学习、案例分析、课堂讨论、多媒体教学、讲授等方法教学。

【建议学时】

8 学时。

任务1　建筑工程技术管理

施工生产活动是建筑企业生产经营过程的基本环节，而施工生产活动又必须以技术工作为基本条件。建筑工程技术管理为保证建筑工程施工组织的正确性、实用性以及顺利实施、实现项目建设目标提供了重要保障。

3.1.1　建筑工程技术管理简介

3.1.1.1　建筑工程技术管理的任务

建筑企业的技术管理，是对建筑企业生产经营活动中各项技术活动和技术工作基本要素进行的各项管理活动的总称。生产经营活动过程中的技术活动，包括施工图纸会审、技术交底、技术试验、技术开发等。技术管理工作的基本要素又包括职工技术素质、技术装备、技术文件、技术档案等。技术管理的目的，就是要把这些基本要素科学地组织起来，做好各项技术工作，通过开展各种技术活动推动企业技术进步，保证工程质量，提高经济效益，全面完成技术管理的任务。

建筑企业技术管理的基本任务是：正确贯彻执行国家的各项技术政策、标准和规定，利用技术科学地组织各项技术工作，建立正常的生产技术秩序，充分发挥技术人员和技术装备的积极作用，不断改进原有技术和采用先进技术，保证工程质量，降低工程成本，推动企业技术进步，提高经济效益。

3.1.1.2　建筑工程技术管理的内容

建筑工程技术管理的内容可以分为基础工作、业务工作和技术经济分析与评价三大部分。

1. 基础工作

技术管理的基础工作是指为开展技术管理活动创造前提条件的最基本的工作。它包括技术责任制、技术标准与规程、技术的原始记录、技术档案、技术信息、技术试验等。

2. 业务工作

技术管理的业务工作是指技术管理中日常开展的各项具体的业务活动。它包括以下几个方面。

1）施工技术准备工作　施工技术准备工作就是为创造正常的施工条件，保证施工生产顺利进行而做的各项技术方面的具体工作，如施工图纸会审、技术交底、材料及半成品的技术试验与检验、安全技术等等。

2)施工过程中的技术管理　施工过程中的技术管理是指建筑工程项目在施工生产过程中所进行的技术方面的管理工作,如施工过程中的技术复核、质量检验、技术处理等工作。

3)技术革新与技术开发工作　技术革新与技术开发工作是指将科研成果进一步应用于生产实践,拓展出新的技术、材料、结构、工艺和装备等所进行的工作,如科学研究、技术革新、技术引进、技术改造、技术培训以及新技术、新材料、新结构、新工艺、新设备的推广和应用等。

3.技术经济分析与评价

通过技术经济分析与评价,确保各项技术活动在技术上的可行性和经济上的合理性,以保证施工生产活动的顺利进行,取得良好的经济效益。

注意:基础工作、业务工作和技术经济分析与评价三者是相互信赖和并存的,缺一不可。首先,基础工作为业务工作提供了必要的条件,任何一项技术业务工作都必须依靠基础工作才能进行;其次,企业搞好技术管理的基础工作不是最终目的,技术管理的基本任务必须做好各项具体的业务工作才能完成;最后,通过技术经济分析与评价可以保证基础工作和业务工作在技术上的可行性和经济上的合理性。

3.1.1.3　建筑工程技术管理的要求

建筑工程技术管理的要求有以下几点。

①正确贯彻执行国家的各项技术政策和法令、法规,认真执行国家和有关部门制定的技术规范和规定。技术管理工作应结合建筑业的技术政策、施工技术的发展方向,并根据我国的自然资源和地区特点,围绕建筑产品进行改革。积极采用新材料、新工艺、新技术、新结构、新设备;大力发展社会化生产和商品化供应,组织专业化协作和配合,加速实现建筑工业化和现代化。

②科学地组织各项技术工作,建立企业正常的生产技术秩序,保证施工生产的顺利进行。

③充分发挥各级技术人员和工人群众的积极作用,促进企业生产技术的不断更新和发展,推动技术进步。

④加强技术教育,不断提高企业的技术素质和经济效益,以达到保证工程质量、节约材料和能源、降低工程成本的目的。

3.1.1.4　建筑工程技术管理的原则

建筑工程技术管理的原则如下。

①认真贯彻执行国家的技术政策、规范、标准和规程。

②尊重科学技术,按客观规律办事。科学技术的发展规律是客观存在的,我们只有去发现它、认识它和掌握它,才能促进企业技术的发展。建筑企业要遵循的科学技术是多方面的,企业应特别注意施工技术规律、设备运转规律、材料试验规律、新技术的开发和应用规律等。

③讲求技术工作的经济效益。施工生产活动中的任何一项工作方案,都必须是技术和经

济的统一,才能可行。在商品经济社会中,如果一味强调技术上是否先进,而忽略经济上是否合理,这种方案注定会被淘汰。技术和经济是辩证的统一,它们有矛盾的一面,也有统一的一面。因此,在技术管理中必须讲求经济效益,当使用某一项技术时,必须考虑它的经济效果,尽量使二者达到统一。讲求经济效益,还应注意企业效益和社会效益、当前利益和长远利益的结合。

实习实作:分小组讨论建筑工程技术管理的任务、内容、要求、原则,再针对单位建筑工程实例进行相互提问。

3.1.2　技术管理的基础工作

3.1.2.1　技术管理机构和职责的建立

1.技术管理机构的建立和健全

搞好建筑施工企业的技术管理工作,必须有健全的组织系统作为保证。建筑企业技术管理组织应和企业的行政管理组织相统一,按统一领导、分级管理的原则,建立以总工程师为首的技术管理系统。公司、分公司、施工项目都应设立相应的技术管理职能部门,配备相应的技术人员,从而加强企业和施工项目的技术管理与控制。图3.1.1为直线职能制的技术管理机构。

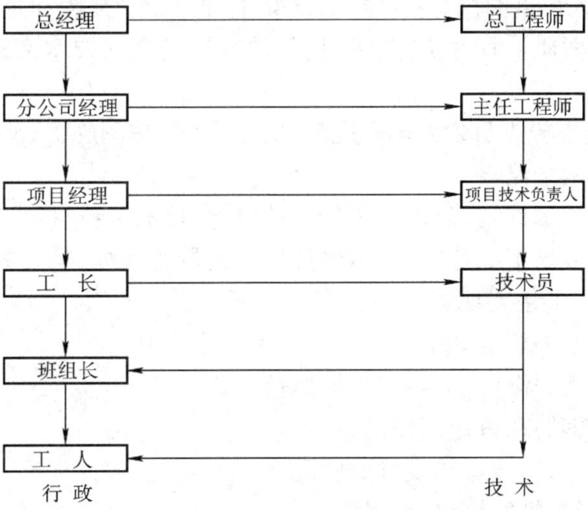

图3.1.1　直线职能制技术管理机构

2.技术责任制的建立和健全

技术责任制是建筑企业责任制的重要组成部分,它对企业技术管理系统的各级技术人员规定了明确的职责范围和职权,使技术人员的工作制度化、规范化,并与个人利益联系在一起,以保证各方面技术活动的顺利开展。

建筑企业的技术责任制,是以技术岗位责任制为基础,规定各岗位的职责和职权的制度。

(1)总工程师的主要职责

总工程师的主要职责如下。

①全面领导企业的技术管理工作。

②贯彻国家的各项技术政策、标准、规范、规程和组织企业的各项技术管理工作。

③组织编制和执行企业的年度技术计划。

④领导开展技术革新活动,审定企业的重大技术革新和技术改造方案,组织编制和实施科技发展规划。

⑤组织重点工程施工组织设计的编制,审批重大的施工方案,参加大型工程的图纸会审、技术交底。

⑥领导企业的全面质量管理工作,负责处理重大质量事故。

⑦主持技术会议,审定企业的技术制度、规定。

⑧领导安全技术工作和培训工作,审定企业技术培训计划。

⑨考核各级技术人员,对技术人员的工作、晋级、奖惩等提出意见。

⑩领导技术总结工作。

(2)主任工程师的主要职责

主任工程师的主要职责如下。

①组织中小型工程项目施工组织设计的编制,审批单位工程的施工方案。

②参加图纸会审,主持重点工程的技术交底。

③组织本单位技术人员贯彻执行各项技术政策、标准、规范、规程和企业的技术管理制度。

④负责本单位的全面质量管理工作,组织制订质量、安全的技术措施,检查和处理主要工程的质量事故。

⑤监督施工过程,督促施工负责人遵守规范、规程、标准,按图施工,及时解决施工中的问题。

⑥主持本单位的技术会议。

⑦领导编制本单位技术计划,负责本单位科技信息、技术革新、技术改造等工作。

⑧对本单位的科技成果组织鉴定,对本单位技术人员的晋级、奖惩提出建议。

(3)项目技术负责人的主要职责

项目技术负责人的主要职责如下。

①编制项目的施工组织设计,并组织贯彻执行。

②参与工程预算的编制和审定工作。

③负责技术复核工作,如核定轴线、标高等。

④负责技术核定工作,签发核定单,提供质量资料。

⑤负责图纸审查,参加图纸会审,组织技术交底。

⑥负责贯彻执行各项技术规定。

⑦组织质量管理工作,检查控制工程质量,处理质量事故。

⑧负责项目的材料检验工作和各种复合材料试配工作,如混凝土的配合比等。

⑨参加项目的竣工检查和验收工作,管理项目的技术档案工作。

3.1.2.2　贯彻技术标准和技术规程

建筑技术标准化是加强技术管理的有效方法。现代建筑施工，技术日趋复杂，对建筑材料、施工工艺、施工机械的要求越来越高。为保证施工质量，不断提高技术水平，在技术上必须有检查、控制的标准和方法。建筑企业的技术标准化的规定大致可以分为技术标准和技术规程两个方面。

1. 技术标准

建筑企业施工生产中的技术标准包括各种施工验收规范和检验标准。技术标准由国家委托相关部门制定，属于法令性文件，不允许各企业随意更改。

1）施工及验收规范　这类规范规定了建筑安装工程各分部分项工程施工上的技术要求、质量标准和验收的方法、内容等。

2）建筑工程施工质量验收统一标准　它是根据施工及验收规范制定的用以检验和评定工程质量是否合格的标准。

3）建筑材料、半成品的技术标准及相应的检验标准　它规定了各种常用材料的规格、性能、标准及检验方法等。如水泥检验标准、混凝土强度等级检验评定标准。

2. 技术规程

建筑安装工程技术规程是建筑安装工程施工及验收规范的具体化。在贯彻国家施工及验收规范时，由于各地区的操作习惯不完全一致，有必要制定符合本地区实际情况的具体规定。技术规程就是各地区（各企业）为了更好地贯彻执行国家的技术标准，根据施工及验收规范的要求，结合本地区（本企业）的实际情况，在保证达到技术标准要求的前提下，对建筑安装工程的各个施工工序的操作方法、施工机械及工具、施工安全所制定的技术规定。

提示：技术规程属于地方性技术法规，施工中必须严格遵守，但它比技术标准的适用范围要窄一些。

常用的技术规程如下。

1）施工操作规程　这类规程规定了各主要工种在施工中的操作方法、技术要求、质量标准、安全技术等。工人在生产中必须严格遵守和执行操作规程，以保证工程质量和生产安全。

2）设备维护和检修规程　它是依据各种设备的磨损规律和运转规律，对设备的维护、保养，检修的时间、内容、方法等所作的规定。其主要目的是为了使设备保持完好，能够正常运转，减少磨损和损坏，尽量降低修理费用。

3）安全技术规程　它是指对施工生产中的安全方面所作的规定。它根据安全生产的规律，对各工种、各类设备的安全操作作了详细规定，以保证施工过程中的人身安全和设备的运行安全，如《建筑安装工程安全操作规程》规定了建筑施工生产中的安全操作问题。

提示：技术标准和技术规程一经颁发，就必须维护其权威性和严肃性，不得擅自修改和违反，要严格执行。但技术标准和技术规程也并非一成不变，随着技术水平

的发展和适用条件的变化，需要不断地修订和完善。技术标准和技术规程的修订，一般由原颁发单位组织进行，其他单位不得私下修改。

3.1.2.3 健全技术原始记录

技术原始记录是企业生产经营管理原始记录的重要组成部分。它反映了企业技术工作的原始状态，为开展技术管理提供依据，是技术分析、决策的基础。技术原始记录包括：材料、构配件及工程质量检验记录；质量、安全事故分析和处理记录；设计变更记录；施工日志等。

技术原始记录中，施工日志是反映施工生产过程的重要的原始记录，施工中必须严格建立和健全施工日志制度。施工日志详实地记录了从工程开工直到竣工整个施工过程的技术动态，反映了技术上的各类问题，如施工中的各种技术变更、事故调查记录、各类经验总结等。

3.1.2.4 建立技术档案

工程技术档案是国家技术档案的重要组成部分，它记载和反映了施工企业在施工、技术、科研等活动中的历史和成果，具有保存价值。工程技术档案必须按科技档案管理的有关规定，进行分类整理后，归档集中管理，不得散失。建筑企业的工程技术档案包括工程交工验收的技术档案和施工企业自身保存的技术档案等。

1. 工程交工验收的技术档案

工程交工验收的技术档案就是有关建筑产品合理使用、维护、改建、扩建的技术文件，也即是竣工验收时所应提供的交工技术资料。一般应包括以下技术档案资料。

①竣工工程项目一览表，如单位工程名称、开竣工日期、工程质量验收证等。

②图纸会审纪要，包括技术核定单、设计变更通知单。

③隐蔽工程验收单，工程质量事故的发生经过和处理记录，材料、半成品的试验和检验记录，永久性水准点和坐标记录，建筑物的沉降观测记录，材料、构件和设备的质量检验合格证或检测依据等。

④施工的试验记录，如混凝土与砂浆的抗压强度试验、地基试验、主体结构的检查及试验记录等；施工记录，如地基处理、预应力构件及新材料、新工艺、新技术、新结构的施工记录和施工日志。

⑤设备安装记录，如机械设备、暖气、卫生和电气等工程的安装和检验记录。

⑥施工单位和设计单位提供的建筑物使用说明资料。

⑦上级主管部门对工程的有关技术决定。

⑧工程竣工结算资料和签证等。

以上技术档案资料随同工程交工，提交建设单位保存。

2. 施工企业自身保存的技术档案

建筑施工企业自身保存的技术档案，是供施工单位今后施工时的参考技术文件，主要是施工生产中积累的具有参考价值的经验资料。其主要内容包括施工组织设计，施工经验总结，新材料、新工艺、新技术、新结构、新设备的试验和使用效果，各种试验记录，重大质量、安全、机械事故的发生原因、情况分析和处理意见，重要的技术决定、技术管理的经验总结等。

工程技术档案来源于平时积累的各种技术资料。因此，施工生产和技术管理中，应注意广泛地征集各种技术资料，比如混凝土和砂浆的强度试验报告、钢材的物理化学试验报告、构件荷载试验结论、地基处理记录、施工日志和各工程的施工组织设计等。技术资料收集起来后，要按照档案管理的要求进行分类整理。一般按工程项目分类，使同一工程的技术资料集中在一起，再在每个工程项目下按专业进行分类，便于归档后使用时查找。技术档案工作要求做到资料完整、准确，便于查找和使用，能及时解决技术管理工作中的问题。

3. 相关企业的技术信息管理与交流

建筑企业的技术信息是指与建筑生产、建筑技术有关的各种科技信息，包括有关的科技图书、科技刊物、科技报告、学术文章和论文、科技展品等。

技术信息管理工作就是有计划、有目的、有组织地收集、整理、存储、检索、报道、交流有关的科技信息，为企业生产经营活动提供各方面有价值的科技信息资料，促进企业的技术进步。科技信息工作应当做到以下几点。

①有针对性。针对企业生产中的薄弱环节收集有关信息，促进企业改进技术，力求走在科研和生产的前面，利用科技带动技术发展。

②准确可靠。收集的信息一定要真实，避免给技术工作造成失误。

③完整。收集的信息要系统、完整，不要疏漏，尽量给技术管理提供全面的分析资料，保证企业的技术工作全面发展。

实习实作：调查一建筑工地，仔细观察施工公告牌，记录和本节内容相关的信息。

3.1.3　技术管理制度的建立

技术管理制度是开展各项技术活动所必须遵循的工作准则。建立和健全技术管理制度是企业搞好技术管理工作的重要保证。企业的技术管理制度主要包括以下几个方面。

3.1.3.1　建立图纸会审制度

详见本教材学习情境1任务3中3.3技术资料准备。

3.1.3.2　建立技术交底制度

1. 技术交底的目的

技术交底是指在工程开工前，由上级技术负责人就施工中的有关技术问题向执行者进行交待的工作。技术交底的目的，在于把设计要求、技术要领、施工措施等层层落实到执行者，使其做到心中有数，以保证工程能够顺利进行，从而保证工程质量和施工进度。

2. 技术交底的主要内容

技术交底的主要内容包括:技术要求、技术措施、质量标准、工艺特点、注意事项等。交底工作从上到下逐级进行,交底内容上粗下细,越到基层越应具体。凡技术复杂的重点工程,应由公司总工程师就施工中的难点向分公司的主任工程师或项目技术负责人进行交底;一般的工程项目由分公司的主任工程师向项目技术负责人或技术人员进行交底;项目技术负责人或技术人员再对各分部分项工程向工人班组进行具体交底。上述各级交底中,以项目技术负责人或技术人员向工人班组进行交底最为重要,一般涉及实际操作。其主要内容包括以下方面。

①工程项目的各项技术要求。

②尺寸、轴线、标高、预留孔洞、预埋件的位置等。

③使用材料的品种、规格、等级、质量标准、使用注意事项等。

④施工顺序、操作方法、工种配合、工序搭接、交叉作业的要求。

⑤安全技术。

⑥技术组织措施,产量、质量、消耗、安全指标等。

⑦机械设备使用注意事项及其他有关事项。

注意:技术交底的形式是多种多样的,应视工程项目的规模大小和技术复杂程度以及交底内容的多少而定。一般采用口头、文字、图表等形式,必要时也可以用样板、实际操作等方式进行。

3.1.3.3 建立技术复核制度

1. 技术复核

技术复核,是指对施工过程中的重要部位的施工,依据有关标准和设计要求进行复查、核对等工作。技术复核的目的是避免在施工中发生重大差错,以保证工程质量。技术复核工作一般是在分项工程正式施工前进行,复核的内容根据工程情况而定。一般土建工程施工重点复核以下内容。

①建筑物、构筑物的位置、坐标桩、标高桩、轴线尺寸等。

②基础:土质、位置、标高、轴线、尺寸。

③钢筋混凝土工程:材料质量、等级、配合比设计,构件的型号、位置、钢筋搭接长度、接头长度、锚固长度,预埋件的位置,吊装构件的强度。

④砖砌体:轴线、标高、砂浆配合比。

⑤大样图:各种构件及构造部位大样图的尺寸和要求。

2. 技术核定

技术核定是指在施工过程中依照规定的程序,对原设计进行的局部修改。在建筑工程的施工过程中,当发现设计图纸有错误,或施工条件发生了变化而不能照原设计施工时,就必须对设计进行修改,即为技术核定。例如材料代换、构件代换、改变施工做法等。技术核定必须依照有关规定按程序进行，一般应在工程施工合同中写明，分清责任和权限，保证施工生产顺利进行。通常情况下，不影响工程质量和使用功能的材料代换由施工单位自行核定。如钢筋直径不同的代换。当变更较大，影响原设计标准、结构、功能、工程量时，必须经设计单位和建设单位认可并签署意见后方可实施；如建设单位、设计单位主动要求修改，应在规定的时间内以书面形式通知施工单位。

提示：技术核定的实施，大多数企业采取技术核定单的形式下达。按规定程序签署下达的技术核定单，具有同施工图纸相同的效力，必须严格执行。

3.1.3.4　建立材料及构配件检验制度

建筑材料、构配件、金属制品和设备的好坏，直接影响着建筑产品的优劣。因此，企业必须建立和健全材料及构配件检验制度，配备相应人员和必要的检测仪器设备，技术部门要把好材料检验关。

1. 对技术部门、各级检验试验机构及施工技术人员的要求

①工作中要遵守国家的有关技术标准、规范和设计要求，要遵守有关的操作规程，提出准确可靠的数据，确保试验、检验工作的质量。

②各级检验试验机构应按照规定对材料进行抽样检查，提供数据存入工程档案。其所用的仪器、仪表和量具等，要做好检修和校验工作。

③施工技术人员在施工中应经常检查各种材料的质量和使用情况，禁止在施工中使用不符合质量要求的材料、构配件，并确定处理办法。

2. 对原材料、构配件、设备检验的要求

①用于施工的原材料、成品、半成品、设备等，必须由供应部门提出合格证明文件。对没有证明文件或虽有证明文件但技术人员、质量管理部门认为有必要复验的材料，在使用前必须进行抽样、复验，证明其合格后才能使用。

②钢材、水泥、砖、焊条等结构用的材料，除应有出厂证明或检验单外，还要根据规范和设计要求进行检验；高低压电缆和高压绝缘材料，要进行耐压试验；混凝土、砂浆、防水材料的配合比，应先提出试配要求，经试验合格后才能使用；钢筋混凝土构件及预应力钢筋混凝土应按《钢筋混凝土施工及验收规范》的有关规定进行抽样试验。

③新材料、新产品、新构件，要在对其做出技术鉴定、制定出质量标准及操作规程后才能在工程上使用。

④在现场配制的建筑材料，如防水材料、防腐材料、耐火材料、绝缘材料、保温材料等，均应按试验室确定的配合比和操作方法进行施工。

常用土建工程施工中原材料的检验项目见表3.1.1。

表 3.1.1 常用材料检验项目

序号	材料名称		一般检验项目	其他检验项目
1	水泥		标准稠度、凝结时间、抗压和抗折强度	细度、体积安定性
2	钢材	热轧钢筋、冷拉钢筋、型钢、扁钢和钢板	拉力、冷弯	冲击、硬度、焊接件(焊缝金属、焊接接头)的力学性能
		冷拔低碳钢丝、碳素钢丝和刻痕钢丝	拉力、反复弯曲	
3	木材		含水率	顺纹抗压、抗拉、抗弯、抗剪等强度
4	普通黏土砖、页岩砖、空心砖、硅酸盐砌块		抗压、抗折	抗冻
5	天然石材		密度、空隙率、抗压强度	抗冻
6	混凝土用砂、石	砂	颗粒级配、密度、松散密度、空隙率、含水率、含泥量	有机物含量、三氧化硫含量、云母含量
		石		针状和片状颗粒
7	混凝土		坍落度或工作度、密度、抗压强度	抗折、抗弯强度、抗冻、抗渗、干缩
8	砌筑砂浆		流动度(沉入度)、抗压强度	
9	石油沥青		针入度、延伸度、软化点	
10	沥青防水卷材		不透水性、耐热度、吸水性、抗拉强度	柔度
11	沥青胶(沥青玛碲脂)		耐热度、柔韧性、黏结力	
12	保温材料		密度、含水率、导热系数	抗折、抗压强度
13	耐火材料		密度、耐火度、抗压强度	吸水率、重烧线收缩、荷重软化温度等
14	水			pH 值,油、糖含量
15	塑料		耐热性、低温耐折、导热系数、透水性、抗拉强度及相对伸长率等	线膨胀系数、静弯曲强度、压缩强度
16	水硬性耐火混凝土		耐热度、密度、热间强度、混凝土强度等级	荷重软化点、残余变形、线膨胀系数、耐急冷急热性
17	耐酸耐碱混凝土		耐酸或耐碱度、密度、28 d 的抗压强度	
18	石膏		标准稠度、凝结时间、抗压、抗拉	
19	石灰		产浆量、活性氧化钙和活性氧化镁含量	细度、未消化颗粒含量
20	回填土		干密度、含水率、最佳含水率和最大干密度	
21	灰土		含水率、干密度	

注:一般检验项目是指必须做的项目,而其他检验项目是指必要时才做的检验项目。

3.1.3.5　建立工程质量检查和验收制度

质量检查是根据国家或主管部门颁发的有关质量标准,采用一定的测试手段,对原材料、构配件、半成品、施工过程的分部分项工程以及交工的工程进行检查、验收的工作。

质量检查和验收工作可以避免不合格的原材料、构配件进入施工过程,从而保证各个分项工程的质量,进而保证整个工程的质量。它是维护国家和用户利益、维护企业信誉的重要手段,是企业质量管理中的一项重要工作。

1. 工程质量检查验收的依据

工程质量检查验收的依据如下。

①施工验收规范、操作规程,质量评定标准,有关主管部门颁发的关于保证工程质量的规章制度和技术文件。

②批准的单位工程施工组织设计。

③施工图纸及设计说明书、设计变更通知单、修改后图纸和技术核定单。

④材料试验、检验报告,材料出厂质量保证书和证明单。

⑤施工技术交底记录、图纸会审的会议经要和记录。

⑥各项技术管理制度。

2. 工程质量检查制度和方法

1)自检制度　自检制度是指由班组及操作者自我把关,保证交付合格产品的制度。自检必须建立在认真进行技术交底、真正发动群众和依靠群众的基础之上。班组要有一套完整的管理办法,包括建立质量管理小组、实行严格的质量控制。

2)互检制度　互检制度是指操作者之间互相进行质量检查的制度。其形式有班组互检、上下工序互检、同工序互检等。互检工作开展的好坏是班组管理水平的重要标志,也是操作质量能否持续提高的关键。

3)交接检查制度　交接检查制度是指前后工序或作业班组之间进行的交接检查制度。一般应由工长或施工技术负责人进行。这就要求操作者和作业班组树立整体观念和为下道工序(或作业班组)服务的思想,既要保证本工序(或本班)的质量,又要为下道工序 (或下一作业班组)创造有利条件,而下道工序(或作业班组)也重复如此,形成环环相扣、班班把关的局面。

4)分部、分项工程质量检查制度　由企业的质量检查部门和有关职能部门负责。对每个分部、分项工程的测量定位、放线、翻样、施工的质量以及所用的材料、半成品、成品的加工质量,进行逐项检查,及时纠正偏差,解决有关问题,并做好检验的原始记录。

5)技术工作复核制度　即在各个分项工程施工前,由有关部门对各项技术工作进行严格的复核,发现问题,及时纠正。

3. 质量检验的内容

质量检验的内容主要包括施工准备工作中的检验、施工过程中的质量检验和交工验收中的质量检验三个阶段的质量检验。

1)施工准备工作中的检验　包括基准点、标高、轴线的复核,机械设备安装的开箱检验,预组装检验，原材料、构配件的外形、规格、强度等物理、化学性能的检验，加工件的放样下料、图纸复核等。

2）施工过程中的质量检验　包括分部分项工程和隐蔽工程的检验。例如，地基基础工程的土质、标高的检验，打桩工程中桩的数量、位置的检验，钢筋混凝土工程中的钢筋种类、规格、数量、强度等级、尺寸位置、焊接、绑扎、搭接情况的检验，模板的位置、尺寸、标高及稳定性的检验，管道工程的标高、坡度、焊接、防腐情况的检验，锅炉的焊接、试压等的检验。上道工序不合格，就不能转入下道工序施工。分部工程和隐蔽工程的检验记录是工程交工验收的重要凭证，也是重要的质量信息资料，应按有关技术档案规定妥善保管。

3）交工验收中的质量检验　建筑施工（包括土建、装饰、水、暖、通风、电气照明等）完工后，施工单位要进行自检，通过自检，发现问题及时纠正，并在自检合格的基础上，由施工单位提出“验收交接申请报告”（即竣工报告，见表3.1.2）。然后再由建设单位组织设计单位、监理单位、施工单位及有关部门共同参与，对竣工工程项目进行检查验收，包括检查建筑物的标高、轴线、预留孔洞、外观状况和使用功能是否符合设计和有关规范的要求，交工的技术资料是否齐全、是否符合有关规定等。在这些检查内容符合要求的基础上，由施工单位向建设单位办理交工手续，并向建设单位移交全部的技术资料。

表3.1.2　竣工报告

施工单位：____________

<table>
<tr><td>建设单位</td><td colspan="4"></td></tr>
<tr><td>主管部门</td><td colspan="4"></td></tr>
<tr><td>工程地点</td><td colspan="4"></td></tr>
<tr><td>工程名称</td><td colspan="4"></td></tr>
<tr><td>简　　称</td><td></td><td rowspan="7">工
程
造
价
（元）</td><td>全部</td><td></td></tr>
<tr><td>用　　途</td><td></td><td>土建</td><td></td></tr>
<tr><td>结　　构</td><td></td><td>装饰</td><td></td></tr>
<tr><td>层　　数</td><td></td><td>卫生</td><td></td></tr>
<tr><td>幢　　数</td><td></td><td>暖气</td><td></td></tr>
<tr><td>建筑面积</td><td></td><td>电气</td><td></td></tr>
<tr><td>其中：地下室</td><td></td><td>通风</td><td></td></tr>
<tr><td>实际开工日期</td><td colspan="4">年　　月　　日</td></tr>
<tr><td>实际竣工日期</td><td colspan="4">年　　月　　日</td></tr>
<tr><td>日历工作天</td><td></td><td>实际作业天</td><td colspan="2"></td></tr>
<tr><td>预制构件</td><td></td><td>吊装方法</td><td colspan="2"></td></tr>
<tr><td>工程质量评价：</td><td colspan="2"></td><td colspan="2">甩项、停工、交接情况：</td></tr>
</table>

项目负责人：　　　　　　　　　　　　　　　　　　　　　　　　统计员：

3.1.3.6　建立技术组织措施计划制度

在施工过程中，必须结合工程项目的实际情况以及降低工程成本和推广新技术、新材料、新结构的任务，在技术上和组织上采取一系列的措施，以达到上述目的，而以这些措施及其效果为主要内容制订的计划，就是技术组织措施计划。

建立技术组织措施计划制度的目的是为了更好地提高工程质量，节约原材料，降低工程成本，加快施工进度，提高劳动生产率，改善劳动条件，进而提高企业的经济效益和社会效益。

在实际工作中，常见的技术组织措施主要有以下几种。

①加快施工进度，缩短工期方面的技术组织措施。

②保证和提高工程质量的技术组织措施。

③节约原材料、动力、燃料的技术组织措施。

④充分利用地方材料，综合利用工业废料、废渣的技术组织措施。

⑤推广新技术、新材料、新工艺、新结构的技术组织措施。

⑥革新机具、提高机械化程度的技术组织措施。

⑦改进施工机械设备的组织和管理，提高设备完好率、利用率的技术组织措施。

⑧改进施工工艺和技术操作的技术组织措施。

⑨保证安全施工的技术组织措施。

⑩改善劳动组织、提高劳动生产率的技术组织措施。

⑪发动群众广泛提出合理化建议、献计献策的技术组织措施。

⑫各种技术经济指标的控制数字。

3.1.3.7　建立施工技术资料归档制度

施工技术资料是建筑施工企业进行技术工作、科学研究、生产组织的重要依据，是企业生产经营活动的技术标准，它能系统地反映企业长期生产实践的科技工作成果。加强对技术资料的管理是企业一项重要的技术基础工作。

建立施工技术资料归档制度，是为了保证工程项目的顺利交工，保证各项工程交工后的合理使用，为今后工程项目的维修、维护、改建、扩建提供依据，也是为了更好地积累施工技术资料，不断提高施工技术水平。因此施工技术部门必须从工程施工准备工作开始就建立起工程技术档案，不断地汇集整理有关资料，并把这一工作贯穿于整个施工过程，直到工程竣工交工验收结束。

凡是列入技术档案的技术文件、资料，都必须经有关技术负责人正式审定。所有的资料、文件都必须如实地反映情况，不得擅自修改、伪造或事后补做。工程技术档案必须严格加强管理，不得遗失和损坏。人员调动时要及时办理有关的交接手续。

施工技术资料归档内容详见本学习情境3.1.2.4所述。

实习实作：根据所给的建筑施工图纸进行图纸会审、技术复核、材料及构配件的图纸检验等，并进行相互提问。

3.1.4 技术革新和技术开发

3.1.4.1 技术革新

技术革新是指在技术进步的前提下，把科学技术的成果转化为现实的生产能力，应用于企业生产的各个环节，用先进的技术对企业现有的落后技术进行改造和更新。建筑企业要提高技术素质，就必须不断地进行技术革新，通过技术革新，可以提高企业的施工技术水平，确保工程质量，缩短施工工期，降低工程成本，提高经济效益。

1. 技术革新的主要内容

1）改进施工工艺和操作方法　随着建筑技术的飞速发展，新技术、新材料、新工艺、新结构、新设备的不断涌现，建筑施工企业必须在施工中不断地改进施工工艺和操作方法，以新的施工工艺和操作方法来适应现代建筑的发展需要，才能保证工程施工质量，加快施工进度，降低工程成本。

2）改进施工机械和工具　针对现在施工手段落后的施工过程，特别是劳动强度大、劳动条件差、生产效率低的工种，应积极地、有计划地进行施工机械和工具的改革、更新，用工作效率高的施工机械和工具代替原有的落后施工机械和工具，以提高劳动生产率，改善工人的作业条件。

3）改进材料的使用　在保证工程质量的前提下，大力推广新型的、节能的、优质的建筑材料；推行材料的综合利用，努力降低消耗，节约使用资源。特别是针对我国人口多、土地少的现实情况，应禁止或减少使用黏土砖，用新型的墙体材料代替，以节约使用耕地。

2. 技术革新的组织管理

1）领导和群众相结合　对技术革新，领导必须首先重视，把技术革新视为提高企业竞争力的重要措施来抓。此外，还必须依靠群众，想方设法调动各方面的积极性，发挥群众的创造力，才能取得良好的效果。

2）紧密结合施工生产实际　针对现在施工生产中的关键问题和薄弱环节，有重点地进行技术改造。

3）注意技术和经济的统一　在拟订、评价技改方案时，应注意从技术和经济两方面进行，要选择那些技术上先进可靠、经济上合理可行的方案推广使用。

4）充分发挥奖励的作用　利用精神和物质等奖励手段，鼓励对技术革新有贡献的职工，在企业造就“人人提建议、搞革新”的局面，推动企业的技术进步。

3.1.4.2 技术开发

1. 技术开发的意义

技术开发是指把科学技术的研究成果进一步应用于生产实践的开拓过程。技术开发主要包括新技术、新材料、新工艺、新结构、新设备的开发，它的目的在于运用科学研究中所获得的知识,以试验为主要手段,验证技术可行性和经济合理性,通过实验室试验和中间试验(有些还要进行工业性试验)等一系列步骤,提供完整的技术开发成果,使科学技术转变为直接生产力,并不断以科研成果推动生产持续发展。

2. 技术开发的途径

技术开发必须走在生产的前面,以源源不断的新技术推动生产发展。建筑企业只有依靠技术开发,不断地采用新技术、新材料、新工艺、新结构、新设备和新的管理技术,才能改善企业的技术状况,提高企业的竞争能力,使企业取得新的发展。

建筑企业的技术开发的途径主要是施工技术和管理技术两方面。

1)施工技术的开发　施工技术开发包括施工机械设备的改造、更新换代和施工工艺水平的提高。通过施工机械设备的改造、更新换代和施工工艺水平的提高,不断地适应生产发展的需要。这是企业技术开发的核心。

2)管理技术的开发　管理技术的开发主要是引进各种先进的管理方法和手段,完善管理制度。先进技术和施工工艺水平的发挥,还必须依靠先进的管理手段,只有两者共同结合,才能发挥出它们应有的水平。引进各种先进的管理方法和手段,完善管理制度是提高建筑工程质量、降低工程成本、提高劳动生产率的重要途径。

3. 技术开发的程序

技术开发工作应遵循以下开发程序。

1)技术预测　建筑施工企业进行技术开发,必须首先对建筑的发展动态,企业现有技术水平、技术薄弱环节等进行深入的调查分析,预测施工技术未来的发展趋势。

2)选择技术开发课题　选择技术开发课题,是技术决策的问题,它是技术开发工作的关键环节。课题选择恰当,成功的可能性就大。不论是上级主管部门提出的课题,还是企业自选的课题,都应通过可行性论证,由适当的学术组织(如常设的专业技术学会或临时组成的专家组)就拟议中的课题在生产上的必要性、技术上的先进性,现有科研条件和预期的经济、社会、环境效益等提出审议意见,最后由主管部门或企业技术领导做出决定。选择技术开发课题,应注意以下几点。

①应从本企业的生产实际出发,研究和解决生产技术上的关键问题。

②必须和本企业的技术革新活动相结合。

③充分利用已有技术装备和技术力量,必要时与科研机构、大专院校协作,共同进行攻关。

④要给科研人员创造良好的学习、研究环境和必要的生产条件,使他们能集中精力,致力于开发工作。

3)组织研制和试验　开发课题一旦选定,就应集中人力、物力、财力,加速研制和试验,按计划拿出成果。

4)分析评价　对研制和试验的成果进行分析评价,提出改进意见,为推广应用作准备。

5)推广应用　将研究成果在生产实践中加以应用,并对推广应用的效果加以总结,为今后进一步开发积累经验。

技术开发的程序如图 3. 1. 2 所示。

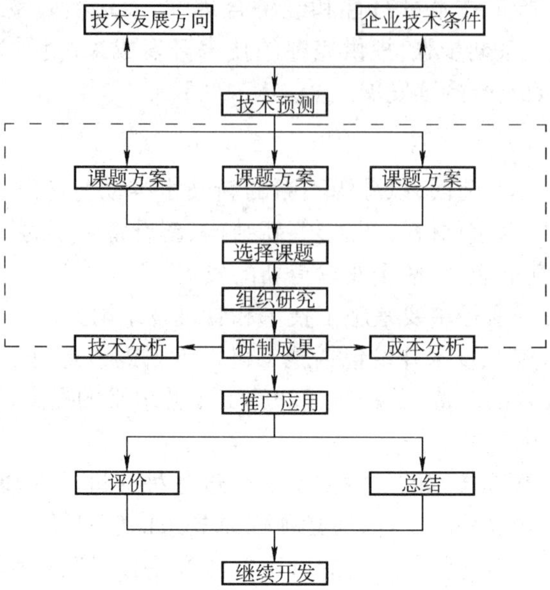

图 3.1.2　技术开发程序

4. 技术开发的组织管理

企业的技术开发工作应紧密联系企业的生产实际需要，开发的课题要经一定的学术组织审议，进行可行性论证，再由主管领导做出决策；研究试验方案要经本单位的技术主管审查批准，人力配备、器材供应、试验条件以及资金供应等保证按计划逐项落实，对工作进展情况要定期检查，并及时协调各方面的关系，解决出现的问题；研究或开发成果要及时组织专家进行鉴定和评议，内容比较复杂、研究周期较长的项目，还应组织阶段和分项成果的评议；通过鉴定的成果要在施工中推广应用，并对应用情况进行跟踪，及时发现并解决应用中出现的问题，帮助企业切实掌握新技术。

实习实作：根据所给的单位工程资料，分小组讨论技术革新、技术开发的意义和内容。

【任务 1 小结】

任务 1 介绍了建筑工程技术管理的任务、内容、要求、原则，技术管理基础工作，技术管理制度建立，技术革新和技术开发等内容。建筑工程技术管理为工程建设的顺利实施提供了技术保证，是建筑施工组织正确实施的保证，学生要具备建筑工程技术管理的基本技能。

习　　题

简答题

1. 建筑工程技术管理的基本任务是什么?
2. 施工组织中常用的技术规程有哪些?
3. 技术原始记录、技术档案分别包括哪些内容?
4. 技术交底的主要内容包括哪些?
5. 技术革新的主要内容有哪些?
6. 技术开发的意义是什么?

综合实训

实训一:调查一建筑工地,收集、分析其技术管理工作。

实训二:某建筑为5层混合结构,建筑面积1 568 m^2,天然地基土,钢筋混凝土工程,底层为现浇框架,作商店用,2~5层为宿舍。其承重墙为含少量钢筋的现浇混凝土墙,厚160 mm,隔墙为预制混凝土板。该工程于2009年4月开始施工,到同年6月安装5层楼板时,突然发生了第4层承重墙倒塌及3、4、5层楼板坍塌事故。经调查发现,倒塌前几天浇筑了5层墙体混凝土,经养护强度达到2.74 MPa,满足吊装楼板要求后开始吊装。当晚起吊时无专人指挥,加之施工场地较小,起重工贪图方便,在5层两个轴向开间安装了楼板后又在其上顺开间方向堆放了两堆楼板,放到最后一块时,因楼面荷载太大而出现垮塌事故。事后还发现在开工前未按三级安全教育的要求对各级工作人员进行安全教育,没有做到施工的安全管理,因此该施工单位、项目经理部和施工班组均有不可推卸的责任。

问题:

(1)请简要分析这起事故发生的原因。

(2)施工单位应采取哪些措施来预防该案例中发生的坍塌事故?

(3)在施工过程中,安全管理的六项基本原则是什么?

任务2　建筑工程质量管理

3.2.1　建筑工程质量管理简介

建筑企业的产品是建筑工程,建筑工程的质量直接关系到企业的生存与发展。因此,现代建筑施工组织中对质量管理十分重视。质量管理虽然由来已久,但随着现代生产和建设的需要及管理思想的不断发展,质量管理的目的、要求、方法也发生了显著的变化。

3.2.1.1　质量管理发展的三个阶段

质量管理是指企业为了保证和提高产品质量,为用户提供满意的产品而进行的一系列管理活动。质量管理作为现代管理中的一个十分重要的分支学科,始于20世纪20年代的美国,先后经历了质量检验阶段、统计质量管理阶段、全面质量管理阶段。质量管理在现代企业管理中处于核心地位。现代质量管理实质上就是全面质量管理。

1. 质量检验阶段

质量检验阶段是质量管理发展的最初阶段,时间是20世纪20年代至40年代。这一阶段的质量管理,实质上就是把检验与生产分开,成立专职检验部门,负责产品质量的检验,用检验的方法进行质量管理。这种方法只能控制产品验收时的质量,起到事后把关的作用,在大量的产品中挑出不合格品和废品,以保证产品质量合格。这是一种消极的质量管理方法,它不能预防生产过程中不合格品和废品的产生,同时会使产品的生产成本增加。

2. 统计质量管理阶段

统计质量管理阶段是质量管理发展的第二个阶段,时间是20世纪40年代至50年代。这一阶段的质量管理,主要运用数理统计方法,从质量波动中找出规律性,消除产生质量波动的异常原因,使生产过程中的每一个环节都控制在正常而又比较理想的状态,从而保证最经济地生产出合格的产品。这种质量管理,一方面应用数理统计的方法;另一方面,着重于生产过程中的质量控制,起到预防和把关相结合的作用。这种质量管理方法由于以积极的事前预防代替消极的事后检验,因此,它的科学性比质量检验阶段有了大幅度的提高。

3. 全面质量管理阶段

20世纪60年代以来,随着科学技术的发展,对安全性和可靠性的要求愈来愈高;同时,经济上的竞争也日趋激烈,人们对控制质量的认识有了升华,意识到单纯依靠统计质量管理方法已不能满足要求。因此,1957年美国通用电气公司质量总经理朱兰·费根堡姆博士首次提出了全面质量管理的概念,并且于1961年出版了《全面质量管理》。该书强调执行质量职能是公司全体人员的责任,应该使全体人员都具有质量的概念和承担质量的责任。而要解决质量问题不能仅限于产品制造过程,在整个产品质量的产生、形成和实现的全过程中都需要进行质量管理,并且解决问题的方法是多种多样的,而不仅限于检验和数理统计方法。他指出全面质量管理是为了能够在最经济的水平上,并考虑到充分满足顾客要求的条件下进行市场研究、设计、生产和服务,把企业各部门的研制质量、维持质量和提高质量的活动构成一体的有效体系。

小组讨论:学生分小组讨论质量管理三个发展阶段的特点。

3.2.1.2 质量管理的特点和目标

质量管理是制定和实施质量方针的全部管理职能。它是企业全部管理工作的一个重要组成部分,它的职能是负责质量方针的制定和实施。质量管理工作的核心是保证产品能达到相应的技术要求;质量管理工作的依据是相应的技术要求;质量管理工作的效果取决于制造出来的产品符合设计质量要求的程度;质量管理工作的目的是保证和提高质量,使用户和企业都满意。

3.2.1.3 建设工程质量形成的影响因素

1. 质量活动的主体

人的质量意识和质量能力说明人是质量活动的主体,对建设工程项目而言,人是泛指与工程有关的单位、组织及个人,包括:建设单位,勘察设计单位,施工承包单位,监理及咨询服务单位,政府主管及工程质量监督、监测单位,策划者、设计者、作业者、管理者等。

2. 建设项目的决策因素

没有经过资源论证、市场需求预测,盲目建设,重复建设,建成后不能投入生产或使用,所形成的合格而无用途的建筑产品,从根本上讲是社会资源的极大浪费,不具备质量的适用性特征。同样,盲目追求高标准,缺乏质量经济性考虑的决策,也将对工程质量的形成产生不利的影响。

3. 建设工程项目勘察因素

建设工程项目勘察包括建设项目技术经济条件勘察和工程岩土地质条件勘察,前者直接影响项目决策,后者直接关系工程设计的依据和基础资料。

4. 建设工程项目的总体规划和设计因素

总体规划关系到土地的合理利用、功能组织和平面布局、竖向设计、总体运输及交通组织的合理性等;工程设计直接将建设意图变成工程蓝图,将适用、经济、美观融为一体,为建设施工提供质量标准和依据。建筑构造与结构的设计合理性、可靠性以及可施工性都直接影响工程质量。

5. 建筑材料、构配件及相关工程用品的质量因素

建筑材料、构配件及相关工程用品是建筑生产的劳动对象。建筑质量的水平在很大程度上取决于材料工业的发展,原材料及建筑装饰装潢材料及其制品的开发,导致人们对建筑消费

需求日新月异的变化,因此正确合理地选择材料,控制材料、构配件及工程用品的质量规格、性能特性符合设计规定标准,直接关系到工程项目的质量形成。

6. 工程项目的施工方案

施工方案包括施工技术方案和施工组织方案。前者指施工的技术、工艺、方法和机械、设备、模具等施工手段的配置,显然,如果施工技术落后、方法不当、机具有缺陷,都将对工程质量的形成产生影响。后者是指施工程序、工艺顺序、施工流向、劳动组织方面的决定和安排。通常的施工程序是先准备后施工,先场外后场内,先地下后地上,先深后浅,先主体后装修,先土建后安装等等,都应在施工方案中明确,并编制相应的施工组织设计。这些都是对工程项目的质量形成产生影响的重要因素。

7. 工程项目的施工环境

施工环境包括地质、水文、气候等自然环境,施工现场的通风、照明、安全卫生防护设施等劳动作业环境以及由工程承发包合同结构所派生的多单位多专业共同施工的管理关系,组织协调方式及现场施工质量控制系统等构成的管理环境对工程质量的形成产生相当大的影响。

实训:由教师给出建设项目资料,学生分析影响该工程项目质量的因素有哪些。

3.2.1.4 建设工程质量控制

质量控制是质量管理的一部分,是致力于满足质量要求的一系列相关活动。质量控制包括采取的作业技术和管理活动。作业技术是直接产生产品或服务质量的条件,但并不是具备相关作业技术能力,都能产生合格的质量,在社会化大生产的条件下,还必须通过科学的管理,组织和协调作业技术活动的过程,以充分发挥其质量形成能力,实现预期的质量目标。

按照 GB/T 19000 定义,质量管理是指确立质量方针及实施质量方针的全部职能及工作内容,并对其工作效果进行评价和改进的一系列工作。而质量控制是在明确的质量目标条件下通过行动方案和资源配置的计划、实施、检查和监督来实现预期目标的过程。

建设工程项目从本质上说是一项拟建的建筑产品,它和一般产品具有同样的质量内涵,即满足明确和隐含需要的特性之总和。其中明确的需要是指法律法规、技术标准和合同等所规定的要求,隐含的需要是指法律法规或技术标准尚未做出明确规定,然而随着经济发展、科技进步及人们消费观念的变化,客观上已存在的某些需求。因此建筑产品的质量也就需要通过市场和营销活动加以识别,以不断进行质量的持续改进。其社会需求是否得到满足或满足的程度如何,必须用一系列定量或定性的特性指标来描述和评价,这就是通常意义上的产品适用性、可靠性、安全性、经济性以及环境的适宜性等。

由于建设工程项目是由业主(或投资者、项目法人)提出明确的需求,然后再通过一次性承发包生产,即在特定的地点建造特定的项目,因此工程项目的质量总目标,是业主建设意图通过项目策划,包括项目的定义及建设规模、系统构成、使用功能和价值、规格档次标准等的定位策划和目标决策来提出的。工程项目质量控制包括勘察设计、招标投标、施工安装、竣工验收各阶段,质量控制均应围绕着致力于满足业主要求的质量总目标而展开。

3.2.1.5 建设工程项目质量控制基本原理

1. PDCA 循环原理

PDCA 循环(见图 3.2.1),是人们在管理实践中形成的基本理论方法。从实践论的角度看,管理就是确定任务目标,并按照 PDCA 循环原理来实现预期目标。由此可见,PDCA 是目标控制的基本方法。

1)计划 P(Plan) 它可以理解为质量计划阶段,明确目标并制定实现目标的行动方案。在建设工程项目的实施中,"计划"是指各相关主体根据其任务目标和责任范围,确定质量控制的组织制度、工作程序、技术方法、业务流程、资源配置、检验试验要求、质量记录方式、不合格处理、管理措施等具体内容和做法的文件;"计划"还须对其实现预期目标的可行性、有效性、经济合理性进行分析论证,按照规定的程序与权限审批执行。

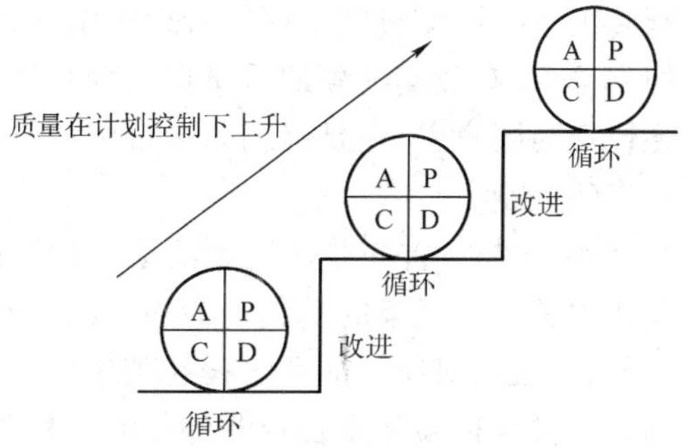

图 3.2.1 PDCA 循环示意图

2)实施 D(Do) 它包含两个环节,即计划行动方案的交底和按计划规定的方法与要求展开工程作业技术活动。计划交底的目的在于使具体的作业者和管理者明确计划的意图和要求、掌握标准,从而规范行为,全面地执行计划的行动方案,步调一致地去努力实现预期的目标。

3)检查 C(Check) 它指对计划实施过程进行各种检查,包括作业者的自检、互检和专职管理者专检。各类检查都包含两大方面:一是检查是否严格执行了计划的行动方案,实际条件是否发生了变化,不执行计划的原因;二是检查计划执行的结果,即产出的质量是否达到标准的要求,对此进行确认和评价。

4)处置 A(Action) 对于质量检查所发现的质量问题或质量不合格,及时进行原因分析,采取必要的措施,予以纠正,保持质量形成的受控状态。处理分为纠偏和预防两个步骤。前者是采取应急措施,解决当前的质量问题;后者是将信息反馈到管理部门,反思问题症结或计划时的不周,为今后类似问题的质量预防提供借鉴。

为了解决建筑工程中的质量问题,把 PDCA 循环具体分为八个步骤。

①分析现状,找出问题。

②分析各种问题产生的原因和影响因素。

③找出主要的影响因素。

④针对主要影响因素,制定措施,提出工作计划并估计效果。

⑤执行措施和计划,即 D(实施)阶段。

⑥检查采取措施后的效果,即 C(检查)阶段。

⑦总结经验,制定相应的标准或制度。

⑧提出尚未解决的问题,转入下一个 PDCA 循环中解决。

以上①、②、③、④四个步骤为 P(计划)阶段;⑤为 D(实施)阶段;⑥为 C(检查)阶段;⑦、⑧两个步骤为 A(处理)阶段。

2. 三阶段控制原理

三阶段控制就是通常所说的事前控制、事中控制和事后控制。三阶段控制构成了质量控制的系统过程。

1)事前控制　要求预先进行周密的质量计划。尤其是工程项目施工阶段,制订质量计划或编制施工组织设计或施工项目管理实施规划(目前这三种计划方式基本上并用),都必须建立在切实可行、有效实现预期质量目标的基础上,作为一种行动方案进行施工部署。事前控制的内涵包括两层意思:一是强调质量目标的计划预控;二是按质量计划进行质量活动前的准备工作状态的控制。

2)事中控制　首先是对质量活动的行为约束,即对质量产生过程各项技术作业活动的操作者在相关制度管理下的自我行为约束的同时,充分发挥其技术能力,去完成预定质量目标的作业任务;其次是对质量活动过程和结果的控制,这是来自他人的监督控制,包括来自企业内部管理者的检查检验和来自企业外部的工程监理和政府质量监督部门等的监控。

3)事后控制　事后控制包括对质量活动结果的评价认定和对质量偏差的纠正。从理论上分析,如果计划预控过程所制订的行动方案考虑得越是周密,事中约束监控的能力就越强、越严格,实现质量预期目标的可能性就越大,理想的状况是希望做到各项作业活动“一次成功”、“一次交验合格率 100%”。但客观上相当部分的工程不可能达到,因为在过程中不可避免地会存在一些计划时难以预料的影响因素,包括系统因素和偶然因素。因此当出现质量实际值与目标值之间超出允许偏差时,必须分析原因,采取措施纠正偏差,保持质量受控状态。

以上三大环节,不是孤立和截然分开的,它们之间构成有机的系统过程,实质上也就是 PDCA 循环具体化,并在每一次滚动循环中不断提高,达到质量管理或质量控制的持续改进。

3. 三全控制管理

三全管理是来自于全面质量管理 TQC 的思想,它是指生产企业的质量管理应该是全面、全过程和全员参与的。这一原理对建设工程项目的质量控制同样有理论和实践的指导意义。

1)全面质量控制　它是指工程(产品)质量和工作质量的全面控制,工作质量是产品质量的保证,工作质量直接影响产品质量的形成。对于建设工程项目而言,全面质量控制还应该包括建设工程各参与主体的工程质量与工作质量的全面控制。如业主、监理、勘察、设计、施工总包、施工分包、材料设备供应商等,任何一方任何环节的怠慢疏忽或质量责任不到位都会造成对建设工程质量的影响。

2)全过程质量控制　它是指根据工程质量的形成规律,从源头抓起,全过程推进。GB/T 19000强调质量管理的“过程方法”管理原则。按照建设程序,建设工程从项目建议书或建设构想提出,历经项目鉴别、选择、策划、可研、决策、立项、勘察、设计、发包、施工、验收、使用等各个有机联系的环节,构成了建设项目的总过程。其中每个环节又由诸多相互关联的活动构成相应的具体过程，因此，必须掌握识别过程和应用“过程方法”进行全过程质量控制。主要的过程有：项目策划与决策过程、勘察设计过程、施工采购过程、施工组织与准备过程、检测设备控制与计量过程、施工生产的检验试验过程、工程质量的评定过程、工程竣工验收与交付过程、工程回访维修服务过程。

3）全员参与控制　从全面质量管理的观点看，无论组织内部的管理者还是作业者，每个岗位都承担着相应的质量职能，一旦确定了质量方针目标，就应组织和动员全体员工参与到实施质量方针的系统活动中去，发挥自己的角色作用。

阅读理解：阅读《建筑工程施工组织实务》中的实务一，学生分小组讨论建设项目质量控制基本原理，分析该实例中所采取的质量控制措施。

3.2.2　全面质量管理

3.2.2.1　全面质量管理基础工作

1. 全面质量管理的概念

全面质量管理（简称TQC），是指企业为了保证和提高产品质量，运用一整套的质量管理体系、手段和方法所进行的全面的、系统的管理活动。它是一种科学的现代质量管理方法。

（1）全面质量管理的特点

1）管理的内容是全面的　全面质量管理不仅要管好产品质量，而且还要管好与产品质量有关的各项工作质量。如以提高产品质量为中心的各部门人员的工作质量、方针决策的质量、成本质量、生产质量、交货期的质量、销售与服务的质量等，即对全面的质量进行管理。

2）管理的范围是全面的　管理的范围包括产品设计、制造、辅助生产、供应服务、销售直至使用的全过程的质量管理。从原来只管理生产制造过程扩大到管理市场调查、研制、设计、制造、物资供应、工艺技术、劳动人事、设备安装以及销售服务等各个环节，即实行全过程的质量管理。

3）参加管理的人员是全面的　参加质量管理的人员是企业的全体职工，包括企业的领导人员、技术人员、经营管理人员以及每个工人。因为产品质量是企业的职工素质、技术素质、管理素质、领导素质的综合反映，故必须使全体职工明确：质量管理，人人有责。

4）管理质量的方法是全面的　管理质量的方法是多种多样的，包括科学地组织工作、数理统计方法的应用、先进的科学技术手段和技术改造措施的使用等，并要求把多种方法结合起来，综合发挥它们的作用。因为影响产品质量的因素错综复杂而且来自各个方面，要把众多的因素系统地控制起来、全面地管好，就必须综合运用不同的管理方法和措施，才能使产品质量长期、稳定地持续提高。

（2）全面质量管理的要求

全面质量管理总的要求是：根据用户的需要，以最经济的办法研制和提供用户满意的产品。具体要求如下。

1）要真正树立“一切为用户服务，对用户负责”的质量管理思想　树立“一切为用户，对用户负责”的思想，是推行全面质量管理始终贯穿的指导思想和根本原则。

2）要做到“防检结合，以防为主”　全面质量管理的高度预防性是它的重要特点。防检结合，贵在以防为主。“以防为主”，就是把所有影响质量的因素，最大限度地控制起来，把不合格品产生的可能性限制在最小的程度。“防”就是实行质量控制，而“防检结合”就是在进行质量控制的过程中，还要进行“把关”和帮助“过关”。在质量管理中，工作的重点应放在预防上，但质量检验仍是不可缺少的。

3）树立“下道工序是用户”的思想　“下道工序是用户”的思想应体现在三个方面：每道工序的各项工作都经得起下道工序的检查，都能得到下道工序的满意；对本工序发现的质量问题应立足本工序解决，不应寄托下道工序解决；上道工序保证不合格的产品不流入下道工序，其目的是要使企业内所有的上、下工序之间形成一个相互协调、相互促进的质量管理的有机整体。

4）以数据进行质量管理　一定的质量问题总可以表现为一定的数据。在质量管理中，只要把握住了质量问题的数量界限，就可对质量水平进行评价判断。可以说，全面质量管理是以数据为基础的管理活动。

2. 全面质量管理的基础工作

1）标准化工作　所谓标准化，是以制定、修订标准与贯彻执行标准，达到统一为主要内容的活动过程。标准化工作主要有三个方面：一是技术标准；二是管理标准；三是工作标准。管理标准保证了技术标准的贯彻执行，工作标准是管理标准的具体化。

2）计量工作　计量工作是确保工程质量的重要手段和方法。工程质量依靠计量测试来保证。具体要求是：保证计量用的化验、分析仪器和设备做到配备齐全、完整无损，采值准确。同时也要求管理工作强化计量意识，对计量工作认真考核，使数据为决策提供依据。

3）质量信息工作　质量信息是指在质量管理活动中的各种数据、报表、资料和文件，包括产品质量、工序质量和工作质量信息。质量信息是质量管理活动中非常重要的资源，也是质量管理不可缺少的依据。

4）质量责任制　质量责任制是企业质量管理工作有关职责划分的工作制度。建立质量责任制就是把质量管理工作落实到企业的各个部门、各级机构、各个岗位和每个人，规定相应的责任和权力，用规章制度把各项质量管理工作组织结合起来，形成严密的管理体系。质量责任制按质量管理工作内容分为：企业领导责任制、工序质量责任制、质量检查责任制、质量事故处理责任制、质量管理部门责任制。

5）质量教育工作　人是决定产品质量的关键因素，任何质量管理工作，都要依靠人去做。因此，应把对职工的教育、对人的资源开发视为战略任务。质量教育工作一般包括质量意识教育、质量管理知识教育和专业技术教育三个方面的内容。

实训：依据所给单位工程分小组讨论如何保证施工质量。

3.2.2.2　全面质量管理保证体系

1. 质量保证体系的概念

(1)质量保证的概念

质量保证是指企业向用户保证所提供产品在规定的期限内能正常使用。按照全面质量管理的观点,质量保证还包括上道工序提供的半成品保证满足下道工序的要求,即上道工序对下道工序实行质量担保。

质量保证体现了生产者与用户之间、上道工序与下道工序之间的关系。通过质量保证,将产品的生产者和使用者密切地联系在一起,促使企业按照用户的要求组织生产,达到全面提高质量的目的。用户对产品质量的要求是多方面的,它不仅指交货时的产品质量,还包括在使用期限内产品的稳定性以及生产者提供的维修服务质量等。因此,建筑企业的质量保证,包括建筑物交工时的质量和交工以后建筑物在使用阶段提供的维修服务质量等。

由于质量保证的建立,使企业内部各道工序之间、企业与用户之间有了一条质量纽带,带动了各方面的工作,为不断提高产品质量创造了条件。

(2)质量保证体系的概念

所谓质量保证体系,就是企业为保证提高产品质量,运用系统理论和方法建立的一个有机的质量工作系统。这个系统把企业各部门、生产经营各环节的质量管理职能组织起来,形成一个目标明确、权责分明、相互协调的整体,从而使企业的工作质量和产品质量紧密地联系起来;产品生产过程的各道工序紧密地联系在一起;生产过程与使用过程紧密地联系在一起;企业经营管理的各环节紧密地联系在一起。由于有了质量保证体系,企业便能在生产经营的各环节及时地发现和掌握质量问题,把质量问题消灭在发生之前,实现全面质量管理的目的。

质量保证体系是全面质量管理的核心。全面质量管理实质上就是要建立质量保证体系,并使其正常运转。

理解:质量保证不是生产的某一个环节问题,它涉及企业经营管理的各项工作,需要建立完整的系统。

2. 质量保证体系的内容

建立质量保证体系,必须和质量保证的内容相结合。建筑企业的质量保证体系的内容,包括施工准备过程、施工过程和使用过程三个部分的质量保证工作。

(1)施工准备过程的质量保证

施工准备过程的质量保证,主要有以下内容。

1)严格审查图纸　为了避免设计图纸的差错给工程质量带来影响,必须对图纸进行认真的审查。通过审查及早发现错误,采取相应的措施加以纠正。

2)编制好施工组织设计　编制施工组织设计之前,要认真分析本企业在施工中存在的主要问题和薄弱环节,分析工程的特点,有针对性地提出防范措施,编制出切实可行的施工组织设计,以便指导施工活动。

3)做好技术交底工作　在下达施工任务时,必须向执行者进行全面的质量交底,使执行人员了解任务的质量特性,做到心中有数,避免盲目行动。

4)严格材料、构配件和其他半成品的检验工作　从原材料、构配件、半成品的进场开始,就严格把好质量关,为工程施工提供良好的条件。

5)做好施工机械设备的检查维修工作　施工前要搞好施工机械设备的检修工作,使机械设备经常保持良好的技术状态,不致发生机械故障,影响工程质量。

(2)施工过程的质量保证

施工过程是建筑产品质量的形成过程,是控制建筑物质量的重要阶段。这个阶段的质量保证工作,主要有以下几项。

1)加强施工工艺管理　严格按照设计图纸、施工组织设计、施工验收规范、施工操作规程施工,坚持质量标准,保证各分部分项工程的施工质量。

2)加强施工质量的检查和验收　坚持质量检查和验收制度,按照质量标准和验收规程,对已完工的分部分项工程,特别是隐蔽工程,要及时进行检查和验收。不合格的工程,一律不验收。该返工的就返工,不留隐患。通过检查验收,促使操作人员重视质量问题,严把质量关。质量检查可采取群众自检、互检和专业检查相配合的方法。

3)把握工程质量的动态　通过质量统计分析,找出影响质量的主要原因,总结产品质量的变化规律。统计分析是全面质量管理的重要方法,是掌握质量动态的重要手段。针对质量波动的规律,采取相应对策,防止质量事故发生。

(3)使用过程的质量保证

建筑物的使用过程,是建筑物质量经受考验的阶段。建筑企业必须保证用户在规定的期限内,正常地使用建筑物。这个阶段,主要有两项质量保证工作。

1)及时回访　工程交付使用后,企业要组织对用户进行调查回访,认真听取用户对施工质量的意见,收集有关资料,并对用户反馈的信息进行分析,从中发现施工质量问题,了解用户的要求,采取措施加以解决并为以后的工程施工积累经验。

2)保修　对于施工原因造成的质量问题,建筑企业应负责无偿维修,取得用户的信任;对于设计原因或用户使用不当造成的质量问题,应当协助维修,提供必要的技术服务,以保证用户正常使用。

3. 质量保证体系的运行

质量保证体系在实际工程中是按照 PDCA 循环工作法运行的。

4. 质量保证体系的建立

建立质量保证体系,要求做好下列工作。

1)建立质量管理机构　在经理领导下,建立综合性的质量管理机构。质量管理机构的主要任务是:统一组织、协调质量保证体系的活动;编制质量计划并组织实施;检查、督促各部门的质量管理职能;掌握质量保证体系活动动态,协调各环节的关系;开展质量教育,组织群众性的质量管理活动。在建立综合性的质量管理机构的同时,还应设专门的质量检查机构,负责质量检查工作。

2)制订可行的质量计划　质量计划是实现质量目标和具体组织与协调质量管理活动的基本手段,也是企业各部门、生产经营各环节质量工作的行动纲领。企业的质量计划是一个完整的计划体系,既有长远的规划,又有近期的计划;既有企业总体规划,又有各环节、各部门具体的行动计划;既有计划目标,又有实施计划的具体措施。

3)建立质量信息反馈系统　质量信息是质量管理的根本依据,它反映了建筑物质量形成过程的动态。质量管理就是根据信息反馈的问题,采取相应措施,对产品质量形成过程实施控制。没有质量信息,也就谈不上质量管理。企业质量信息主要来自两部分:一是外部信息,包括用户、原材料和构配件供应单位、协作单位、上级组织的信息;二是内部信息,包括施工工艺、各分部分项工程的质量检验结果,质量控制中的问题等。建筑企业必须建立一整套质量信息反馈系统,准确、及时地收集、整理、分析、传递质量信息,为质量管理体系的运转提供可靠的依据。

4)实现质量管理业务标准化　把重复出现的(例行的)质量管理业务归纳整理,制定管理制度,用制度进行管理,实现管理业务的标准化。它主要包括:程序标准化、处理方法规范化、各岗位的业务工作条理化等。通过标准化,使企业各个部门和全体职工,都严格遵循统一的工作程序,协调一致地行动,从而提高工作质量、保证产品质量。

小组讨论:分小组讨论建设项目施工准备过程、施工过程和使用过程中都有哪些质量保证措施。

3.2.2.3　全面质量管理统计分析方法

1.分层法

由于工程质量形成的影响因素多,因此,对工程质量状况的调查和质量问题的分析,必须分门别类地进行,以便准确有效地找出问题及其原因,这就是分层法的基本思想。

【例1】一个焊工班组有甲、乙、丙三位工人实施焊接作业,共抽检60个焊接点,发现有18点不合格,占30%。究竟问题在哪里?根据分层调查的统计数据表3.2.1可知,主要是作业工人丙的焊接质量影响了总体的质量水平。

表3.2.1　分层调查统计数据表

作业工人	抽检点数	不合格点数	个体不合格率(%)	占不合格点总数百分率(%)
工人甲	20	2	10	11
工人乙	20	4	20	22
工人丙	20	12	60	67
合　计	60	18	—	100

2.因果分析图法

因果分析图法,也称为质量特性要因分析法,其基本原理是对每一个质量特性或问题,逐层深入排查可能原因。然后确定其中最主要的原因,进行有的放矢的处置和管理。

使用因果分析图法时,应注意的事项是:一个质量特性或一个质量问题使用一张图分析;通常采用 QC 小组活动的方式进行,集思广益,共同分析;必要时可以邀请小组以外的有关人员参与,广泛听取意见;分析时要充分发表意见,层层深入,列出所有可能的原因;在充分分析的基础上,由各参与人员采用投票或其他方式,从中选择 1 ~5 项多数人达成共识的最主要原因。

3. 排列图法

在质量管理过程中,通过抽样检查或检验试验所得到的质量问题、偏差、缺陷、不合格等统计数据以及造成质量问题的原因分析统计数据,均可采用排列图方法进行状况描述,它具有直观、主次分明的特点。如表 3. 2. 2 表示对某项模板施工精度进行抽样检查,得到 150 个不合格点数的统计数据。然后按照质量特性不合格点数(频数)从大到小的顺序,重新整理为表 3. 2. 3,并分别计算出累计频数和累计频率。

表 3. 2. 2　构件尺寸抽样检查统计表

序号	检查项目	不合格点数	序号	检查项目	不合格点数
1	轴线位置	1	5	平面水平度	15
2	垂直度	8	6	表面平整度	75
3	标高	4	7	预埋设中心位置	1
4	截面尺寸	45	8	预留孔中心位置	1

表 3. 2. 3　构件尺寸不合格点顺序排列表

序号	项目	频数	频率(%)	累计频率(%)
1	表面平整度	75	50. 0	50. 0
2	截面尺寸	45	30. 0	80. 0
3	平面水平度	15	10. 0	90. 0
4	垂直度	8	5. 3	95. 3
5	标高	4	2. 7	98. 0
6	其他	3	2. 0	100. 0
合　计		150	100	

根据表 3. 2. 3 的统计数据画排列图,并将其中累计频率 0 ~80% 定为 A 类问题,即主要问题,进行重点管理;将累计频率在 80% ~90% 区间的问题定为 B 类问题,即次要问题,作为次重点管理;将其余累计频率在 90% ~100% 区间的问题定为 C 类问题,即一般问题,按照常规适当加强管理。以上方法称为 ABC 分类管理法。

4. 直方图法

(1)直方图的主要用途

整理统计数据,了解统计数据的分布特征,即数据分布的集中或离散状况,从中掌握质量能力状态;观察分析生产过程质量是否处于正常、稳定和受控状态以及质量水平是否保持在公差允许的范围内。

(2)直方图法的应用

首先是收集当前生产过程质量特性抽检的数据,然后制作直方图进行观察分析,判断生产过程的质量状况和能力。如表3.2.4所示为某工程10组试块的50个抗压强度数据,从中很难直接判断其质量状况是否正常、稳定和受控,如将其数据整理后绘制成直方图,就可以根据正态分布的特点进行分析判断,如图3.2.2所示。

表3.2.4 数据整理表 MPa

序号	抗压强度数据					最大值	最小值
1	39.8	37.7	33.8	31.5	36.1	39.8	31.5
2	37.2	38.0	33.1	39.0	36.0	39.0	33.1
3	35.8	35.2	31.8	37.1	34.0	37.1	31.8
4	39.9	34.3	33.2	40.4	41.2	41.2	33.2
5	39.2	35.4	34.4	38.1	40.3	40.3	34.4
6	42.3	37.5	35.5	39.3	37.3	42.3	35.5
7	35.9	42.4	41.8	36.3	36.2	42.4	35.9
8	46.2	37.6	38.3	39.7	38.0	46.2	37.6
9	36.4	38.3	43.4	38.2	38.0	43.4	36.4
10	44.4	42.0	37.9	38.4	39.5	44.4	37.9

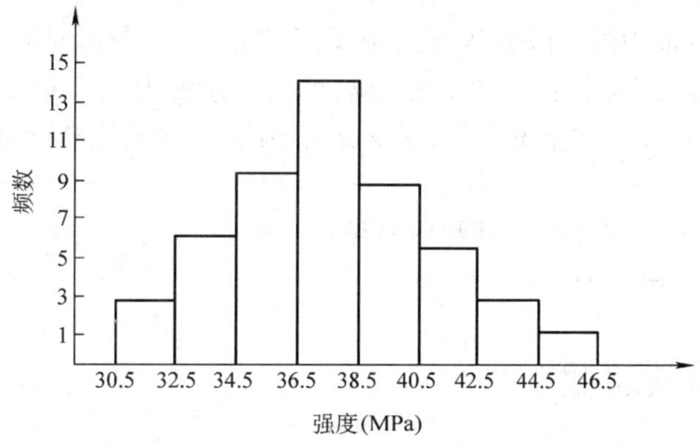

图3.2.2 混凝土强度分布直方图

(3)直方图的观察分析

1)直方图的观察分析之一——形状观察分析 所谓形状观察分析是指将绘制好的直方图形状与正态分布图的形状进行比较分析,一看形状是否相似,二看分布区间的宽窄。直方图的分布形状及分布区间宽窄是由质量特性统计数据的平均值和标准偏差所决定的。

正常直方图呈正态分布,其形状特征是中间高、两边低、对称,如图3.2.3(a)所示。正常直方图表示生产过程质量处于正常、稳定状态。数理统计研究证明,当随机抽样方案合理且样本数量足够大,在生产能力处于正常、稳定状态时,质量特性检测数据趋于正态分布。

异常直方图呈偏态分布,常见的异常直方图有:折齿形、陡坡形、孤岛形、双峰形、峭壁形,如图3.2.3(b)、(c)、(d)、(e)、(f)所示。出现异常的原因可能是生产过程存在影响质量的系统因素,或收集整理数据制作直方图的方法不当所致,要具体分析。

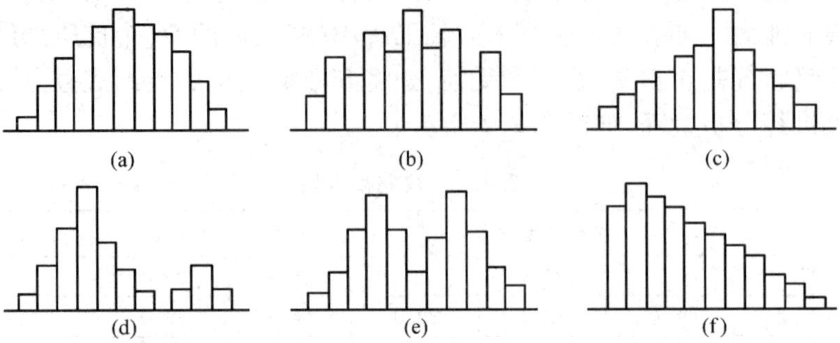

图 3.2.3　常见的直方图

(a)正常形 (b)折齿形 (c)陡坡形 (d)孤岛形 (e)双峰形 (f)峭壁形

2)直方图的观察分析之二——位置观察分析　所谓位置观察分析是指将直方图的分布位置与质量控制标准的上、下限范围进行比较分析。

生产过程的质量正常、稳定和受控,还必须在公差标准上、下界限范围内达到质量合格的要求。只有这样的正常、稳定和受控才是经济合理的受控状态。

质量特性数据分布偏下限,易出现不合格,在管理上必须提高总体能力;质量特性数据的分布充满上、下限,质量能力处于临界状态,易出现不合格,必须分析原因,采取措施;质量特性数据的分布居中且边界与上、下限有较大的距离,说明质量能力偏大,不经济;出现超出上、下限的数据,说明生产过程存在质量不合格,需要分析原因,采取措施进行纠偏。

实训项目:设计某工程质量控制和评定依据。

3.2.3　质量检验与验收

3.2.3.1　建筑工程的质量检查

工程质量检查是建筑企业质量管理的重要措施,其目的是掌握质量动态,发现质量隐患,对工程质量实行有效的控制。

1. 工程质量检查的依据

工程质量检查主要依据国家颁布的建筑安装工程施工及验收规范、施工技术操作规程和质量验收统一标准;原材料、半成品、构配件的质量验收标准;设计图纸及有关文件。

2. 工程质量检查的方法

工程质量检查就是对检验项目中的性能进行量测、检查、试验等,并将结果与标准规定要求进行比较,以确定每项性能是否合格。检查时可采用在监理单位或建设单位监督下,由施工单位有关人员现场取样，并送至具备相应资质的检测单位进行检测的方法。

由于工程技术特性和质量标准各不相同，因此质量的检查方法也有多种，归纳起来有两大类。

1）直观检查 这是指凭检查人的感官，借助于简单工具进行实测。通常有"看""摸""敲""照""靠""吊""量""套"八种方法。"看"，指通过目测并对照规范和标准检查工程的外观；"摸"，指通过手感判断工程表面的质量，如抹灰面光洁度等；"敲"，指用工具敲击工程某一部位，从声音判断质量情况，如墙面瓷砖是否空鼓；"照"，指人眼看不到的高度、深度或亮度不足之处，借助照明或测试工具检查；"靠"，指工具紧贴被检查部位，测量表面平整度；"吊"，指用线锤等测量工具测量垂直度；"量"，指用度量工具对棱角或线角进行检查；"套"，指用工具对棱角或线角进行检查。

2）仪器检查 指用一定的测试设备、仪器进行检查。如测试混凝土的抗压强度，钢材的抗拉强度试验，管道容器的水压、气压试验，电气设备的绝缘耐压试验，钢结构焊缝检验等。

3.2.3.2 质量验收

建设工程质量验收是对已完工的工程实体的外观质量及内在质量按规定程序检查后，确认其是否符合设计及各项验收标准的要求、可否交付使用的一个重要环节。正确地进行工程项目质量的检查评定和验收，是保证工程质量的重要手段。

鉴于建设工程施工规模较大、专业分工较多、技术安全要求高等特点，国家相关行政管理部门对各类工程项目的质量验收标准制定了相应的规范，以保证工程验收的质量，工程验收应严格执行规范的要求和标准。

1. 工程质量验收的程序及组织

工程质量验收分为过程验收和竣工验收，其程序及组织包括以下方面。

①施工过程中，隐蔽工程在隐蔽前通知工程监理（或建设单位）进行验收，并形成验收文件。

②分部分项工程完成后，应在施工单位自行验收合格后，通知工程监理（或建设单位）验收，重要的分部分项工程应请设计单位参加验收。

③单位工程完工后，施工单位应自行组织检查、评定，符合验收标准后，向建设单位提交验收申请。

④建设单位收到验收申请后，应组织施工、勘察、设计、监理单位等方面人员进行单位工程验收，明确验收结果，并形成验收报告。

⑤按国家现行管理制度，房屋建筑工程及市政基础设施工程验收合格后，尚需在规定时间内，将验收文件报政府管理部门备案。

2. 建设工程施工质量验收应符合的要求

建设工程施工质量验收应符合下述要求。

①工程质量验收均应在施工单位自行检查评定的基础上进行。

②参加工程施工质量验收的各方人员，应该具有规定的资格。

③建设项目的施工，应符合工程勘察、设计文件的要求。

④隐蔽工程应在隐蔽前由施工单位通知有关单位进行验收，并形成验收文件。

⑤单位工程施工质量应该符合相关验收规范的标准。

⑥涉及结构安全的材料及施工内容，应有按照规定对材料及施工内容进行见证取样的检测资料。

⑦对涉及结构安全和使用功能的重要分部工程、专业工程应进行功能性抽样检测。

⑧工程外观质量应由验收人员通过现场检查后共同确认。

3. 建设工程施工质量检查评定验收的基本内容

建设工程施工质量验收的基本内容如下。

①分部分项工程内容的抽样检查。

②施工质量保证资料的检查，包括施工全过程的技术质量管理资料的检查，其中又以原材料、施工检测、测量复核及功能性试验资料为重点检查内容。

③工程外观质量的检查。

4. 工程质量不符合要求时的处理

工程质量不符合要求时应作如下处理。

①经返工或更换设备的工程，应该重新检查验收。

②经有资质的检测单位检测鉴定，能达到设计要求的工程，应予以验收。

③经返修或加固处理的工程，虽局部不符合设计要求，但仍然能满足使用要求，可按技术处理方案和协商文件进行验收。

④经返修和加固后仍不能满足使用要求的工程严禁验收。

小组讨论：分小组讨论建筑工程质量检验与验收的手段和方法。

【任务2小结】

任务2介绍了建筑工程质量管理的含义、特点，建筑工程质量控制基本原理，全面质量管理的基础工作、保证体系、统计分析方法，建筑工程质量检验与验收等内容。建筑工程质量直接关系到项目建设的成功与否，关系到企业的生存与发展。因此建筑工程施工组织对质量的管理十分重视，学生要具备建筑工程质量管理的基本技能。

习　题

一、选择题

背景资料：某房地产开发公司拟开发一批住宅项目，为了使该批住宅更好地满足顾客需求，须从适用性、可靠性、安全性、经济性、环境适应性等方面综合考虑其质量特性。

1. 建设工程项目质量的需求识别过程体现在建设程序的(　　)。

A. 决策阶段　　B. 设计阶段　　C. 施工阶段　　D. 投标阶段

2. 对整个建设工程项目质量总目标进行策划、决策和实施监控，该任务属于(　　)。

A. 业主方的项目管理　　B. 施工单位的项目管理

C. 设计单位的项目管理　　D. 材料供应商的项目管理

3. 建设工程项目管理的组织架构、管理制度及其运行机制，是影响建设工程项目质量的管理因素中的(　　)。

A. 业主方的项目决策　　B. 各相关方的技术决策

C. 管理组织　　D. 任务组织

4. 多单位、多专业交叉协同施工的管理关系、组织协调方式、质量控制系统等构成建设项目的(　　)。

A. 劳动作业环境　　B. 自然环境　　C. 管理环境　　D. 市场环境

二、简答题

1. 简述建设工程质量形成的影响因素有哪些。

2. 简述建设工程项目质量控制基本原理。

3. 简述全面质量管理基础工作的具体内容。

4. 简述质量保证体系的具体内容。

5. 举例说明全面质量管理的统计分析方法。

6. 列举质量检验与验收的手段和方法。

综合实训

实训一：调查一建筑工地，分析影响其施工质量的因素有哪些。列举其保证施工质量的手段和措施以及施工中质量检验与验收的手段和方法。

实训二：工程项目建设中，人们对工程质量及施工安全问题越来越重视，某地针对建筑中出现的各种问题发出通知，要求“严格执行国家有关强制性技术标准，在确保结构安全的基础上，保证设计文件能够满足对日照、采光、隔声、节能、抗震、自然通风、无障碍设计、公共卫生和居住方便的需要，并对容易产生空鼓、开裂、渗漏等质量通病的部位和环节，采取相应的技术保障措施。某工序质量验收不合格的，不得进行下道工序。对违法违规降低工程质量的行为，按国家有关法律法规严格进行处罚”。

问题：

(1)试说明工程质量验收的基本要求。

(2)简述分部工程安全技术交底的主要内容。

(3)为了保证这些质量和安全问题，施工现场的管理也得到了重视，请说明施工现场管理的目的。

任务3　施工进度控制方法的选择和运用

3.3.1　施工进度控制简介

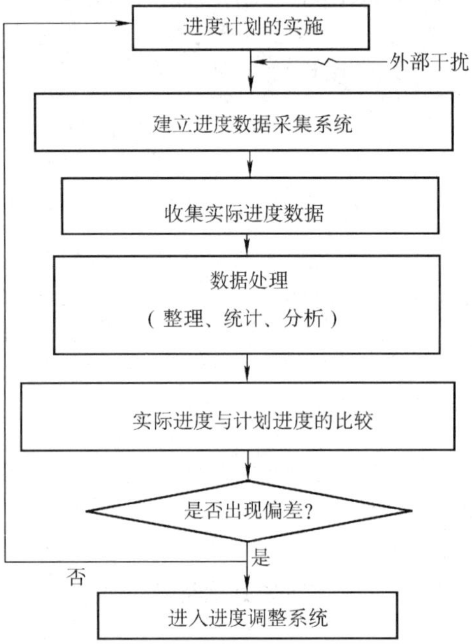

图 3.3.1　建设工程进度监测系统过程

建设工程项目施工进度计划概述

建设工程项目施工进度计划概述

建设工程项目进度控制是根据项目的进度目标,编制经济合理的进度计划,并据以检查工程进度计划的实施情况,若发现实际实施情况与计划进度不一致,应及时分析原因,并采取必要的措施对原工程进度计划进行调整或修正的过程。

3.3.1.1　建设工程项目进度控制系统过程

进度控制系统如图 3.3.1 所示。

1. 进度计划实施中的信息追踪

对进度计划实施情况进行跟踪检查是计划实施信息的主要来源,是进度分析和调整的依据,也是进度控制的关键步骤,要认真做好以下三个方面的工作。

1)定期收集进度报表资料　进度报表是反映工程实际进度的主要方式之一。进度计划实施单位应按照有关制度规定的时间和报表内容,定期填写进度报表。

提示:工程管理人员通过收集进度报表资料掌握工程实际进展情况。

2)现场实地检查工程进展情况　派工程管理人员常驻现场,随时检查进度计划的实际实施情况,这样可以加强进度控制工作,掌握工程实际进展的第一手资料,使获得的数据更加及时、准确。

3)定期召开现场会议　定期召开现场会议,工程管理人员通过与进度计划实施单位的有关人员面对面地交谈，既可以了解工程实际进度情况，同时也可以协调有关方面的进度关系。

2. 实际进度数据的加工处理

为了进行实际进度与计划进度的比较，必须对收集到的实际进度数据进行加工处理，形成与计划进度具有可比性的数据。例如，对检查时段实际完成工作量的进度数据进行整理、统计分析，确定本期累计完成的工作量、本期已完成的工作量占计划总工作量的百分比等。

3. 实际进度与计划进度的对比分析

将实际进度数据与计划进度数据进行比较，可以确定建设工程实际实施情况与计划目标之间的差距。为了直观反映实际进度偏差，通常采用表格或图表进行实际进度与计划进度的对比分析，从而得出实际进度比计划进度是超前、滞后还是一致的结论。

小组讨论：建设工程项目进度控制过程中如何分析进度偏差。

3.3.1.2　建设工程进度控制原理

1. 动态控制原理

工程项目进度控制是一个不断进行的动态控制，也是一个循环进行的过程。它是从项目施工开始，实际进度就出现了运动的轨迹，也就是计划进行实施的状态。实际进度按照计划进度进行时，两者相吻合，当实际进度与计划进度不一致时，便产生超前或落后的偏差。分析偏差的原因，采取相应的措施，调整原来的计划，使两者在新的起点上重合，继续按其进行施工活动，并且尽量发挥组织管理的作用，使实际工作按计划进行。但是，在新的干扰因素作用下，又会产生新的偏差。进度控制就是采用这种动态循环的控制方法。

2. 系统原理

(1)工程项目计划系统

为了对工程项目实行进度计划控制，首先必须编制工程项目的进度计划。进度计划的编制对象由大到小，计划的内容从粗到细。编制时从总体计划到局部计划，逐层进行控制目标分解，以保证计划控制目标落实。实施计划时，从月(旬)作业计划开始实施，逐级按目标控制，从而达到对工程项目整体进度的控制。

提示：进度计划按建设的阶段划分，可分为可行性研究阶段进度计划、设计阶段进度计划、施工准备阶段进度计划、施工阶段进度计划等；如按进度所包含的内容来划分，可分为建设项目总进度计划、单位工程进度计划、分部分项工程进度计划、季度和月(旬)作业计划等。这些计划组成了一个工程项目进度计划系统。

(2)工程项目进度实施的组织系统

工程项目实施全过程的各专业队伍要遵照计划规定的目标去完成任务。在工程项目实施的各阶段都要做好技术资料的准备，设计、施工单位的选择，劳动力的调配，材料设备的采购供应等工作。各职能部门都要按照进度计划规定的要求进行严格管理，落实和完成各自的任务。特别是在施工阶段，施工企业各级负责人，从项目经理、施工队长、班组长到所属的全体成员应组成工程项目实施的完整组织系统。

(3)工程项目进度控制的组织系统

为了保证工程项目进度实施，还要有一个项目进度的检查控制系统。从公司经理、项目经理，一直到作业班组都设有专门职能部门或人员负责检查汇报，统计整理实际施工进度的资料，并与计划进度比较分析、调整进度。当然不同层次人员有不同进度控制的职责，应分工协作，形成一个纵横连接的工程项目控制组织系统。

3. 信息反馈原理

信息反馈是工程项目进度控制的依据，工程的实际进度通过信息反馈给基层项目进度控制的工作人员，在分工的职责范围内，经过加工，再将信息逐级向上反馈，直到主控制室。主控制室整理统计各方面的信息，经比较分析做出决策，调整进度计划，仍使其符合预定工期目标。若不应用信息反馈原理不断地进行信息反馈，则无法进行计划控制。工程项目进度控制的过程就是信息反馈的过程。

4. 弹性原理

工程项目进度计划工期长、影响进度的原因多，其中有的已被人们掌握，有的则是无法预料的。因此可以在确定进度目标时，进行实现目标的风险分析，在编制进度计划时留有余地，也就是使进度计划具有弹性。在进行工程项目进度控制时，便可以利用这些弹性，缩短有关工程时间，或者改变其搭接关系，使检查之前的工期被拖延，再通过缩短剩余计划工期的方法来达到预期的计划目标。这就是进度控制中对弹性原理的应用。

5. 封闭循环原理

工程项目进度计划控制的全过程是计划、实施、检查比较、确定调整措施、再计划。从绘制进度计划开始，经过实施过程中的跟踪检查，根据实际进度的信息，比较和分析实施进度与计划进度之间的偏差，找出产生的原因和解决的办法，确定调整措施，再修改原进度计划，形成一个封闭的循环系统。

6. 网络计划技术原理

在工程项目进度的控制中，利用网络计划技术原理编制进度计划，根据收集的实际进度信息进行比较和分析，并利用网络计划的工期优化、工期与成本优化和资源优化的方法调整计划。网络计划技术原理是工程项目控制的完整的计划管理和分析计算的理论基础。

3.3.1.3 工程项目进度控制程序

工程项目进度控制和其他管理一样，是按照 PDCA 循环工作法进行的。PDCA 循环工作法说明工程项目进度控制是一个全过程，它体现了进度控制的内在规律性。

PDCA 循环工作法，是由 Plan(计划)、Do(实施)、Check(检查)、Action(处理)四个阶段的工作组成。要做好进度控制，就必须首先制订一个科学、合理、可行的进度计划，拟订一个进度目标。为了实现这个目标，要分析目前的实际情况，弄清存在哪些干扰因素及其原因，并制订一定的技术组织措施。然后，根据这个进度计划去组织实施，在工作进行中或者工作到一定阶段之后，还要组织检查。也就是把实际进度同计划进度和预定目标相比较，看一看计划实施得如何，是否达到预定目标，达到预定目标的经验在哪里，没有达到预期目标的原因又在哪里，需要采用哪些措施进行调整或修正，以保证计划目标的实现。

3.3.1.4　影响工程进度的要素

进度通常是指工程项目实施结果的进展情况。影响工程项目进度的要素包括持续时间、实物工程量、已完工程价值量、资源消耗指标等。

1. 持续时间

用持续时间来表达其工程或工程任务的完成程度是比较方便的，如某工程活动计划持续时间4周，现已进行2周，则对比结果为完成50%的工期。但这通常并不一定代表工程进度已达到50%。因为这些活动的开始时间，有可能提前或滞后；有可能中间因干扰出现停工、窝工现象；有时因环境的影响，实际工作效率低于计划工作效率。通常情况下，某项工作任务刚开始时，可能由于准备工作较多、不熟悉情况而工作效率低、速度慢；到任务中期，工作实施正常化，加之投入大，反而效率高、进度快；后期投入减少，扫尾工作以及其他工作任务较繁杂，速度又会慢下来。

2. 实物工程量

对于工作性质、内容单一的工作任务，可以用其特征工程量来表达其进度，以反映实际情况，如对设计工作按资料数量表达，施工中工作任务如墙体、土方、钢筋混凝土工程以体积来表达，钢结构以及吊装工作以重量表达等等。

3. 已完工程价值量（产值）

所谓已完工程价值量，即用工作任务已完成的工程量与相应的单价相乘。这一要素能将不同种类的分项工程统一起来，能较好地反映工程的进度状况。

4. 资源消耗指标

资源消耗指标包括人工、机械台班、材料、成本的消耗等。它们具有统一性和较好的可比性，各层次的各项工作任务都可以用其作为指标。在实际工程中应注意：投入资源数量的程度不一定代表真实的进度；实际工作量与计划有差别；干扰因素产生后，成本的实际消耗比计划要大，所以这时的成本因素所表达的进度不符合实际。各项要素在表达工作任务的进度时，一般采用完成程度，即完成任务的百分比。

小组讨论：工程师如何掌握建设工程实际进展状态。

扫一扫看课件

利用横道图比较法判断项目进展情况

扫一扫听微课

利用横道图比较法判断项目进展情况

3.3.2 施工进度控制方法的应用

3.3.2.1 横道图比较法

横道图比较法就是将在项目实施中针对工作任务检查实际进度收集的信息，经整理后直接用横道线并列标于原计划的横道处进行直观比较的方法。例如，某工程的施工实际进度与计划进度比较，如图 3.3.2 所示。其中，双线条表示该工程计划进度，粗实线条表示实际进度，检查日期截止到第 7 个月末。从图中实际进度与计划进度的比较可以看出，到第 7 月末进行实际进度检查时，土方工程已经完成；基础工程按计划完成 83.33%，而实际完成了 66.67%，任务量拖欠 16.67%；主体结构工程按计划完成 50%，而实际完成了 25%，任务拖欠 25%。根据各项工作的进度偏差，进度控制者可以采取相应的纠偏措施对进度计划进行调整，以确保该工程按期完成。

图 3.3.2 所表达的比较方法仅适用于工程项目中的各项工作都是均匀进展的情况，即每项工作在单位时间内完成的任务量都相等的情况。事实上，工程项目中各项工作的进展不一定是匀速的。根据工程项目中各项工作的进展是否匀速，可采用匀速或非匀速进度横道图比较法进行比较。

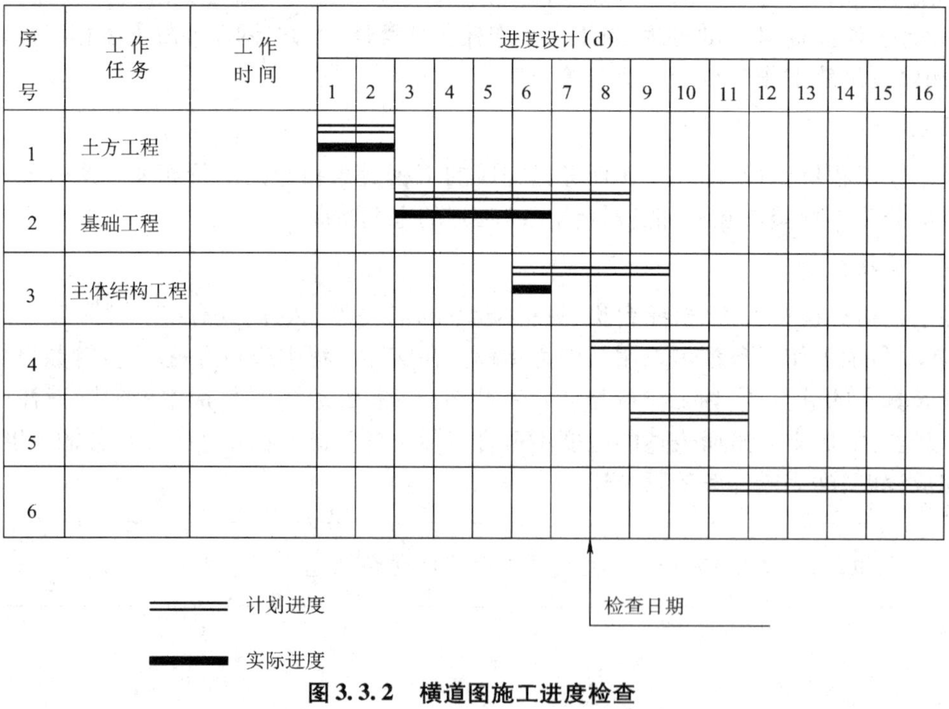

图 3.3.2　横道图施工进度检查

1. 匀速进度横道图比较法

匀速进度是指在工程项目中，每项工作在单位时间内完成的任务量都是相等的，即工作进展的速度是均匀的。此时，每项工作累计完成的任务量与时间成线性关系。完成的任务量可以用实物工程量、劳动消耗量或费用支出表示。为了便于比较，通常用上述实物量的百分比表示。采用匀速进度横道图比较法时，其步骤如下。

①编制横道图计划。

②在进度计划上标出检查日期。

③将检查收集到的实际进度数据，按比例用涂黑粗线标于计划进度线的下方，如图3.3.3所示。

④对比分析实际进度与计划进度：

ⓐ如果涂黑的粗线右端落在检查日期左侧，表明实际进度拖后；

ⓑ如果涂黑的粗线右端落在检查日期右侧，表明实际进度超前；

ⓒ如果涂黑的粗线右端与检查日期重合，表明实际进度与计划进度一致。图3.3.3所示结果为实际进度比计划进度落后半周。

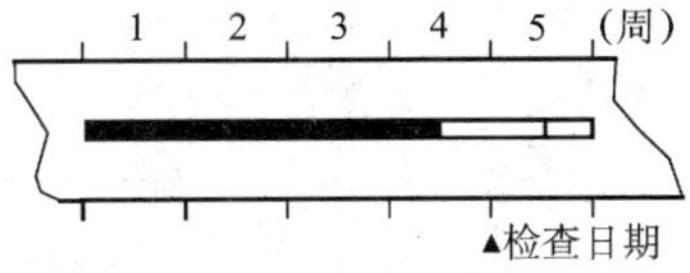

图3.3.3　匀速进度横道图比较

2. 非匀速进度横道图比较法

当工作在不同单位时间里的进度速度不相等时，累计完成的任务量与时间的关系不可能是线性关系。此时，应采用非匀速进度横道图比较法进行工程实际进度与计划进度的比较。

非匀速进度横道图比较法在用涂黑粗线表示工作实际进度的同时，还要标出其对应时刻完成的累计百分比，并将该百分比与其同时刻计划完成任务量的累计百分比相比较，判断工程实际进度与计划进度之间的关系。采用非匀速进度横道图比较法时，其步骤如下。

①编制横道图进度计划。

②在横道线上方标出各主要时间工作的计划完成任务量累计百分比。

③在横道线下方标出相应时间工作的实际完成任务量累计百分比。

④在涂黑粗线标出工作的实际进度，从开始之日标起，同时反映出该工作在实施过程中的连续与间断情况。

⑤通过比较同一时刻实际完成任务量的累计百分比和计划完成任务量的累计百分比，判断工作实际进度与计划进度之间的关系。

ⓐ如果同一时刻横道线上方累计百分比大于横道线下方累计百分比，表明实际进度拖后，拖欠的任务量为二者之差。

ⓑ如果同一时刻横道线上方累计百分比小于横道线下方累计百分比，表明实际进度超前，超前任务量为二者之差。

ⓒ如果同一时刻横道线上、下两个累计百分比相等，表明实际进度与计划进度一致。

可以看出，由于工作进展速度是变化的，因此，图中的横道线无论是计划的还是实际的，只能表示工作的开始时间、完成时间和持续时间，不能表示计划完成的任务量和实际完成的任务量。此外，采用非匀速进度横道图比较法，不仅可以进行某时刻（如检查日期）实际进度与计划进度的比较，而且还能进行某一时间段实际进度与计划进度的比较（需按规定时间记录当时的任务完成情况）。

【例2】 某工程项目中浇筑混凝土工作按进度计划需10 h完成，每小时计划完成的任务量百分比如图3.3.4所示。试绘制横道图。

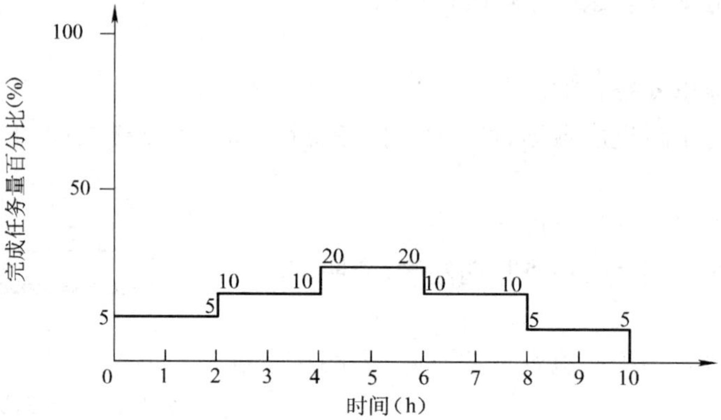

图3.3.4 混凝土工作进展时间与完成任务量关系图

解：（1）编制横道图计划，如图3.3.5所示。

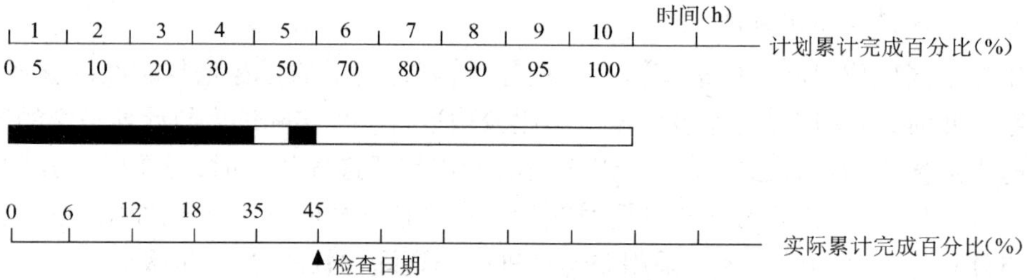

图3.3.5 非匀速进展横道图比较图

（2）在横道图上方标出基槽开挖工作每小时计划累计完成任务量的百分比，分别为5%、10%、20%、30%、50%、70%、80%、90%、95%、100%。

（3）在横道图下方标出第1小时至检查日期（第5小时）每小时实际累计完成任务量的百分比，分别为6%、12%、18%、35%、45%。

（4）用涂黑粗线标出实际投入时间。图3.3.5表明，该工作实际开始时间与计划开始时间相同，开始后在第5小时中断，中断0.5 h后继续施工。

（5）比较实际进度与计划进度。从图3.3.5中可以看出，该工作在第1小时的实际进度比计划进度超前1%；第2小时实际进度比计划进度累计超前了2%；从施工过程中出现时间中断0.5 h，至检查日期（第5小时末）时，实际进度比计划进度拖后5%。

横道图比较法具有记录和比较简单、形象直观、易于掌握、使用方便等优点，但由于其以横道计划为基础，使用具有局限性。因此，横道图比较法主要用于工程项目中某些工作实际进度与计划进度的局部比较。

小组讨论：匀速进展与非匀速进展横道图比较法的区别。

3.3.2.2　S 曲线比较法

S 曲线比较法与横道图比较法不同，它不是在编制的横道图进度计划上进行实际进度与计划进度比较。它是以横坐标表示进度时间，纵坐标表示累计完成任务量，绘制出一条按计划时间累计完成任务量的 S 形曲线。然后，将工程项目实施过程中各检查时间实际累计完成任务量的 S 曲线也绘制在同一个坐标系中，进行实际进度与计划进度的比较。

扫一扫看课件　扫一扫听微课

利用 S 曲线比较法判断项目进展情况　**利用 S 曲线比较法判断项目进展情况**

就整个工程项目的实施全过程而言，一般是开始和结尾阶段，单位时间投入的资源量较少；中间阶段单位时间投入的资源量较多。与其相关，单位时间完成的任务量也呈同样的变化曲线，如图 3.3.6(a)所示。而随工程进展累计完成的任务量则应呈 S 形变化，如图 3.3.6(b)所示。

1. S 曲线绘制

①确定工程进展速度曲线。在实际工程的计划进度曲线中，很难找到如图 3.3.6 所示的定性分析的连续曲线，但可以根据每单位时间内完成的实物工程量或投入的劳动力与费用，计算出计划单位时间的量值 q_i，这时 q_i 为离散型，如图 3.3.7(a)所示。

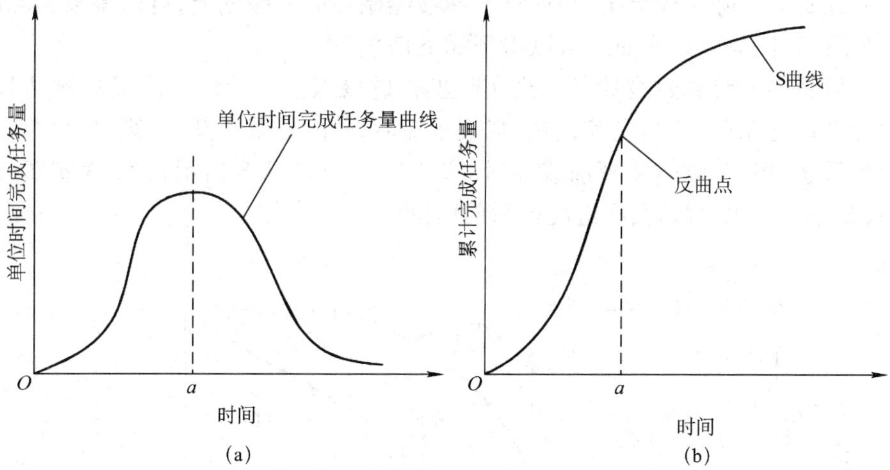

图 3.3.6　时间与完成任务量关系曲线

(a)单位时间完成任务量曲线 (b)累计完成任务量曲线

②计算规定时间 j 计划累计完成的任务量。其计算方法等于各单位时间完成的任务量之和，可以按下式计算：

$$Q_j = \sum q_i \qquad (3.3.1)$$

式中：Q_j——某时刻 j 计划累计完成的任务量；

q_i——单位时间 i 的计划完成任务量；

j ——某规定计划时刻。

③按各规定时间的 Q_j 值绘制S曲线,结果如图3.3.7(b)所示。

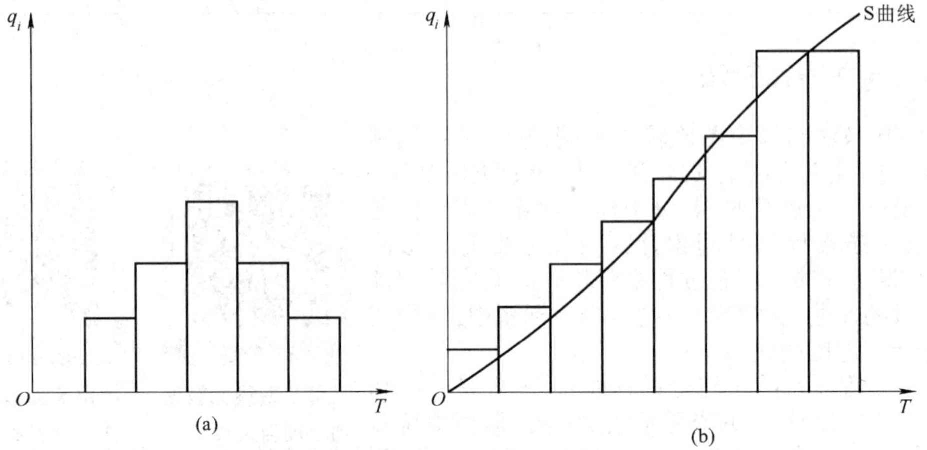

图3.3.7　S曲线的绘制

(a)计划单位时间的量值 (b)规定时间计划累计完成任务量曲线

2.S曲线比较

S曲线比较法同横道图一样,是在图上直观进行工程项目实际进度与计划进度的比较。一般情况下,计划进度控制人员在计划实施前绘制出计划进度的S曲线。在项目实施过程中,按规定时间将检查的实际完成情况,与计划S曲线绘制在同一张图上,可以得出实际进度S曲线如图3.3.8所示,比较两条S曲线可以得到如下信息。

1)项目实际进度与计划进度比较　当实际工程进展点落在计划S曲线左侧,则表示此时实际进度比计划进度超前;若落在其右侧,则表示拖后;若刚好落在其上,则表示两者一致。

2)项目实际进度比计划进度超前或拖后的时间　如图3.3.8所示,ΔT_a 表明 T_a 时刻进度超前的时间;ΔT_b 表示 T_b 时刻实际进度拖后的时间。

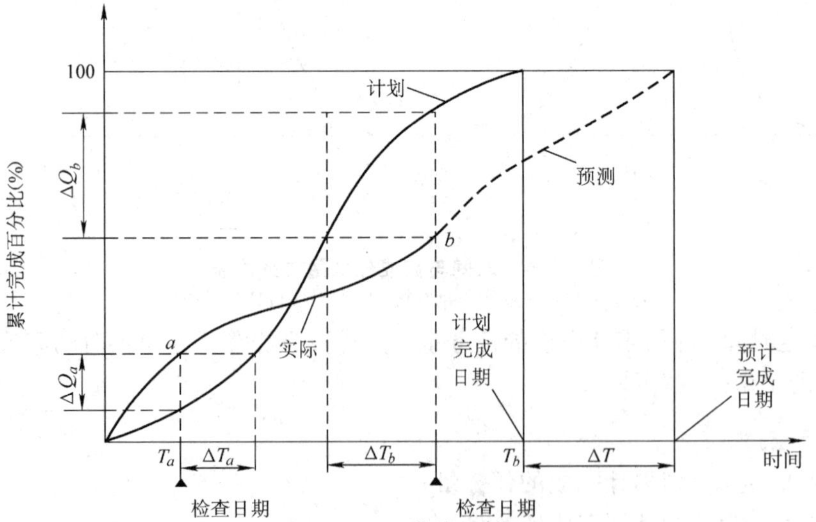

图3.3.8　S曲线比较图

3）项目实际进度比计划进度超额或拖欠的任务量　如图3.3.8所示，ΔQ_a 表示 T_a 时刻超额完成的任务量；ΔQ_b 表示在 T_b 时刻拖欠的任务量。

4）预测工程进度　如图3.3.8所示，后续工程按原计划速度进行，则工期拖延预测值为 ΔT。

【例3】　某工程基础土方总量为3 600 m^3，按照施工方案，计划11个月完成，每月计划完成的土方量如图3.3.9所示，试绘制该土方工程的S曲线。

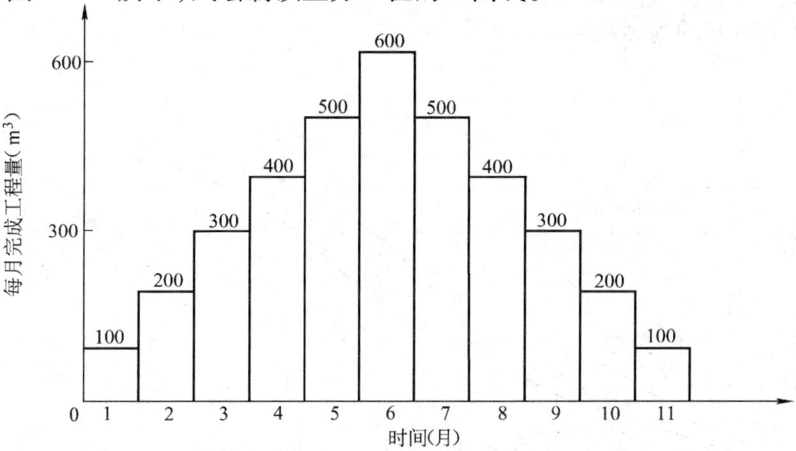

图3.3.9　每月完成工程量图

解：(1)确定单位时间计划完成任务量，计算不同时间累计完成计划任务量，见表3.3.1。

表3.3.1　计划完成任务量与累计完成计划任务量

时间（月）	1	2	3	4	5	6	7	8	9	10	11
每月完成量（m^3）	100	200	300	400	500	600	500	400	300	200	100
累计完成量（m^3）	100	300	600	1000	1500	2100	2600	3000	3300	3500	3600

(2)根据累计完成计划任务量绘制S曲线，见图3.3.10。

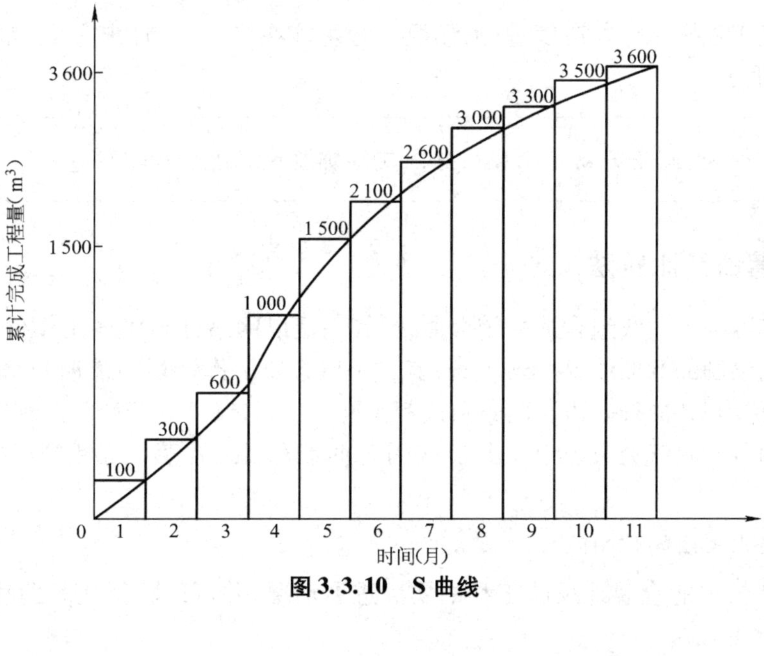

图3.3.10　S曲线

(3)实际进度与计划进度的比较。按照规定时间将检查收集到的实际累计完成任务量绘制在原计划S曲线图上,即可得到实际进度S曲线,见图3.3.11。

①检查工程项目实际进度超前或拖后的时间。从图3.3.11可以看出,在第一个检查日(3月末),实际进度S曲线在计划进度S曲线的左侧,说明这时实际进度超前,超前时间约为$\Delta T_a=1.5$月。在第二个检查日(8月末),实际进度S曲线在计划进度S曲线的右侧,说明这时实际进度拖后,拖后时间约为$\Delta T_a=1.5$个月。

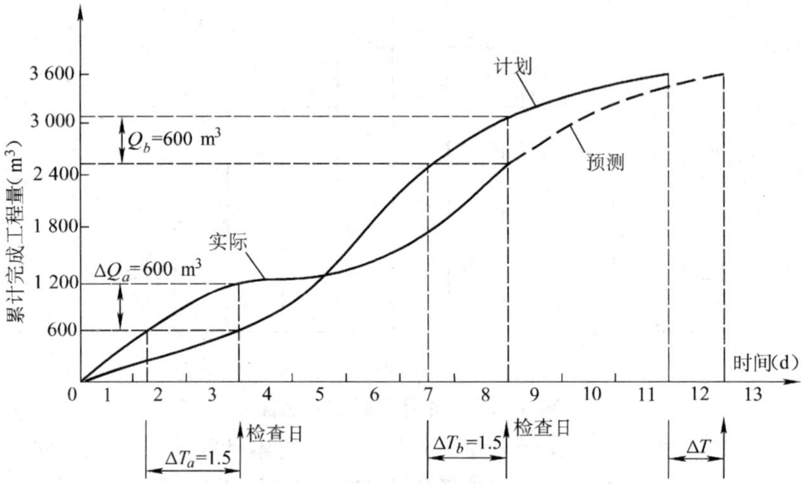

图3.3.11 S曲线比较图

②检查工程项目实际超额或拖欠的工程量。从图3.3.11可以看出,在第一个检查日(3月末)提前完成工程量约为$\Delta Q_a=600\ m^3$。在第二个检查日(8个月末),拖欠工程量约为$\Delta Q_b=600\ m^3$。

③如果后期工程按原计划速度进行,预测工程可能在第12个月末完成,超过计划工期1个月($\Delta T=1$个月)。

小组讨论:利用S曲线比较法可以获得哪些施工进度控制信息。

3.3.2.3 香蕉曲线比较法

香蕉曲线是两种S曲线组合成的闭合曲线,其一是以网络计划中各工作任务的最早开始时间安排进度而绘制的S曲线,称ES曲线;其二是以各项工作计划的最迟开始时间安排进度绘制的S曲线,称为LS曲线。由于两条曲线都是同一项目,其计划开始时间和完成时间相同,因此,ES曲线和LS曲线是闭合的,由于该闭合曲线形似“香蕉”,故称为香蕉曲线,如图3.3.12所示。

1. 香蕉曲线比较法的作用

香蕉曲线比较法能直观地反映工程的实际进展情况,并可以获得比S曲线更多的信息。

其主要作用有以下三类。

1)合理安排工程项目进度计划　如果工程项目中的各项工作均按其最早开始时间安排进度,将导致项目的投资加大;如果各项工作都按其最迟开始时间安排进度,则一旦受到进度影响因素的干扰,又将导致工期拖延,使工程进度风险加大。因此,一个科学合理的进度计划优化曲线应处于香蕉曲线所包络的区域之内,如图3.3.12中的虚线所示。

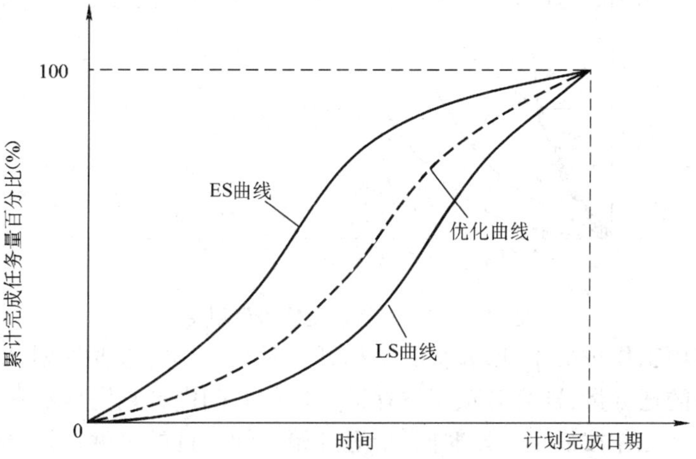

图3.3.12　香蕉曲线比较图

2)定期比较工程项目的实际进度与计划进度　在工程项目的实施过程中,根据每次检查收集到的实际完成任务量,绘制出实际进度S曲线,便可以与计划进度进行比较。工程项目实施进度的理想状态是任一时刻工程实际进展点应落在香蕉曲线图的范围之内。如果工程实际进展点落在ES曲线的左侧,表明此刻实际进度比各项工作按其最早开始时间安排的计划进度超前;如果工程实际进展点落在LS曲线的右侧,则表明此刻实际进度比各项工作按其最迟开始时间安排的计划进度拖后。

3)预测后期工程进展趋势　利用香蕉曲线可以对后期工程的进展情况进行预测。如图3.3.13所示,该工程项目在检查日实际进度超前。检查日期之后的工期进度安排如图中虚线所示,预计该工程项目将提前完成。

2. 香蕉曲线的绘制方法

香蕉曲线的绘制方法与S曲线的绘制方法基本相同,不同之处在于香蕉曲线是由工作按最早开始时间安排进度和按最迟开始时间安排进度分别绘制的两条S曲线组合而成。其绘制步骤如下。

①以工程项目的网络计划为基础,计算各项工作的最早开始时间和最迟开始时间。

②确定各项工作在各单位时间的计划完成任务量。分别按以下两种情况考虑:根据各项工作按最早开始时间安排的进度计划,确定各项工作在各单位时间的计划完成任务量;根据各项工作按最迟开始时间安排的进度计划,确定各项工作在各单位时间的计划完成任务量。

③计算工程项目总任务量,即对所有工作在各单位时间计划完成的任务量累加求和。

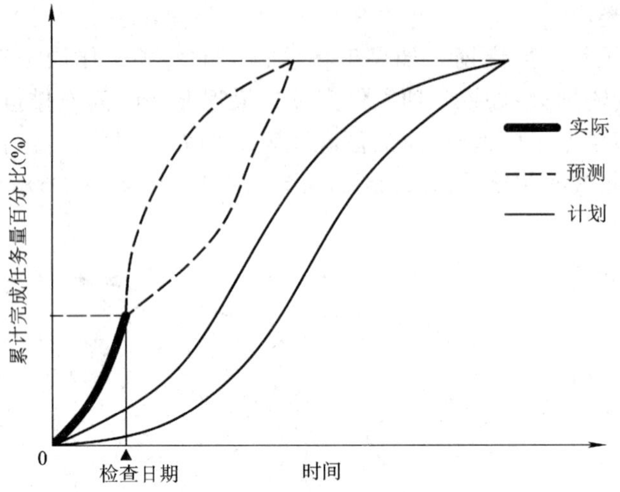

图 3.3.13　工程进展趋势预测图

④分别根据各项工作按最早开始时间、最迟开始时间安排的进度计划,确定工程项目在各单位时间计划完成的任务量,即将各项工作在某一单位时间内计划完成的任务量求和。

⑤分别根据各项工作按最早开始时间、最迟开始时间安排的进度计划,确定不同时间累计完成的任务量或任务量的百分比。

⑥绘制香蕉曲线,分别根据各项工作按最早开始时间、最迟开始时间安排的进度计划而确定的累计完成任务量或任务量的百分比描绘各点,并连接各点得到 ES 曲线和 LS 曲线,由 ES 曲线和 LS 曲线组成香蕉曲线。

在工程项目实施过程中,根据检查得到的实际累计完成任务量,按同样的方法在原计划香蕉曲线图上绘出实际进度曲线,便可以进行实际进度与计划进度的比较。

【例 4】　某工程项目网络计划如图 3.3.14 所示,图中箭线上方的数字表示各项工作计划完成的任务量,以资源消耗量表示;箭线下方的数字表示各项工作持续时间(单位:周)。试绘制香蕉曲线。

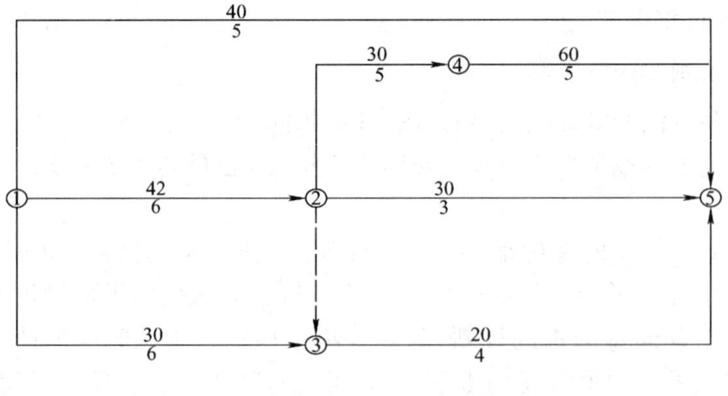

图 3.3.14　某工程网络计划

解:假设各项工作均为匀速进展,即各项工作每周的资源消耗量相等。

(1)确定各项工作每周的劳动消耗量。

工作 1—2:42 ÷ 6 = 7

工作 1—3:30 ÷ 6 = 5

工作 1—5:40 ÷ 5 = 8

工作 2—4:30 ÷ 5 = 6

工作 2—5:30 ÷ 3 = 10

工作 3—5:20 ÷ 4 = 5

工作 4—5:60 ÷ 5 = 12

(2)计算工程项目资源消耗总量 Q。

$$Q = 40 + 42 + 30 + 30 + 30 + 20 + 60 = 252$$

(3)根据各项工作按最早开始时间安排的进度计划,确定工程项目每周计划资源消耗量及各周累计资源消耗量,如图 3.3.15 所示。

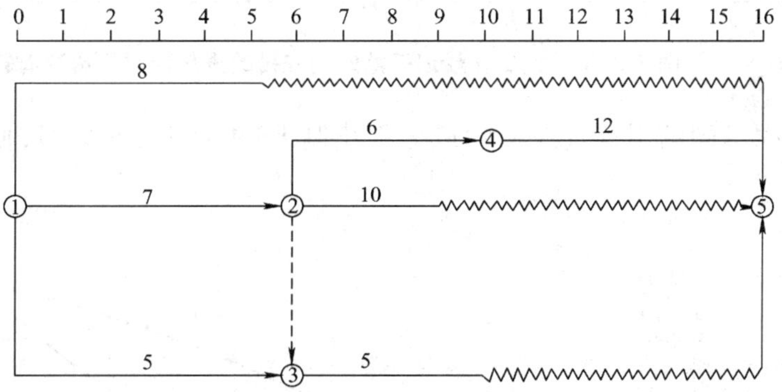

每周资源消耗量	20	20	20	20	20	12	21	21	21	11	6	12	12	12	12	12
累计资源消耗量	20	40	60	80	100	112	133	154	175	186	192	204	216	228	240	252

图 3.3.15　按工作最早开始时间安排的进度计划及资源消耗量

(4)根据各项工作按最迟开始时间安排的进度计划,确定工程项目每周计划资源消耗量及各周累计资源消耗量,如图 3.3.16 所示。

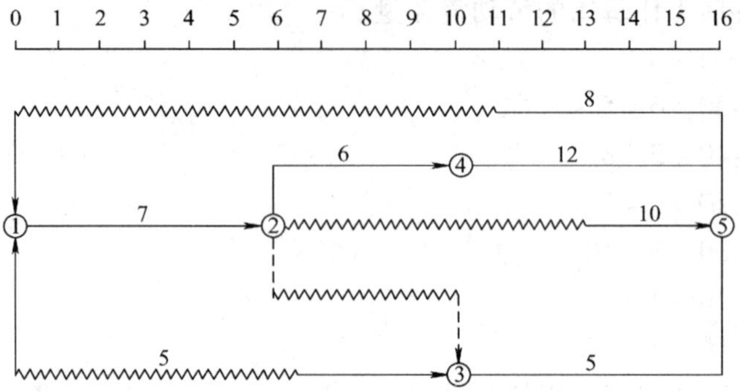

每周资源消耗量	7	7	7	7	7	7	11	11	11	11	11	25	25	35	35	35
累计资源消耗量	7	14	21	28	35	42	53	64	75	86	97	122	147	182	217	252

图 3.3.16　按工作最迟开始时间安排的进度计划及资源消耗量

(5)根据不同的累计资源消耗量分别绘制 ES 曲线和 LS 曲线,便得到香蕉曲线,如图 3.3.17 所示。

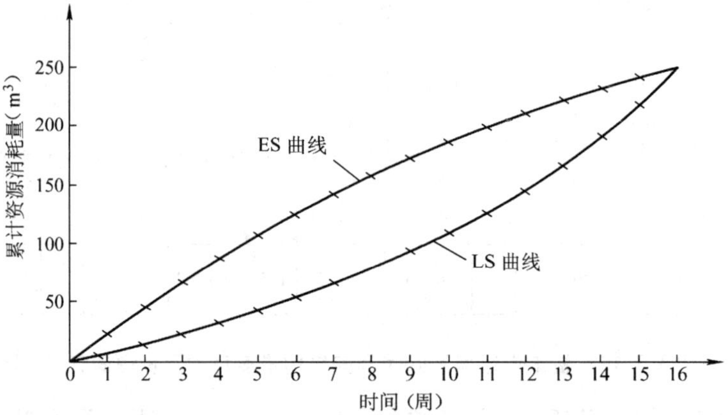

图 3.3.17　香蕉曲线图

小组讨论:香蕉曲线的形成及其作用。

3.3.2.4　前锋线比较法

前锋线比较法主要适用于时标网络计划及横道图进度计划。所谓的前锋线是指从检查时刻的时间标点出发,用点画线依次连接各工作任务的实际进度点,最后到计划检查坐标点为止连接而成的折线。用前锋线与工作箭线交点位置来判定工程项目实际进度与计划进度的偏差。采用前锋线比较法进行实际进度与计划进度比较的步骤如下。

扫一扫看课件

利用前锋线比较法判断项目进展情况

扫一扫听微课

利用前锋线比较法判断项目进展情况

1. 绘制时标网络计划图

工程项目实际进度前锋线是在时标网络计划图上标示，为清楚起见，可以在时标网络计划图的上方和下方各设一时间坐标。

2. 绘制实际进度前锋线

一般从时标网络计划图上方时间坐标的检查日期开始绘制，依次连接相邻工作的实际进展位置点，最后与时标网络计划图下方坐标的检查日期相连接。工作实际进展点位置的标定方法有两种。

1）按该工作已完任务量比例进行标定　假设工程项目中各项工作均为匀速进展，根据实际进度检查时刻该工作已完任务量占其计划完成总任务量的比例，在工作箭线上从左至右按其相同的比例标定其实际进展位置点。

2）按尚需作业时间标定　当某些工作的持续时间难以按实物工程量来计算而只能凭经验估算时，可先估算出检查时刻到该工作全部完成尚需作业的时间，然后在该工作箭线上从右向左逆向标定其实际进展点的位置。

3. 进行实际进度与计划进度的比较

前锋线可以直观地反映出检查日期有关工作实际进度与计划进度之间的关系。对某项工作来说，其实际进度与计划进度之间的关系可能存在以下三种情况。

①工作实际进展位置点落在检查日期的左侧，表明该工作实际进度拖后，拖后的时间为二者之差。

②工作实际进展位置与检查日期重合，表明该工作实际进度与计划进度一致。

③工作实际进展位置点落在检查日期的右侧，表明该工作实际进度超前，超前的时间为二者之差。

4. 预测进度偏差对后续工作及总工期的影响

通过实际进度与计划进度的比较确定进度偏差后，还可根据工作的自由时差和总时差预测该进度偏差对后续工作及项目总工期的影响。由此可见，前锋线比较法既适用于工作实际进度与计划进度之间的局部比较，又可用来分析和预测工程项目整体进展情况。

注意：以上比较是针对匀速进展的工作。对于非匀速进展的工作，比较方法较复杂。

【例5】　某时标网络计划如图 3.3.18 所示。该计划在第 6 周末检查实际进度时，发现工作 A 完成计划任务量的 50%；工作 B 完成计划任务量的 66.7%；工作 C 完成计划任务量的 50%。试用前锋线比较法进行实际进度与计划进度的比较。

解：根据第 6 周末实际进度的检查结果绘制前锋线，如图 3.3.18 中点画线所示。通过比较可以看出：

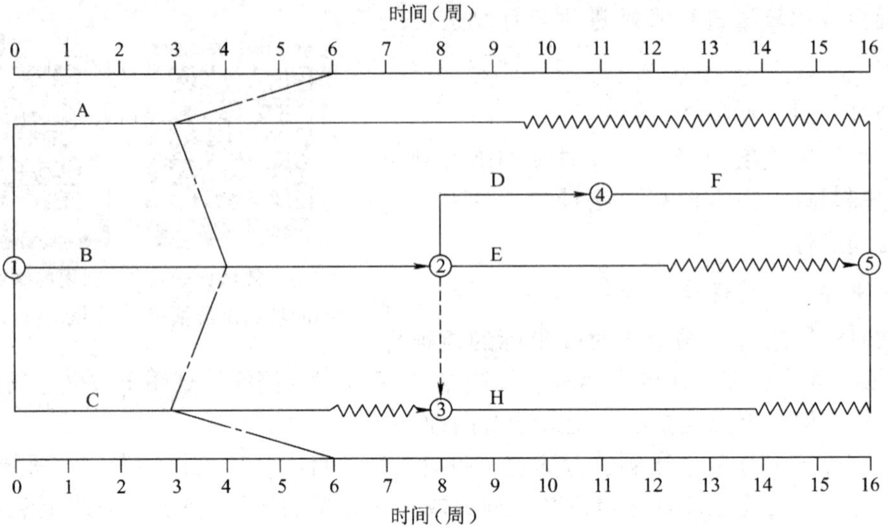

图 3.3.18　某工程前锋线比较

①工作 A 实际进度拖后 3 周,不影响总工期;

②工作 B 实际进度拖后 2 周,将使紧后工作 D、E、H 的最早开始时间推迟 2 周,由于紧后工作 D 是关键工作,将影响总工期,从而使总工期延长 2 周;

③工作 C 实际进度拖后 3 周,由于工作 C 有自由时差 2 周,因此使紧后工作 H 的最早开始时间推迟 1 周,但不影响总工期。

综上所述,如不采取措施加快进度,该工程项目的总工期将延后 2 周。

小组讨论:如何绘制实际进度前锋线。

实习实作:由教师给出施工进度控制资料,学生进行横道图比较法、S 曲线比较法、香蕉曲线比较法、前锋线比较法等进度控制方法的应用练习。

【任务 3 小结】

任务 3 介绍了建筑工程施工进度控制的作用、原理、程序及进度控制方法的应用等内容。建筑工程施工组织实施中,需要不断检查工程进度计划的实施情况,及时分析产生进度偏差的原因,并采取必要的措施对原工程进度计划进行调整或修正。因此,同学们要正确选用施工进度控制方法。

习 题

一、简答题

1. 建设工程进度控制原理有哪些？
2. 影响工程进度的要素有哪些？
3. 香蕉曲线比较法的作用有哪些？
4. 工作实际进展点位置的标定方法有哪两种？

二、计算分析题

某时标网络计划如下图所示。该计划在第4周末检查实际进度时，发现工作C完成计划任务量的50%；工作D完成计划任务量的50%；工作A完成计划任务量的75%。试用前锋线比较法进行实际进度与计划进度的比较。

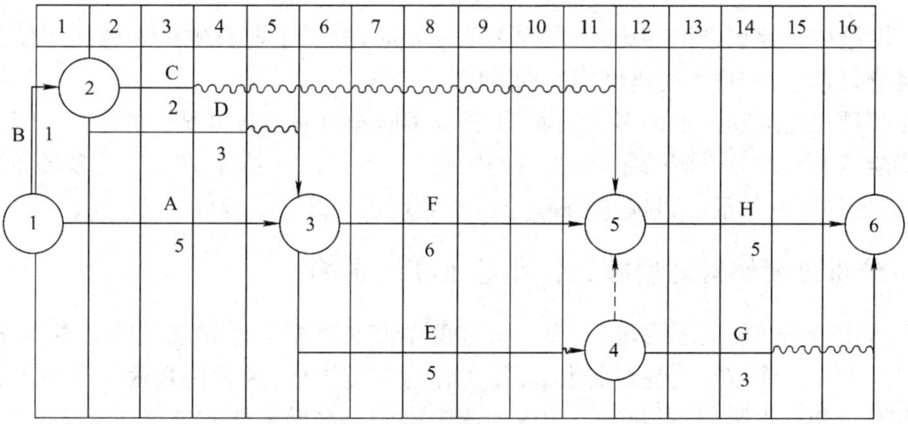

任务4 施工进度调整

3.4.1 施工进度调整过程

在工程项目施工生产过程中，实际进度与计划进度之间往往会出现偏差。有了偏差，就必须认真分析偏差产生的原因及其对后续工作和总工期的影响，必要时要采取合理、有效的进度计划调整措施，以确保进度总目标的实现。进度调整的系统过程如图3.4.1所示。

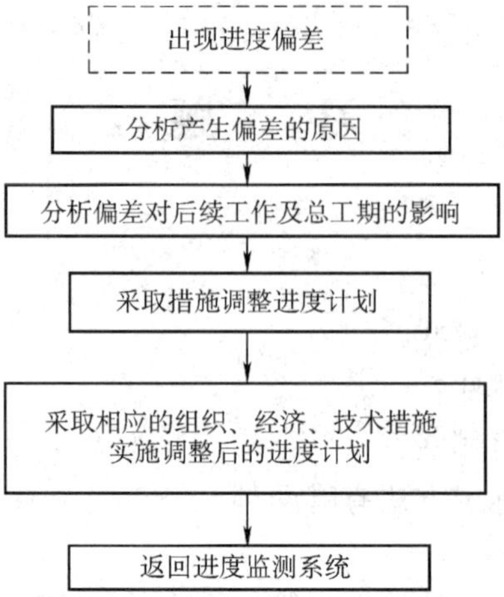

图 3.4.1　建设工程进度调整系统

3.4.1.1　分析进度偏差产生的原因

通过实际进度与计划进度的比较，发现进度偏差时，为了采取有效措施调整进度计划，必须深入现场进行调查，分析产生进度偏差的原因。

影响工程项目进度的因素很多。例如，工程决策阶段可研报告可靠性的影响，工程建设相关单位的影响，物资、设备供应的影响，资金的影响，设计变更的影响，施工阶段现场条件、周围环境的影响，各种风险因素的影响，施工单位自身管理水平的影响等等。

3.4.1.2　分析进度偏差对后续工作和总工期的影响

当查明进度偏差产生的原因之后，要分析进度偏差对后续工作和总工期的影响程度。如果出现进度偏差的工作位于关键线路上，即该工作为关键工作，则无论其偏差有多大，都会对后续工作和总工期产生影响，必须采用相应的调整措施。如果工作的进度偏差大于该工作的总时差，进度偏差必将影响其后续工作和总工期，因此就必须采取相应的调整措施。如果工作的进度偏差大于该工作的自由时差，则此进度偏差将对其后续工作产生影响，此时应根据后续工作的限制条件确定调整方法。

3.4.1.3　确定后续工作和总工期的限制条件

当出现的进度偏差影响后续工作或总工期而需要采取进度调整措施时，应当首先确定可调整进度的范围，主要指关键节点、后续工作的限制条件以及总工期允许变化的范围。这些限制条件往往与合同条件以及相关政策有关，例如合同规定的工期条件，材料供应方式，工程结算方式及相关政策、法律、规范改变等等，需要认真分析后确定。

3.4.1.4　采取措施调整进度计划

对原计划进行调整，就要改变某些工作的施工速度，施工速度的变化会影响工程成本，因此在进行进度调整时应使工期尽可能最短而费用最节省。采取调整措施，应以后续工作和总工期的限制条件为依据，确保要求的进度目标得以实现。具体方法有改变某些工作的逻辑关系、缩短某些工作的持续时间等。

3.4.1.5　实施调整后的进度计划

进度计划调整后，应采取相应的组织、经济、技术措施执行它，并继续监测其实施情况。

3.4.2　施工进度调整方法的应用

3.4.2.1　改变某些工作间的逻辑关系

当工程项目施工中产生的进度偏差影响到总工期，且有关工作的逻辑关系允许调整时，可以改变关键线路和超过计划工期的非关键线路上的有关工作之间的逻辑关系，达到缩短工期的目的。例如，将顺序进行的工作改为平行作业、搭接作业以及分段组织流水等。

【例6】　某大型钢筋混凝土工程，包括支模板、绑扎钢筋、浇筑混凝土三个施工过程，各施工过程的持续时间为9 d、12 d和15 d，采用顺序作业方式进行施工，则其总工期为36 d。为缩短该工程的总工期，在资源供应充足的条件下，可将该工程分为3个施工段组织流水作业。试绘制该工程流水作业的网络计划，并确定其总工期。

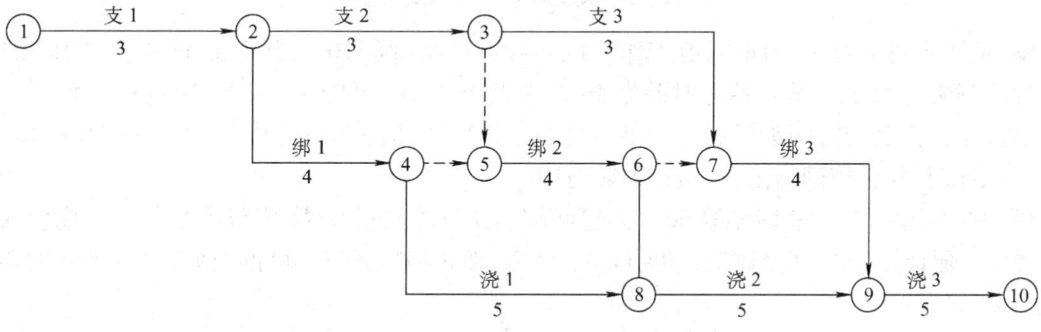

图3.4.2　某钢筋混凝土工程流水网络计划

解：计算结果见图3.4.2，总工期为22 d。

3.4.2.2　缩短某些工作的持续时间

这种方法是不改变工程项目中各工作之间的逻辑关系，而通过采取增加资源投入、提高劳动效率等措施来缩短某些工作的持续时间，使工程进度加快，以确保按计划工期完成该工程项目。

1.网络计划中某项工作拖延时间已超过其自由时差但未超过其总时差

如前所述，此时该工作的实际进度不会影响总工期，而只对后续工作产生影响。因此，在进行调整前，需要确定其后续工作允许拖延时间限制，并以此作为进度调整的限制条件。该限制条件的确定常常较复杂,尤其是当后续工作由多个平行的承包单位负责实施时更是如此,下面用例题加以说明。

【例7】 某工程项目双代号时标网络计划如图3.4.3所示,该计划实施到第60 d末时刻检查时,其实际进度如前锋线所示。试分析目前实际进度对后续工作和总工期的影响,并提出相应的进度调整措施。

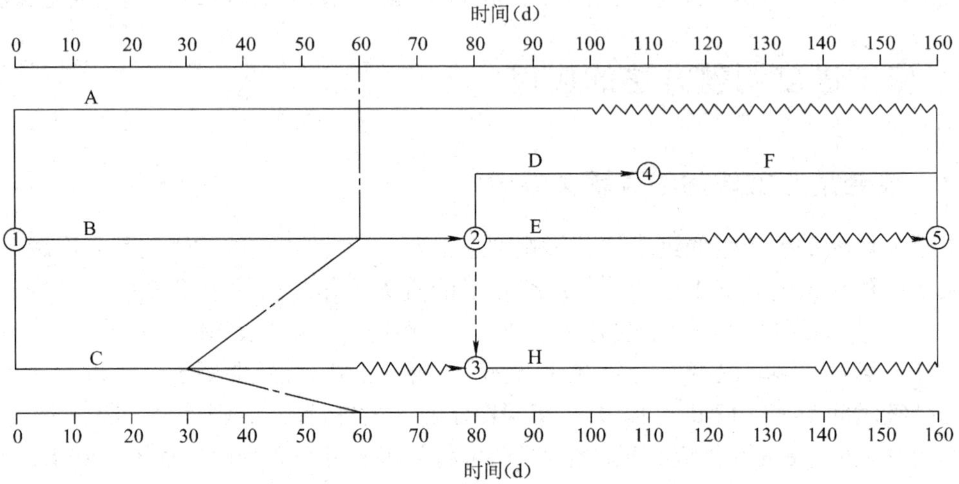

图3.4.3 某工程项目时标网络图

解:从图中可以看出,目前只有工作C的实际进度拖后了30 d,其他工作(A、B工作)的实际进度均正常。由于工作C的总时差为40 d,故此时工作C的实际进度不影响总工期。

后续工作拖延的时间无限制。如果后续工作拖延时间完全被允许时,可将拖后的时间参数带入原计划,并化简网络图,即可得调整方案。

例如在本例中,以检查时刻第60 d为起点,将工作C的实际进度数据及工作H被拖后的时间参数带入原计划(此时C、H的开始时间分别为第60 d和第90 d),可得如图3.4.4所示的调整方案。

2.后续工作拖延的时间有限制

后续工作不允许拖延或拖延时间有限制时,需要根据限制条件对网络计划进行调整,寻求最优方案。例如在本例中,如果H工作的开始时间不允许超过第80 d,则只能将C工作压缩10 d(压缩可采用加大资源投入、采用先进技术和提高机械化程度等方法),调整后的网络计划如图3.4.5所示。

3.网络计划中某项工作进度拖延时间超过其总时差

如果网络计划进度拖延的时间超过其总时差,则无论该工作是否为关键工作,其实际进度都将对后续工作和总工期产生影响。此时,进度计划的调整方法又可分为以下三种情况。

1)项目总工期不允许拖延　如果工程项目必须按照原计划工期完成,则只能采取缩短关键线路上后续工作持续时间的方法来达到调整计划的目的。这种方法实质上就是工期优化方法。

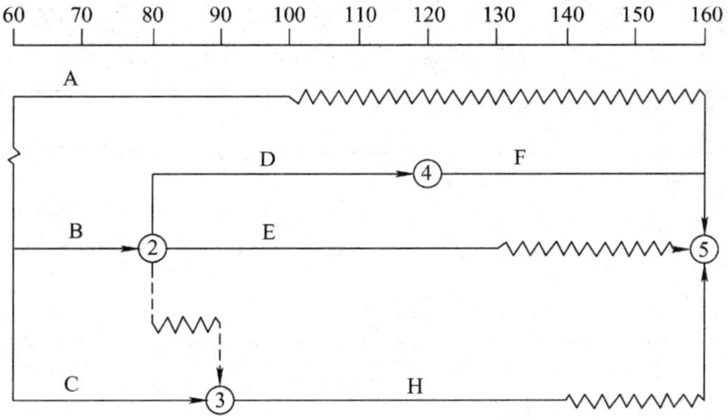

图 3.4.4　后续工作拖延时间无限制时的网络计划

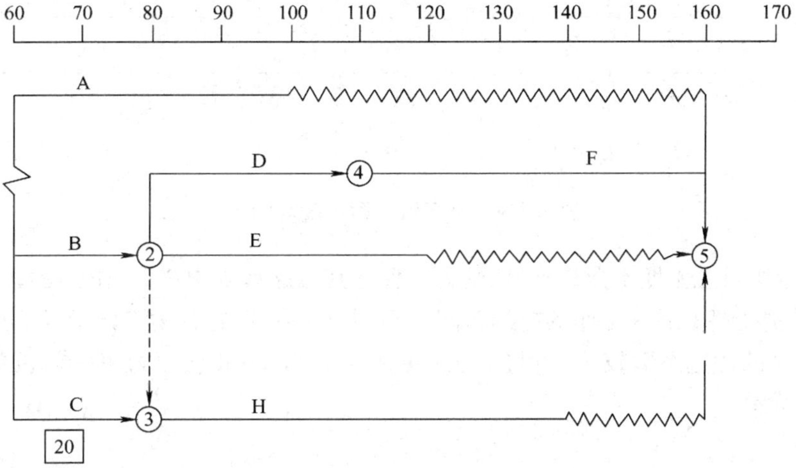

图 3.4.5　后续工作拖延时间有限制时的网络计划

【例8】　如图3.4.3所示网络计划，如果在计划实施到第50 d末检查时，其实际进度如图3.4.6中前锋线所示。试分析目前实际进度对后续工作和总工期的影响，并提出相应的进度调整措施。

解：从图3.4.6中可看出：

①工作A实际进度拖后20 d，但不影响总工期；

②工作C的实际进度正常，既不影响后续工作，也不影响总工期；

③工作B实际进度拖后10 d，由于其为关键工作，故其实际进度将使总工期延长10 d，并使后续工作D、E、H和F的开始时间推迟10 d(箭线上方括号内数字为优选系数)。

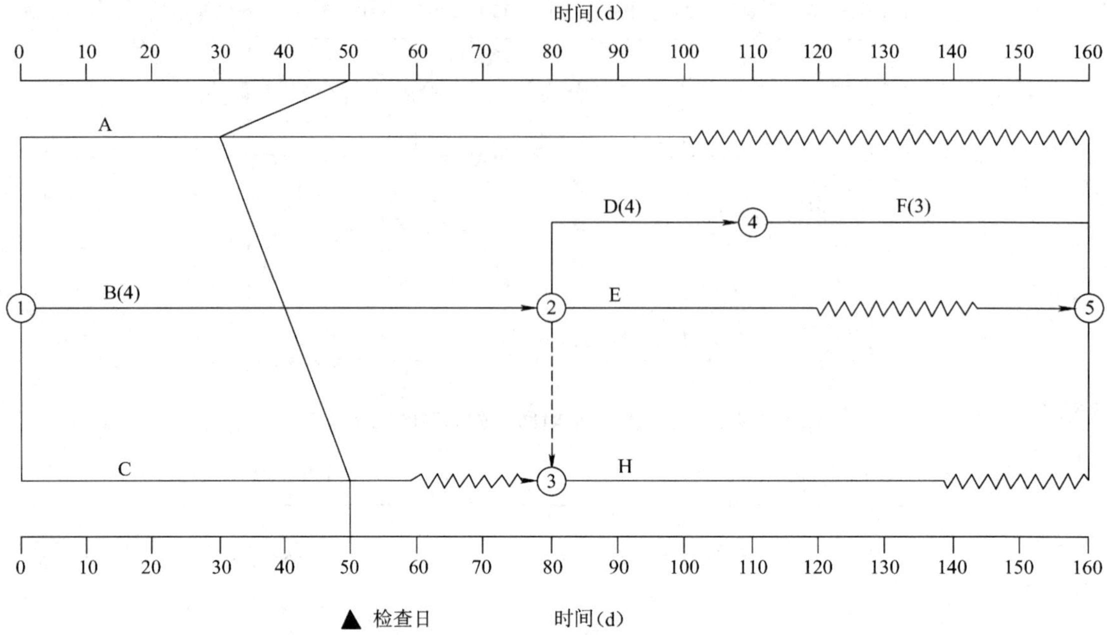

图 3.4.6　某工程实际进度前锋线

如果该工程项目总工期不允许拖延,则为了保证其按原计划 160 d 完成,必须采用工期优化的方法,缩短关键线路上后续工作的持续时间。现假设工作 B 的后续工作 D、F 均可压缩 10 d,通过比较工作 F 的优选系数较小,可将 F 工作的持续时间 50 d 缩短为 40 d。调整后的网络计划如图 3.4.7 所示。

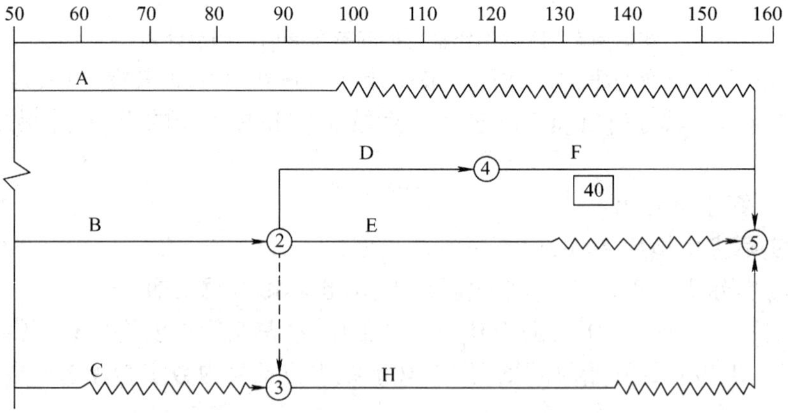

图 3.4.7　调整后工期不拖延的网络计划

2)项目总工期允许拖延　如果项目总工期允许拖延,则此时只需以实际数据取代原计划数据,并重新绘制实际进度检查日期之后的简化网络图即可。

3)项目总工期允许拖延的时间有限　如果项目总工期允许拖延,但允许拖延的时间有限,则当实际拖延的时间超过此限制时,也需要对网络计划进行调整,以便满足要求。具体调整方法是:以总工期的限制时间为规定工期的,对检查日期之后尚未实施的网络计划进行工期优化,即通过缩短关键线路上后续工作持续时间的方法来使总工期满足规定工期的要求。

【例9】　如图3.4.6所示前锋线图,如果项目部总工期只允许拖延至第165 d,试提出相应的进度调整措施。

解:(1)绘制化简的网络计划,如图3.4.8所示。

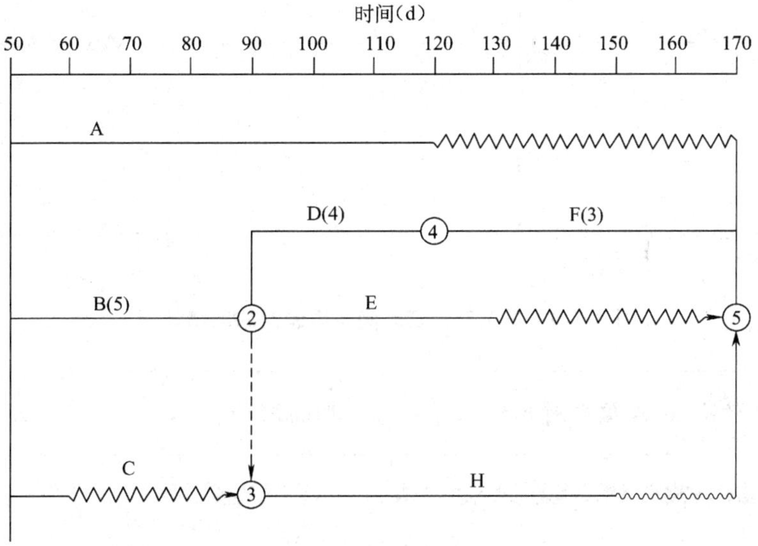

图3.4.8　调整后的网络计划

(2)确定需要压缩的时间。从图3.4.8中可以看出,在第50 d检查实际进度时发现工期将延长10 d,该项目至少需要170 d才能完成。而总工期只允许延长至第165 d,故需要将总工期压缩5 d。

(3)对网络计划进行工期优化。从图3.4.8中可以看出,此时关键线路上的工作为B、D和F,通过比较,工作F的优选系数小,故将工作F的持续时间由原来的50 d压缩为45 d,调整后的网络计划如图3.4.9所示。

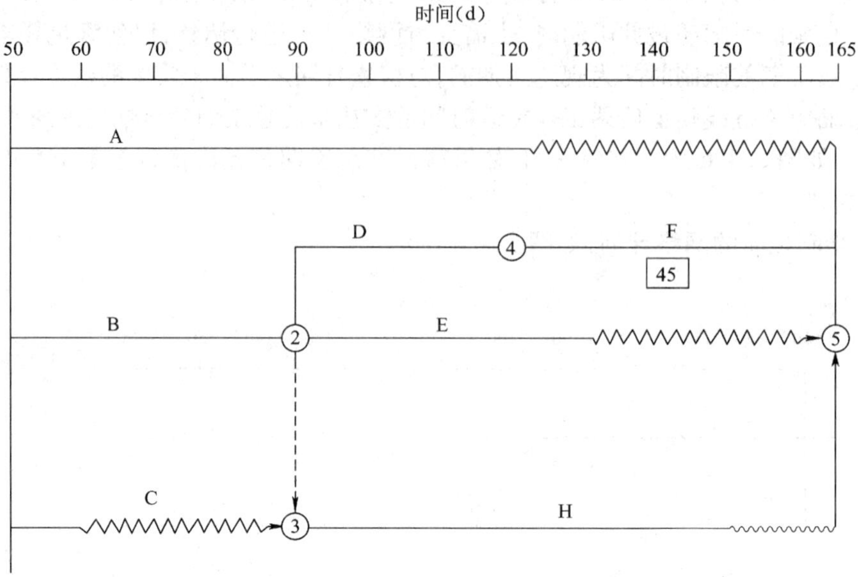

图 3.4.9　总工期拖延时间有限制时的网络计划

小组讨论:进度偏差对后续工作及总工期的影响。

【任务 4 小结】

任务 4 介绍了建筑工程施工进度调整过程以及调整方法的应用。施工进度调整的及时性和正确性关系着项目建设进度总目标的实现。学生学习时要多加训练,初步具备建筑工程施工进度调整的基本技能。

习　　题

简答题

1. 简述建筑工程施工进度调整的过程。
2. 分析施工进度偏差产生的原因及其对后续工作和总工期的影响。
3. 简述施工进度调整方法的应用。

综合实训

实训一：调查一建筑工地，分析影响其施工进度的因素有哪些，列举其保证施工进度的手段和措施以及施工进度调整方法。

实训二：某工程项目双代号时标网络计划如下图所示，该计划执行到第40 d（第40 d已完成）时如图中前锋线所示。

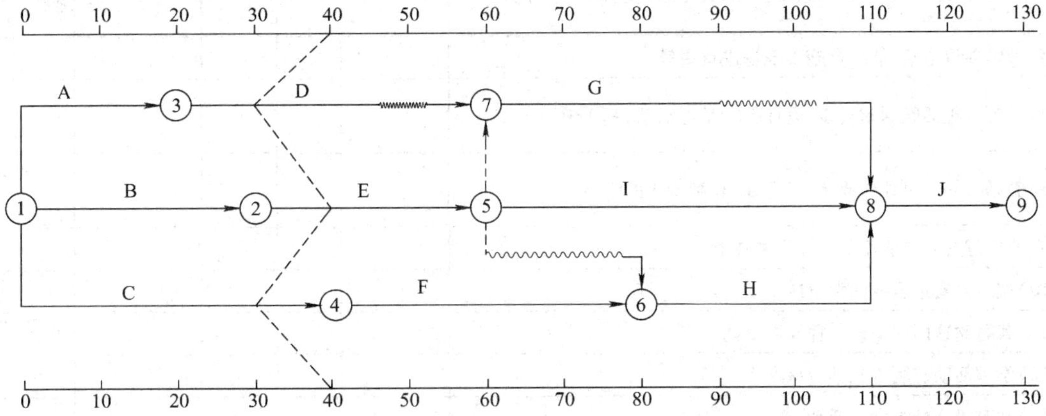

某工程实际进度前锋线

问题：

（1）建设工程实际进度和计划进度的比较方法有哪些？

（2）由图中所示分析目前实际进度对后续进度和总工期的影响，并提出调整措施。

【学习情境3小结】

本学习情境介绍了建筑工程施工组织实施。主要包括建筑工程技术管理、建筑工程质量管理、施工进度控制方法的选择和运用、建筑工程施工进度调整等内容。

教学评估表

学习情境名称：____________班级：____________姓名：____________日期：____________

1. 本表主要用于对课程授课情况的调查，可以自愿选择署名或匿名方式填写问卷。根据自己的情况在相应的栏目打“√”。

评估项目	评估等级				
	非常赞成	赞成	不赞成	非常不赞成	无可奉告
(1)我对本学习情境的学习很感兴趣					
(2)教师的教学设计好,有准备并能阐述清楚					
(3)教师因材施教,运用了各种教学方法来帮助我学习					
(4)学习内容能提升我编制建筑施工组织和组织其实施的技能					
(5)有实物、图片、音像等材料,能帮助我更好地理解学习内容					
(6)教师知识丰富,能结合施工现场进行讲解					
(7)教师善于活跃课堂气氛,设计各种学习活动,利于学习					
(8)教师批阅及讲评作业认真、仔细,有利于我的学习					
(9)我能理解并能应用所学知识和技能					
(10)授课方式适合我的学习风格					
(11)我喜欢这门课中的各种学习活动					
(12)学习活动有利于我学习该课程					
(13)我有机会参与学习活动					
(14)每个活动结束都有归纳与总结					
(15)教材编排版式新颖,有利于我学习					
(16)教材使用的文字、语言通俗易懂,有对专业词汇的解释、提示和注意事项,利于我自学					
(17)教材为我完成学习任务提供了足够信息,并提供了可以查找资料的渠道					
(18)教材通过讲练结合使我增强了技能					
(19)教学内容难易程度合适,紧密结合施工现场,符合我的需求					
(20)我对完成今后的典型工作任务所需具有的能力更有信心					

2. 您认为教学活动使用的视听教学设备:

合适□　太多□　太少□

3. 教师安排边学、边做、边互动的比例:

讲太多□　练习太多□　活动太多□　恰到好处□

4. 教学进度:

太快□　正合适□　太慢□

5. 活动安排的时间：

太长□　　　　　正合适□　　　太短□

6. 我最喜欢本学习情境的教学活动是：

7. 我最不喜欢本学习情境的教学活动是：

8. 本学习情境我最需要的帮助是：

9. 我对本学习情境改进教学活动的建议是：

附　　录

附录 1　课程 PPT

扫一扫可下载

课程 PPT

扫一扫看课件

课程导入及基本建设程序

扫一扫看课件

施工组织设计主要内容

扫一扫看课件

施工准备工作

扫一扫看课件

流水施工方法

扫一扫看课件

流水基本方式

扫一扫看课件

网络计划技术

扫一扫看课件

双代号网络计划图绘制

扫一扫看课件

双代号网络计划时间参数计算

时标网络图

单代号网络图

单代号搭接网络

网络计划优化

施工进度控制方法的选择和运用、施工进度调整

单位工程施工组织设计1

单位工程施工组织设计2

施工现场平面布置

附录2　试题库

试题库

参考文献

[1] 邹绍明．建筑施工技术[M]．4 版．重庆:重庆大学出版社,2019.
[2] 中华人民共和国住房和城乡建设部．建筑工程施工质量验收统一标准:GB 50300—2013[S]．北京:中国建筑工业出版社,2014.
[3] 中国电力科学研究院．建设工程施工现场供用电安全规范:GB 50194—2014[S]．北京:中国计划出版社,2015.
[4] 徐家铮．建筑施工组织与管理[M]．北京:中国建筑工业出版社,2003.
[5] 吴伟民,刘在今．建筑工程施工组织与管理[M]．北京:中国水利水电出版社,2007.
[6] 刘志强．建筑企业管理[M]．武汉:武汉理工大学出版社,2008.
[7] 曹吉鸣,林知炎．工程施工组织与管理[M]．上海:同济大学出版社,2002.
[8] 于立君,孙宝庆．建筑工程施工组织[M]．北京:高等教育出版社,2005.
[9] 丛培经．工程项目管理[M]．北京:中国建筑工业出版社,2014.
[10] 中华人民共和国住房和城乡建设部．建设工程项目管理规范:GB/T 50326—2017[S]．北京:中国建筑工业出版社,2017.
[11] 蔡雪峰．建筑工程施工组织管理[M].4 版．北京:高等教育出版社,2020.
[12] 江见鲸,张建平．计算机在土木工程中的应用[M]．武汉:武汉工业大学出版社,2000.
[13] 徐伟,陈震．建筑工程施工的智能方法[M]．上海:同济大学出版社,1997.
[14] 毛鹤琴．土木工程施工[M]．4 版．武汉:武汉理工大学出版社,2012.
[15] 李忠富．建筑施工组织与管理[M]．北京:机械工业出版社,2013.
[16] 李继业．建筑装饰施工组织与管理[M]．北京:化学工业出版社,2005.
[17] 危道军．建筑施工组织[M]．4 版．北京:中国建筑工业出版社,2017.
[18] 中国建设监理协会．建设工程进度控制[M]．北京:中国建筑工业出版社,2020.